金榜時代
GLISTIME 明德·弘毅·惟精

V研客及全国各大考研培训学校指定用书

线性代数辅导讲义

编著 ◎ 李永乐（清华大学）

中国农业出版社
CHINA AGRICULTURE PRESS
·北京·

图书在版编目(CIP)数据

线性代数辅导讲义 / 李永乐编著. — 北京:中国农业出版社，2024.3

(考研数学系列)

ISBN 978-7-109-31781-9

Ⅰ. ①线… Ⅱ. ①李… Ⅲ. ①线性代数—研究生—入学考试—自学参考资料 Ⅳ. ①O151.2

中国国家版本馆 CIP 数据核字(2024)第 048114 号

线性代数辅导讲义

XIANXING DAISHU FUDAO JIANGYI

中国农业出版社出版

地址:北京市朝阳区麦子店街 18 号楼

邮编:100125

责任编辑:吕　睿

责任校对:吴丽婷

印刷:正德印务(天津)有限公司

版次:2024 年 3 月第 1 版

印次:2024 年 3 月天津第 1 次印刷

发行:新华书店北京发行所

开本:787mm×1092mm　1/16

印张:12.5

字数:260 千字

定价:59.80 元

金榜时代考研数学系列图书

GLISTIME 明德·弘毅·推精

内容简介及使用说明

考研数学满分150分，数学在考研成绩中所占比重很大；同时又因数学学科本身的特点，考生们的数学成绩历年来千差万别。数学成绩好在考研中很占优势，因此有“得数学者考研成”之说。既然数学对考研成绩如此重要，那么我们就有必要探讨一下影响数学成绩的主要因素。

本系列图书作者根据多年的命题经验和阅卷经验，发现考研数学命题的灵活性非常大，不仅表现在一个知识点与多个知识点的考查难度不同，更表现在对多个知识点的综合考查上，这些题目在表达上多一个字或多一句话，难度都会变得截然不同。正是这些综合型题目拉开了考试成绩的差距，而构成这些难点的主要因素，实际上是最基础的基本概念、定理和公式的综合。同时，从阅卷反映的情况来看，考生答错题目的主要原因也是对基本概念、定理和公式记忆和掌握得不够熟练。总结为一句话，那就是：要想数学拿高分，就必须熟练掌握、灵活运用基本概念、定理和公式。

基于此，李永乐考研数学辅导团队结合多年来考研辅导和研究的经验，精心编写了本系列图书，目的在于帮助考生有计划、有步骤地完成数学复习，从对基本概念、定理和公式的记忆，到对其熟练运用，循序渐进。下面介绍本系列图书的主要特点和使用说明，供考生复习时参考。

书名	本书特点	本书使用说明
《考研数学复习全书·基础篇》	**内容基础·提炼精准·易学易懂**（推荐使用时间：2023年7月—2023年12月） 本书根据大纲的考试范围将考研所需复习内容提炼出来，形成考研数学的基础内容和复习逻辑，实现大学数学同考研数学之间的顺利过渡，开启考研复习第一篇章。	考生复习过本校大学数学教材后，即可使用本书。如果大学没学过数学或者本校课本是自编教材，与考研大纲差别较大，也可使用本书替代大学数学教材。
《数学基础过关660题》	**题目经典·体系完备·逻辑清晰**（推荐使用时间：2023年7月—2024年4月） 本书是主编团队出版20多年的经典之作，一直被模仿，从未被超越。年销量超过百万册，是当之无愧的考研数学头号畅销书，拥有无数甘当“自来水”的粉丝读者，口碑爆棚，考研数学不可不买！“660”也早已成为考研数学的年度关键词。 本书重基础、重概念、重理论，一旦你拥有了《考研数学复习全书·基础篇》《数学基础过关660题》教你的思维方式、知识逻辑、做题方法，你就能基础稳固、思维灵活，对知识、定理、公式的理解提升到新的高度，避免陷入复习中后期“基础不牢，地动山摇”的窘境。	与《考研数学复习全书·基础篇》搭配使用，在完成对基础知识的学习后，有针对性地做一些练习。帮助考生熟练掌握定理、公式和解题技巧，加强知识点的前后联系，将之体系化、系统化，分清重难点，让复习周期尽量缩短。 书中都是选择题和填空题，同学们不要轻视，不要一开始就盲目做题。看到一道题，要能分辨出是考哪个知识点，考什么，然后在做题过程中看看自己是否掌握了这个知识点，应用的定理、公式的条件是否熟悉，这样才算真正做好了一道题。
《考研数学真题真刷基础篇·考点分类详解版》	**分类详解·注重基础·突出重点**（推荐使用时间：2023年7月—2023年12月） 本书精选精析1987—2008年考研数学真题，帮助考生提前了解大学水平考试与考研选拔考试的差别，使考生了解自己的真实水平，真正跨入考研的门槛。	与《考研数学复习全书·基础篇》《数学基础过关660题》搭配使用，复习完一章，即可做相应的章节真题。不会做的题目记录下来，第二轮复习时继续练习。

书名	本书特点	本书使用说明
《考研数学复习全书·提高篇》	**系统全面·深入细致·结构科学**（推荐使用时间:2024年2月—2024年7月）	
	本书为作者团队的扛鼎之作,常年稳居各大平台考研图书畅销榜前列,主编之一的李永乐老师更是入选2019年"当当20周年白金作家",考研辅导界仅两位作者获此称号。 本书从基本理论、基础知识、基本方法出发,全面、深入、细致地讲解考研数学大纲要求的所有考点,不提供花拳绣腿的不实用技巧,也不提倡误人子弟的费时背书法,而是扎扎实实地带同学们深入每一个考点背后,找到它们之间的关联、逻辑,让同学们从知识点零碎、概念不清楚、期末考试过后即忘的"低级"水平,提升到考研必需的高度。	利用《考研数学复习全书·基础篇》把基本知识"捡"起来之后,再使用本书。本书有对知识点的详细讲解和相应的练习题,有利于同学们建立考研知识体系和框架,打好基础。 在《数学基础过关660题》中若遇到不会做的题,可以放到这里来做。以章或节为单位,学习新内容前要复习前面的内容,按照一定的规律来复习。基础薄弱或中等偏下的考生,务必要利用考研当年上半年的时间,整体吃透书中的理论知识,摸清例题设置的原理和必要性,特别是对大纲要求的基本概念、理论、方法要系统理解和掌握。
《考研数学真题真刷提高篇·考点分类详解版》	**真题真练·总结规律·提升技巧**（推荐使用时间:2024年7月—2024年11月）	
	本书完整收录2009—2024年考研数学的全部试题,将真题按考点分类,还精选了其他卷的试题作为练习题。力争做到考点全覆盖、题型多样、重点突出、不简单重复。书中的每道题给出的参考答案有常用、典型的解法,也有技巧性强的特殊解法。分析过程逻辑严谨、思路清晰,具有很强的可操作性,通过学习,考生可以独立完成对同类题的解答。	边做题、边总结,遇到"卡壳"的知识点、题目,回到《数学复习全书·提高篇》和之前听过的基础课、强化课中去补,争取把每个真题的知识点吃透、搞懂,不留死角。 通过做真题,考生将进一步提高解题能力和技巧,满足实际考试的要求。第一阶段,浏览每年真题,熟悉题型和常考点。第二阶段,进行专项复习。
《高等数学辅导讲义》 《线性代数辅导讲义》 《概率论与数理统计辅导讲义》	**经典讲义·专项突破·强化提高**（推荐使用时间:2024年7月—2024年10月）	
	三本讲义分别由作者的教学讲稿改编而成,系统阐述了考研数学的基础知识。书中例题都经过严格筛选、归纳,是多年经验的总结,对考研的重点、难点的把握准确、有针对性。适合认真研读,做到举一反三。	哪科较薄弱,精研哪本。搭配《数学强化通关330题》一起使用,先复习讲义上的知识点,做章节例题、练习,再去听相关章节的强化课,做《数学强化通关330题》的相关习题,更有利于知识的巩固和提高。
《数学强化通关330题》	**综合训练·突破重点·强化提高**（推荐使用时间:2024年5月—2024年10月）	
	强化阶段的练习题,综合训练必备。具有典型性、针对性、技巧性、综合性等特点,可以帮助同学们突破重点、难点,熟悉解题思路和方法,增强应试能力。	与《数学基础过关660题》互为补充,包含选择题、填空题和解答题。搭配《高等数学辅导讲义》《线性代数辅导讲义》《概率论与数理统计辅导讲义》使用,效果更佳。
《数学临阵磨枪》	**查漏补缺·问题清零·从容应战**（推荐使用时间:2024年10月—2024年12月）	
	本书是常用定理公式、基础知识的清单。最后阶段,大部分考生缺乏信心,感觉没复习完,本来会做的题目,因为紧张、压力,也容易出错。本书能帮助考生在考前查漏补缺,确保基础知识不丢分。	搭配《数学决胜冲刺6套卷》使用。上考场前,可以再次回忆、翻看本书。
《数学决胜冲刺6套卷》 《考研数学最后3套卷》	**冲刺模拟·有的放矢·高效提分**（推荐使用时间:2024年11月—2024年12月）	
	通过整套题的训练,对所学知识进行系统总结和梳理。不同于重点题型的练习,需要全面的知识,要综合应用。必要时应复习基本概念、公式、定理,准确记忆。	在精研真题之后,用模拟卷练习,找漏洞,保持手感。不要掐时间、估分,遇到不会的题目,回归基础,翻看以前的学习笔记,把每道题吃透。

前言
PREFACE

本书是为准备考研的学生复习线性代数而编写的一本辅导讲义，由编者近年来的辅导班笔记改写而成。本书也可作为大一新生学习线性代数时的参考书。

此次修订，补充、更换、编写了一些新题。同时，针对同学们不太好理解或不大注意的地方，也相应增加了一些新的说明。

全书共分六章，每章均由知识结构网络图、基本内容与重要结论、典型例题分析选讲组成，这样编排为的是方便同学们总结归纳以及更好地掌握知识间的相互渗透与转换。

本书力求在较短的时间内，用不多的篇幅，帮助同学们搞清基本概念，掌握基本理论和公式，了解重点和难点并澄清一些常犯的错误与疑惑。一方面，通过对典型例题的分析讲评，帮助同学们梳理解题的思路，熟悉常用的方法和技巧；另一方面，赠送的高分提档严选题，选题严格，题量合适，帮助同学们更好地理解和掌握基本内容、基本解题方法，达到巩固、悟新与提高的目的。另外，例题后的点评与评注，其目的在于帮助同学们弄清重点、难点、知识结合点以及解题的基本方法和应注意的问题。

在考研数学中，线性代数占 5 个考题(3 个选择、1 个填空、1 个解答)，分值为 32 分，其平均用时应当为 40 分钟左右。因而我们在附录中设计了 45 分钟的水平测试，希望同学们在复习完本书之后，用两套自测题及时地进行查漏补缺。线性代数考试大纲对于数学一、二、三来说基本上一样，近年来考题也是趋同，本书中除向量空间仅数一考生要准备外，其余部分大家都应复习。

另外，为了更好地帮助同学们进行复习，“清华李永乐考研数学”特在新浪微博上开设答疑专区，同学们在考研数学复习中，如若遇到任何问题，即可在线留言，团队老师将尽心为你解答。请访问 weibo. com@清华李永乐考研数学。

总之，经过修订再版，希望本书能对同学们的复习备考有更大的帮助。由于编者水平有限，疏漏之处在所难免，欢迎批评指正。

图书中的疏漏之处会即时更正
微信扫码查看

编　者
2024 年 3 月

永乐讲线代公众号

李永乐，原清华大学应用数学系（现清华大学数学科学系）教师，最受学生欢迎的“线代”老师，编著多部考研数学抢手复习资料，对出题形式、考试重点了如指掌，解题思路极其灵活，辅导针对性极强，受到广大学员交口称赞。

关注公众号
考研线性代数无忧！

目录
CONTENTS

第一章　行列式

——每一章都有应用

第二章　矩阵

——基础，防混淆

第三章 n维向量

——难点,加油

第四章　线性方程组

——重点，别马虎大意

第五章　特征值与特征向量

——重点，综合性强

第六章 二次型

——重点,注意和特征值、特征向量的联系

第一章　行列式——每一章都有应用

一、知识结构网络图

- 行列式
  - 概念——不同行不同列元素乘积的代数和(共 $n!$ 项)
  - 性质
    - 经转置行列式的值不变,即 $|\boldsymbol{A}^{\mathrm{T}}|=|\boldsymbol{A}|$
    - 某行有公因数 k,可把 k 提到行列式外. 特别地,某行元素全为 0,则行列式的值为 0
    - 两行互换行列式变号. 特别地,两行相等,行列式值为 0;两行成比例,行列式值为 0
    - 某行所有元素都是两个数的和,则可写成两个行列式之和
    - 某行的 k 倍加至另一行,行列式的值不变
  - 展开式——代数余子式
    - $|\boldsymbol{A}|=a_{i1}A_{i1}+a_{i2}A_{i2}+\cdots+a_{in}A_{in}$　(按 i 行展开)
    - $|\boldsymbol{A}|=a_{1j}A_{1j}+a_{2j}A_{2j}+\cdots+a_{nj}A_{nj}$　(按 j 列展开)
  - 计算
    - 数字型
      - 三角化法
      - 公式法
      - 递推法
      - 归纳法
      - 常用技巧:
        - 直接按行(列)展开
        - 把第 1 行(列)的 k_i 倍加到第 i 行(列)
        - 把每行(列)都加到第 1 行(列)
        - 逐行(列)相加
    - 抽象型
      - 用行列式性质
      - 用矩阵性质
      - $\boldsymbol{E}$ 恒等变形
      - 用特征值　$|\boldsymbol{A}|=\prod\lambda_i$,相似
  - 证 $|\boldsymbol{A}|=0$
    - $\boldsymbol{Ax}=\boldsymbol{0}$ 有非零解
    - 反证法
    - $r(\boldsymbol{A})<n$
    - 0 是 $\boldsymbol{A}$ 的特征值
    - $|\boldsymbol{A}|=-|\boldsymbol{A}|$
  - 应用
    - $\boldsymbol{Ax}=\boldsymbol{0}$ 有非零解
    - 伴随矩阵求逆法
    - 线性相关(无关)判定
    - 可逆的证明
    - 克拉默法则
    - 特征值计算
    - 二次型正定判定

对于二、三阶行列式有对角线法则

$$\begin{vmatrix} a & b \\ c & d \end{vmatrix}=ad-bc$$

$$\begin{vmatrix} a_1 & a_2 & a_3 \\ b_1 & b_2 & b_3 \\ c_1 & c_2 & c_3 \end{vmatrix}=a_1b_2c_3+a_2b_3c_1+a_3b_1c_2-a_3b_2c_1-a_2b_1c_3-a_1b_3c_2$$

注意　这样的计算方法对四阶及四阶以上行列式不适用.

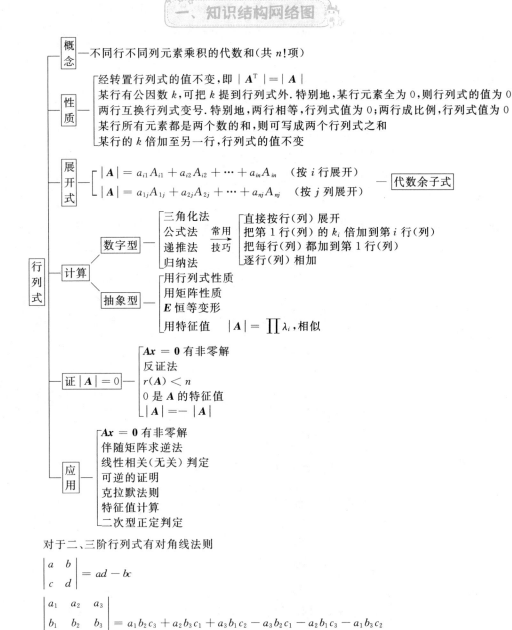

学习札记

【评注】 (1) 对行列式的性质 4 要理解正确.例如

$$\begin{vmatrix} a_1+b_1 & a_2+b_2 & a_3+b_3 \\ c_1 & c_2 & c_3 \\ d_1 & d_2 & d_3 \end{vmatrix} = \begin{vmatrix} a_1 & a_2 & a_3 \\ c_1 & c_2 & c_3 \\ d_1 & d_2 & d_3 \end{vmatrix} + \begin{vmatrix} b_1 & b_2 & b_3 \\ c_1 & c_2 & c_3 \\ d_1 & d_2 & d_3 \end{vmatrix}.$$

对于 n 阶矩阵 $\boldsymbol{A}=[a_{ij}]$,$\boldsymbol{B}=[b_{ij}]$,有 $\boldsymbol{A}+\boldsymbol{B}=[a_{ij}+b_{ij}]$,由于行列式 $|\boldsymbol{A}+\boldsymbol{B}|$ 中每一行都是两个数的和,所以若用性质 4 把行列式 $|\boldsymbol{A}+\boldsymbol{B}|$ 拆开,则 $|\boldsymbol{A}+\boldsymbol{B}|$ 应当是 2^n 个 n 阶行列式之和.因此一般情况下

$$|\boldsymbol{A}+\boldsymbol{B}| \neq |\boldsymbol{A}|+|\boldsymbol{B}|.$$

特别地,

$$\begin{vmatrix} \lambda-a_{11} & -a_{12} & -a_{13} \\ -a_{21} & \lambda-a_{22} & -a_{23} \\ -a_{31} & -a_{32} & \lambda-a_{33} \end{vmatrix} = \begin{vmatrix} \lambda-a_{11} & 0-a_{12} & 0-a_{13} \\ 0-a_{21} & \lambda-a_{22} & 0-a_{23} \\ 0-a_{31} & 0-a_{32} & \lambda-a_{33} \end{vmatrix}$$

$$= \begin{vmatrix} \lambda & 0-a_{12} & 0-a_{13} \\ 0 & \lambda-a_{22} & 0-a_{23} \\ 0 & 0-a_{32} & \lambda-a_{33} \end{vmatrix} + \begin{vmatrix} -a_{11} & 0-a_{12} & 0-a_{13} \\ -a_{21} & \lambda-a_{22} & 0-a_{23} \\ -a_{31} & 0-a_{32} & \lambda-a_{33} \end{vmatrix}$$

(先将第一列拆分,其他列不变,依次拆分第二、三列)

$$= \begin{vmatrix} \lambda & 0 & 0 \\ 0 & \lambda & 0 \\ 0 & 0 & \lambda \end{vmatrix} + \begin{vmatrix} \lambda & -a_{12} & -a_{13} \\ 0 & -a_{22} & -a_{23} \\ 0 & -a_{32} & -a_{33} \end{vmatrix} + \begin{vmatrix} -a_{11} & 0 & -a_{13} \\ -a_{21} & \lambda & -a_{23} \\ -a_{31} & 0 & -a_{33} \end{vmatrix}$$

$$+ \begin{vmatrix} -a_{11} & -a_{12} & 0 \\ -a_{21} & -a_{22} & 0 \\ -a_{31} & -a_{32} & \lambda \end{vmatrix} + \begin{vmatrix} -a_{11} & 0 & 0 \\ -a_{21} & \lambda & 0 \\ -a_{31} & 0 & \lambda \end{vmatrix} + \begin{vmatrix} \lambda & -a_{12} & 0 \\ 0 & -a_{22} & 0 \\ 0 & -a_{32} & \lambda \end{vmatrix}$$

$$+ \begin{vmatrix} \lambda & 0 & -a_{13} \\ 0 & \lambda & -a_{23} \\ 0 & 0 & -a_{33} \end{vmatrix} + \begin{vmatrix} -a_{11} & -a_{12} & -a_{13} \\ -a_{21} & -a_{22} & -a_{23} \\ -a_{31} & -a_{32} & -a_{33} \end{vmatrix}$$

$$= \lambda^3-(a_{11}+a_{22}+a_{33})\lambda^2+\left(\begin{vmatrix} a_{11} & a_{12} \\ a_{21} & a_{22} \end{vmatrix} + \begin{vmatrix} a_{22} & a_{23} \\ a_{32} & a_{33} \end{vmatrix} + \begin{vmatrix} a_{11} & a_{13} \\ a_{31} & a_{33} \end{vmatrix}\right)\lambda$$

$$- \begin{vmatrix} a_{11} & a_{12} & a_{13} \\ a_{21} & a_{22} & a_{23} \\ a_{31} & a_{32} & a_{33} \end{vmatrix}.$$

(2) 要会用行列式的性质及展开定理计算数字型行列式.

(3) 要熟悉抽象型行列式的计算.

今年考题

学习札记

(2024,3) 设矩阵 $\boldsymbol{A}=\begin{bmatrix} a+1 & b & 3 \\ a & \frac{b}{2} & 1 \\ 1 & 1 & 2 \end{bmatrix}$，$M_{ij}$ 表示 $\boldsymbol{A}$ 的 i 行 j 列元素的余子式，若 $|\boldsymbol{A}|=-\frac{1}{2}$，且 $-M_{21}+M_{22}-M_{23}=0$，则

(A) $a=0$ 或 $a=-\frac{3}{2}$.　　(B) $a=0$ 或 $a=\frac{3}{2}$.

(C) $b=1$ 或 $b=-\frac{1}{2}$.　　(D) $b=-1$ 或 $b=\frac{1}{2}$.

(2024,3) 设 $\boldsymbol{A}$ 为三阶矩阵，$\boldsymbol{A}^*$ 为 $\boldsymbol{A}$ 的伴随矩阵，$\boldsymbol{E}$ 为三阶单位矩阵. 若 $r(2\boldsymbol{E}-\boldsymbol{A})=1$，$r(\boldsymbol{E}+\boldsymbol{A})=2$，则 $|\boldsymbol{A}^*|=$ ________.

学习札记

二、基本内容与重要结论

基础知识

定义 1.1　n 阶行列式

$$\begin{vmatrix} a_{11} & a_{12} & \cdots & a_{1n} \\ a_{21} & a_{22} & \cdots & a_{2n} \\ \vdots & \vdots & & \vdots \\ a_{n1} & a_{n2} & \cdots & a_{nn} \end{vmatrix}$$

是所有取自不同行不同列的 n 个元素的乘积

$$a_{1j_1}a_{2j_2}\cdots a_{nj_n}$$

的代数和，这里 $j_1j_2\cdots j_n$ 是 $1,2,\cdots,n$ 的一个排列. 当 $j_1j_2\cdots j_n$ 是偶排列时，该项的前面带正号；当 $j_1j_2\cdots j_n$ 是奇排列时，该项的前面带负号，即

$$\begin{vmatrix} a_{11} & a_{12} & \cdots & a_{1n} \\ a_{21} & a_{22} & \cdots & a_{2n} \\ \vdots & \vdots & & \vdots \\ a_{n1} & a_{n2} & \cdots & a_{nn} \end{vmatrix} = \sum_{j_1j_2\cdots j_n}(-1)^{\tau(j_1j_2\cdots j_n)}a_{1j_1}a_{2j_2}\cdots a_{nj_n} \qquad (1.1)$$

这里 $\sum\limits_{j_1j_2\cdots j_n}$ 表示对所有 n 阶排列求和. 式(1.1)称为 n 阶行列式的完全展开式.

例如，若已知 $a_{14}a_{2j}a_{31}a_{42}$ 是四阶行列式中的一项，那么根据行列式的定义，它应是不同行不同列元素的乘积. 因此必有 $j=3$.

由于 $a_{14}a_{23}a_{31}a_{42}$ 对应的逆序数

$$\tau(4312)=3+2+0=5$$

是奇数，所以该项所带符号为负号.

【评注】 (1) 由 $1,2,\cdots,n$ 组成的有序数组称为一个 n 阶排列. 通常用 $j_1j_2\cdots j_n$ 表示 n 阶排列.

(2) 一个排列中，如果一个大的数排在小的数之前，就称这两个数构成一个**逆序**. **一个排列的逆序总数称为这个排列的逆序数**. 用 $\tau(j_1j_2\cdots j_n)$ 表示排列 $j_1j_2\cdots j_n$ 的逆序数.

如果一个排列的逆序数是偶数，则称这个排列为**偶排列**，否则称为**奇排列**.

例如，在排列 25134 中，有逆序 21,51,53,54，因此排列 25134 的逆序数为 4，即 $\tau(25134)=4$. 所以排列 25134 是偶排列.

学习札记

定义 1.2　在 n 阶行列式

$$D=\begin{vmatrix} a_{11} & a_{12} & \cdots & a_{1n} \\ a_{21} & a_{22} & \cdots & a_{2n} \\ \vdots & \vdots & & \vdots \\ a_{n1} & a_{n2} & \cdots & a_{nn} \end{vmatrix}$$

中划去元素 a_{ij} 所在的第 i 行、第 j 列，由剩下的元素按原来的排法构成一个 $n-1$ 阶的行列式

$$\begin{vmatrix} a_{11} & \cdots & a_{1,j-1} & a_{1,j+1} & \cdots & a_{1n} \\ \vdots & & \vdots & \vdots & & \vdots \\ a_{i-1,1} & \cdots & a_{i-1,j-1} & a_{i-1,j+1} & \cdots & a_{i-1,n} \\ a_{i+1,1} & \cdots & a_{i+1,j-1} & a_{i+1,j+1} & \cdots & a_{i+1,n} \\ \vdots & & \vdots & \vdots & & \vdots \\ a_{n1} & \cdots & a_{n,j-1} & a_{n,j+1} & \cdots & a_{nn} \end{vmatrix}$$

称为 a_{ij} 的余子式，记为 M_{ij}；称 $(-1)^{i+j}M_{ij}$ 为 a_{ij} 的代数余子式，记为 A_{ij}，即

$$A_{ij}=(-1)^{i+j}M_{ij}. \tag{1.2}$$

例如，若已知行列式 $\begin{vmatrix} 1 & 2 & a \\ 0 & 1 & -1 \\ 3 & 4 & 5 \end{vmatrix}$ 的代数余子式 $A_{21}=2$，即已知

$$(-1)^{2+1}\begin{vmatrix} 2 & a \\ 4 & 5 \end{vmatrix}=2,$$

从而 $a=3$.

重要定理

定理 1.1　n 阶行列式

$$D=\begin{vmatrix} a_{11} & a_{12} & \cdots & a_{1n} \\ a_{21} & a_{22} & \cdots & a_{2n} \\ \vdots & \vdots & & \vdots \\ a_{n1} & a_{n2} & \cdots & a_{nn} \end{vmatrix}$$

等于它的任意一行的所有元素与它们各自对应的代数余子式的乘积之和，即

$$D=a_{k1}A_{k1}+a_{k2}A_{k2}+\cdots+a_{kn}A_{kn}\quad (k=1,2,\cdots,n). \tag{1.3}$$

公式(1.3)称为行列式按第 k 行的展开公式.

定理 1.1′　n 阶行列式 D 等于它的任意一列的所有元素与它们各自对应的代数余子式的乘积之和，即

$$D=a_{1k}A_{1k}+a_{2k}A_{2k}+\cdots+a_{nk}A_{nk}\quad (k=1,2,\cdots,n). \tag{1.4}$$

公式(1.4)称为行列式按第 k 列的展开公式.

学习札记

定理 1.2 设 n 阶行列式

$$D=\begin{vmatrix} a_{11} & a_{12} & \cdots & a_{1n} \\ a_{21} & a_{22} & \cdots & a_{2n} \\ \vdots & \vdots & & \vdots \\ a_{n1} & a_{n2} & \cdots & a_{nn} \end{vmatrix},$$

元素 a_{ij} 的代数余子式为 A_{ij}，当 $i\neq k(i,k=1,2,\cdots,n)$ 时，有

$$a_{i1}A_{k1}+a_{i2}A_{k2}+\cdots+a_{in}A_{kn}=0; \tag{1.5}$$

当 $j\neq k(j,k=1,2,\cdots,n)$ 时，有

$$a_{1j}A_{1k}+a_{2j}A_{2k}+\cdots+a_{nj}A_{nk}=0. \tag{1.6}$$

定理 1.3 （行列式乘法公式）设 $\boldsymbol{A},\boldsymbol{B}$ 都是 n 阶方阵，则

$$|\boldsymbol{AB}|=|\boldsymbol{A}|\cdot|\boldsymbol{B}|.$$

【评注】 根据代数余子式的性质式(1.3)与式(1.5)，对于

矩阵 $\boldsymbol{A}=\begin{bmatrix} a_{11} & a_{12} & a_{13} \\ a_{21} & a_{22} & a_{23} \\ a_{31} & a_{32} & a_{33} \end{bmatrix}$ 和行列式 $|\boldsymbol{A}|=\begin{vmatrix} a_{11} & a_{12} & a_{13} \\ a_{21} & a_{22} & a_{23} \\ a_{31} & a_{32} & a_{33} \end{vmatrix}$，我们有

$$\begin{bmatrix} a_{11} & a_{12} & a_{13} \\ a_{21} & a_{22} & a_{23} \\ a_{31} & a_{32} & a_{33} \end{bmatrix}\begin{bmatrix} A_{11} & A_{21} & A_{31} \\ A_{12} & A_{22} & A_{32} \\ A_{13} & A_{23} & A_{33} \end{bmatrix}$$

$$=\begin{bmatrix} a_{11}A_{11}+a_{12}A_{12}+a_{13}A_{13} & a_{11}A_{21}+a_{12}A_{22}+a_{13}A_{23} & a_{11}A_{31}+a_{12}A_{32}+a_{13}A_{33} \\ a_{21}A_{11}+a_{22}A_{12}+a_{23}A_{13} & a_{21}A_{21}+a_{22}A_{22}+a_{23}A_{23} & a_{21}A_{31}+a_{22}A_{32}+a_{23}A_{33} \\ a_{31}A_{11}+a_{32}A_{12}+a_{33}A_{13} & a_{31}A_{21}+a_{32}A_{22}+a_{33}A_{23} & a_{31}A_{31}+a_{32}A_{32}+a_{33}A_{33} \end{bmatrix}$$

$$=\begin{bmatrix} |\boldsymbol{A}| & 0 & 0 \\ 0 & |\boldsymbol{A}| & 0 \\ 0 & 0 & |\boldsymbol{A}| \end{bmatrix}=|\boldsymbol{A}|\begin{bmatrix} 1 & 0 & 0 \\ 0 & 1 & 0 \\ 0 & 0 & 1 \end{bmatrix},$$

即

$$\boldsymbol{AA}^*=|\boldsymbol{A}|\boldsymbol{E}.$$

类似地由式(1.4)与式(1.6)有 $\boldsymbol{A}^*\boldsymbol{A}=|\boldsymbol{A}|\boldsymbol{E}$，从而

$$\boldsymbol{AA}^*=\boldsymbol{A}^*\boldsymbol{A}=|\boldsymbol{A}|\boldsymbol{E}.$$

这是一个重要的公式，要会灵活运用.

主要公式

1. 上(下)三角行列式的值等于主对角线元素的乘积

$$\begin{vmatrix} a_{11} & a_{12} & \cdots & a_{1n} \\ & a_{22} & \cdots & a_{2n} \\ & & \ddots & \vdots \\ & & & a_{nn} \end{vmatrix}=\begin{vmatrix} a_{11} & & & \\ a_{21} & a_{22} & & \\ \vdots & \vdots & \ddots & \\ a_{n1} & a_{n2} & \cdots & a_{nn} \end{vmatrix}=a_{11}a_{22}\cdots a_{nn}. \tag{1.7}$$

学习札记

2. 关于副对角线的行列式

$$\begin{vmatrix} a_{11} & a_{12} & \cdots & a_{1,n-1} & a_{1n} \\ a_{21} & a_{22} & \cdots & a_{2,n-1} & 0 \\ \vdots & \vdots & & \vdots & \vdots \\ a_{n1} & 0 & \cdots & 0 & 0 \end{vmatrix} = \begin{vmatrix} 0 & \cdots & 0 & a_{1n} \\ 0 & \cdots & a_{2,n-1} & a_{2n} \\ \vdots & & \vdots & \vdots \\ a_{n1} & \cdots & a_{n,n-1} & a_{nn} \end{vmatrix}$$

$$= (-1)^{\frac{n(n-1)}{2}} a_{1n}a_{2,n-1}\cdots a_{n1}. \tag{1.8}$$

3. 两个特殊的拉普拉斯展开式

$$\begin{vmatrix} \boldsymbol{A} & * \\ \boldsymbol{O} & \boldsymbol{B} \end{vmatrix} = \begin{vmatrix} \boldsymbol{A} & \boldsymbol{O} \\ * & \boldsymbol{B} \end{vmatrix} = |\boldsymbol{A}|\cdot|\boldsymbol{B}|, \tag{1.9}$$

$$\begin{vmatrix} \boldsymbol{O} & \boldsymbol{A} \\ \boldsymbol{B} & * \end{vmatrix} = \begin{vmatrix} * & \boldsymbol{A} \\ \boldsymbol{B} & \boldsymbol{O} \end{vmatrix} = (-1)^{mn} |\boldsymbol{A}|\cdot|\boldsymbol{B}|, \tag{1.10}$$

m,n 分别是矩阵 $\boldsymbol{A},\boldsymbol{B}$ 的阶数.

4. 范德蒙行列式

$$\begin{vmatrix} 1 & 1 & \cdots & 1 \\ x_1 & x_2 & \cdots & x_n \\ x_1^2 & x_2^2 & \cdots & x_n^2 \\ \vdots & \vdots & & \vdots \\ x_1^{n-1} & x_2^{n-1} & \cdots & x_n^{n-1} \end{vmatrix} = \prod_{1\leqslant j<i\leqslant n}(x_i - x_j). \tag{1.11}$$

5. 特征多项式

设 $\boldsymbol{A} = [a_{ij}]$ 是 3 阶矩阵,则 $\boldsymbol{A}$ 的特征多项式

$$|\lambda\boldsymbol{E} - \boldsymbol{A}| = \lambda^3 - (a_{11} + a_{22} + a_{33})\lambda^2 + s_2\lambda - |\boldsymbol{A}|, \tag{1.12}$$

其中 $s_2 = \begin{vmatrix} a_{11} & a_{12} \\ a_{21} & a_{22} \end{vmatrix} + \begin{vmatrix} a_{11} & a_{13} \\ a_{31} & a_{33} \end{vmatrix} + \begin{vmatrix} a_{22} & a_{23} \\ a_{32} & a_{33} \end{vmatrix}$.

方阵的行列式

1. 若 $\boldsymbol{A}$ 是 n 阶矩阵,$\boldsymbol{A}^{\mathrm{T}}$ 是 $\boldsymbol{A}$ 的转置矩阵,则 $|\boldsymbol{A}^{\mathrm{T}}| = |\boldsymbol{A}|$; (1.13)

2. 若 $\boldsymbol{A}$ 是 n 阶矩阵,则 $|k\boldsymbol{A}| = k^n|\boldsymbol{A}|$; (1.14)

3. 若 $\boldsymbol{A},\boldsymbol{B}$ 都是 n 阶矩阵,则 $|\boldsymbol{AB}| = |\boldsymbol{A}||\boldsymbol{B}|$; (1.15)

4. 若 $\boldsymbol{A}$ 是 n 阶矩阵,则 $|\boldsymbol{A}^*| = |\boldsymbol{A}|^{n-1}$; (1.16)

5. 若 $\boldsymbol{A}$ 是 n 阶可逆矩阵,则 $|\boldsymbol{A}^{-1}| = |\boldsymbol{A}|^{-1}$; (1.17)

6. 若 $\boldsymbol{A}$ 是 n 阶矩阵,$\lambda_i(i = 1,2,\cdots,n)$ 是 $\boldsymbol{A}$ 的特征值,则 $|\boldsymbol{A}| = \prod_{i=1}^{n}\lambda_i$; (1.18)

7. 若 n 阶矩阵 $\boldsymbol{A}$ 和 $\boldsymbol{B}$ 相似,则 $|\boldsymbol{A}| = |\boldsymbol{B}|$, $|\boldsymbol{A} + k\boldsymbol{E}| = |\boldsymbol{B} + k\boldsymbol{E}|$. (1.19)

学习札记

克拉默法则

若 n 个方程 n 个未知数的线性方程组

$$\begin{cases} a_{11}x_1 + a_{12}x_2 + \cdots + a_{1n}x_n = b_1, \\ a_{21}x_1 + a_{22}x_2 + \cdots + a_{2n}x_n = b_2, \\ \quad\vdots \qquad\quad \vdots \qquad\qquad\quad \vdots \\ a_{n1}x_1 + a_{n2}x_2 + \cdots + a_{nn}x_n = b_n \end{cases}$$

的系数行列式

$$D = \begin{vmatrix} a_{11} & a_{12} & \cdots & a_{1n} \\ a_{21} & a_{22} & \cdots & a_{2n} \\ \vdots & \vdots & & \vdots \\ a_{n1} & a_{n2} & \cdots & a_{nn} \end{vmatrix} \neq 0,$$

则方程组有唯一解

$$x_1 = \frac{D_1}{D}, x_2 = \frac{D_2}{D}, \cdots, x_n = \frac{D_n}{D}, \tag{1.20}$$

其中

$$D_j = \sum_{i=1}^{n} b_i A_{ij} = \begin{vmatrix} a_{11} & \cdots & a_{1,j-1} & b_1 & a_{1,j+1} & \cdots & a_{1n} \\ a_{21} & \cdots & a_{2,j-1} & b_2 & a_{2,j+1} & \cdots & a_{2n} \\ \vdots & & \vdots & \vdots & \vdots & & \vdots \\ a_{n1} & \cdots & a_{n,j-1} & b_n & a_{n,j+1} & \cdots & a_{nn} \end{vmatrix} (j = 1,2,\cdots,n).$$

推论 1 若齐次线性方程组

$$\begin{cases} a_{11}x_1 + a_{12}x_2 + \cdots + a_{1n}x_n = 0, \\ a_{21}x_1 + a_{22}x_2 + \cdots + a_{2n}x_n = 0, \\ \quad\vdots \qquad\quad \vdots \qquad\qquad\quad \vdots \\ a_{n1}x_1 + a_{n2}x_2 + \cdots + a_{nn}x_n = 0 \end{cases}$$

的系数行列式不为 0,则方程组只有零解.

推论 2 若齐次线性方程组

$$\begin{cases} a_{11}x_1 + a_{12}x_2 + \cdots + a_{1n}x_n = 0, \\ a_{21}x_1 + a_{22}x_2 + \cdots + a_{2n}x_n = 0, \\ \quad\vdots \qquad\quad \vdots \qquad\qquad\quad \vdots \\ a_{n1}x_1 + a_{n2}x_2 + \cdots + a_{nn}x_n = 0 \end{cases}$$

有非零解,则系数行列式 $|\boldsymbol{A}| = 0$.

学习札记

三、典型例题分析选讲

行列式的概念和计算

1. 数字型行列式

【例 1.1】 计算$\begin{vmatrix} 1 & 2 & 3 & 4 \\ -2 & 1 & -4 & 3 \\ 3 & -4 & -1 & 2 \\ 4 & 3 & -2 & 1 \end{vmatrix}=$______.

分析 用展开公式，先用“倍加”消 0，方法不唯一，例如

$$D=\begin{vmatrix} 1 & 2 & 3 & 4 \\ 0 & 5 & 2 & 11 \\ 0 & -10 & -10 & -10 \\ 0 & -5 & -14 & -15 \end{vmatrix}=\begin{vmatrix} 5 & 2 & 11 \\ 0 & -6 & 12 \\ 0 & -12 & -4 \end{vmatrix}=5\begin{vmatrix} -6 & 12 \\ -12 & -4 \end{vmatrix}$$

$=840.$

【例 1.2】 (2022 数农)$\begin{vmatrix} 0 & a & 0 & 0 & b \\ b & 0 & a & 0 & 0 \\ 0 & b & 0 & a & 0 \\ 0 & 0 & b & 0 & a \\ a & 0 & 0 & b & 0 \end{vmatrix}=$

(A)a^5+b^5. (B)$-a^5+b^5$. (C)a^5-b^5. (D)$-a^5-b^5$.

分析 直接展开，有

$$D=aA_{12}+bA_{15}$$

$$=a(-1)^{1+2}\begin{vmatrix} b & a & 0 & 0 \\ 0 & 0 & a & 0 \\ 0 & b & 0 & a \\ a & 0 & b & 0 \end{vmatrix}+b(-1)^{1+5}\begin{vmatrix} b & 0 & a & 0 \\ 0 & b & 0 & a \\ 0 & 0 & b & 0 \\ a & 0 & 0 & b \end{vmatrix}$$

$$=-a\cdot a(-1)^{2+3}\begin{vmatrix} b & a & 0 \\ 0 & b & a \\ a & 0 & 0 \end{vmatrix}+b\cdot b(-1)^{3+3}\begin{vmatrix} b & 0 & 0 \\ 0 & b & a \\ a & 0 & b \end{vmatrix}$$

$=a^5+b^5.$

或推理排除

各行均加到第 1 行，可见 D 中有 $a+b$ 因式，排除(B) 和(C).

对于 $a_{12}a_{23}a_{34}a_{45}a_{51}=a^5$,

而 $\tau(23451)=4$，偶排列，带正号.

排除(D)，应选(A).

学习札记

【例 1.3】 $(2014, {1 \atop 2,3})$ 行列式 $\begin{vmatrix} 0 & a & b & 0 \\ a & 0 & 0 & b \\ 0 & c & d & 0 \\ c & 0 & 0 & d \end{vmatrix} =$

(A) $(ad-bc)^2$.　　(B) $-(ad-bc)^2$.

(C) $a^2d^2-b^2c^2$.　　(D) $b^2c^2-a^2d^2$.

分析 (方法一)　本题有较多的 0，可考虑直接用行(列)展开公式，例如按第一行展开

$$\begin{vmatrix} 0 & a & b & 0 \\ a & 0 & 0 & b \\ 0 & c & d & 0 \\ c & 0 & 0 & d \end{vmatrix} = -a\begin{vmatrix} a & 0 & b \\ 0 & d & 0 \\ c & 0 & d \end{vmatrix} + b\begin{vmatrix} a & 0 & b \\ 0 & c & 0 \\ c & 0 & d \end{vmatrix}$$

$$= -ad\begin{vmatrix} a & b \\ c & d \end{vmatrix} + bc\begin{vmatrix} a & b \\ c & d \end{vmatrix} = (ad-bc)(-ad+bc)$$

$$= -(ad-bc)^2.$$

(方法二)　本题 0 的位置很规则，也可联想到用拉普拉斯展开式.

$$\begin{vmatrix} 0 & a & b & 0 \\ a & 0 & 0 & b \\ 0 & c & d & 0 \\ c & 0 & 0 & d \end{vmatrix} = -\begin{vmatrix} c & 0 & 0 & d \\ a & 0 & 0 & b \\ 0 & c & d & 0 \\ 0 & a & b & 0 \end{vmatrix} = \begin{vmatrix} c & d & 0 & 0 \\ a & b & 0 & 0 \\ 0 & 0 & d & c \\ 0 & 0 & b & a \end{vmatrix}$$

$$= \begin{vmatrix} c & d \\ a & b \end{vmatrix} \cdot \begin{vmatrix} d & c \\ b & a \end{vmatrix} = -(ad-bc)^2.$$

【注】　记号 $(2014, {1 \atop 2,3})$ 是指本题选自 2014 年数学一，数学二，数学三的真题，下同.

【例 1.4】　计算

$$D = \begin{vmatrix} a_1+x & a_2 & a_3 & a_4 \\ -x & x & 0 & 0 \\ 0 & -x & x & 0 \\ 0 & 0 & -x & x \end{vmatrix} = \underline{\qquad\qquad}.$$

分析 各列均加至第 1 列，并按第 1 列展开有

$$D = \begin{vmatrix} x+\sum_{i=1}^{4} a_i & a_2 & a_3 & a_4 \\ 0 & x & 0 & 0 \\ 0 & -x & x & 0 \\ 0 & 0 & -x & x \end{vmatrix} = (x+\sum_{i=1}^{4} a_i)\begin{vmatrix} x & 0 & 0 \\ -x & x & 0 \\ 0 & -x & x \end{vmatrix}.$$

由(1.7)知，$D = x^3(x+\sum_{i=1}^{4} a_i)$.

学习札记

【例 1.5】　四阶行列式

$$D=\begin{vmatrix} a_1 & -1 & 0 & 0 \\ a_2 & x & -1 & 0 \\ a_3 & 0 & x & -1 \\ a_4 & 0 & 0 & x \end{vmatrix}=\underline{\qquad\qquad}.$$

分析　本题可用逐行相加的技巧，第一行的 x 倍加至第二行，然后第二行的 x 倍加至第三行，如此继续，有

$$D=\begin{vmatrix} a_1 & -1 & 0 & 0 \\ a_1x+a_2 & 0 & -1 & 0 \\ a_3 & 0 & x & -1 \\ a_4 & 0 & 0 & x \end{vmatrix}$$

$$=\begin{vmatrix} a_1 & -1 & 0 & 0 \\ a_1x+a_2 & 0 & -1 & 0 \\ a_1x^2+a_2x+a_3 & 0 & 0 & -1 \\ a_4 & 0 & 0 & x \end{vmatrix}$$

$$=\begin{vmatrix} a_1 & -1 & 0 & 0 \\ a_1x+a_2 & 0 & -1 & 0 \\ a_1x^2+a_2x+a_3 & 0 & 0 & -1 \\ a_1x^3+a_2x^2+a_3x+a_4 & 0 & 0 & 0 \end{vmatrix}$$

$$=(a_1x^3+a_2x^2+a_3x+a_4)(-1)^{4+1}(-1)^3$$

$$=a_1x^3+a_2x^2+a_3x+a_4.$$

也可直接对第 4 行展开，有

$$D=a_4(-1)^{4+1}\begin{vmatrix} -1 & 0 & 0 \\ x & -1 & 0 \\ 0 & x & -1 \end{vmatrix}+x\cdot\begin{vmatrix} a_1 & -1 & 0 \\ a_2 & x & -1 \\ a_3 & 0 & x \end{vmatrix}$$

$$=a_4+x(a_1x^2+a_3+a_2x)$$

$$=a_1x^3+a_2x^2+a_3x+a_4.$$

对于 |↖| 与 |↘| 型行列式，可用主对角线元素化其为上(下) 三角型来计算.

对于 |↙| 与 |↗| 型行列式，可用副对角线元素化其为 |◸| 或 |◿| 型来计算.

【例 1.6】　四阶行列式 $D=\begin{vmatrix} 1 & 1 & 1 & 1 \\ 1 & 2 & 0 & 0 \\ 1 & 0 & 3 & 0 \\ 1 & 0 & 0 & 4 \end{vmatrix}=\underline{\qquad\qquad}.$

分析　对于爪型行列式，将其转化为上(或下) 三角行列式.

学习札记

$$D = 2\times 3\times 4\begin{vmatrix} 1 & 1 & 1 & 1 \\ \frac{1}{2} & 1 & 0 & 0 \\ \frac{1}{3} & 0 & 1 & 0 \\ \frac{1}{4} & 0 & 0 & 1 \end{vmatrix} = 24\begin{vmatrix} 1-\frac{1}{2}-\frac{1}{3}-\frac{1}{4} & 0 & 0 & 0 \\ \frac{1}{2} & 1 & 0 & 0 \\ \frac{1}{3} & 0 & 1 & 0 \\ \frac{1}{4} & 0 & 0 & 1 \end{vmatrix}$$

$$= 24\times\left(1-\frac{1}{2}-\frac{1}{3}-\frac{1}{4}\right) = 24-12-8-6 =-2.$$

【例 1.7】 计算

$$D_n = \begin{vmatrix} a_1+b & a_2 & a_3 & \cdots & a_n \\ a_1 & a_2+b & a_3 & \cdots & a_n \\ a_1 & a_2 & a_3+b & \cdots & a_n \\ \vdots & \vdots & \vdots & & \vdots \\ a_1 & a_2 & a_3 & \cdots & a_n+b \end{vmatrix} = \underline{\qquad\qquad}.$$

分析 (方法一) 每列都加到第 1 列,提出公因数

$$D_n = (\sum_{i=1}^{n} a_i + b)\begin{vmatrix} 1 & a_2 & a_3 & \cdots & a_n \\ 1 & a_2+b & a_3 & \cdots & a_n \\ 1 & a_2 & a_3+b & \cdots & a_n \\ \vdots & \vdots & \vdots & & \vdots \\ 1 & a_2 & a_3 & \cdots & a_n+b \end{vmatrix}$$

$$= (\sum_{i=1}^{n} a_i + b)\begin{vmatrix} 1 & a_2 & a_3 & \cdots & a_n \\ 0 & b & 0 & \cdots & 0 \\ 0 & 0 & b & \cdots & 0 \\ \vdots & \vdots & \vdots & & \vdots \\ 0 & 0 & 0 & \cdots & b \end{vmatrix}$$

$$= (\sum_{i=1}^{n} a_i + b)b^{n-1}.$$

(方法二) 第 1 行的 -1 倍分别加到其他每一行

$$D_n = \begin{vmatrix} a_1+b & a_2 & a_3 & \cdots & a_n \\ -b & b & 0 & \cdots & 0 \\ -b & 0 & b & \cdots & 0 \\ \vdots & \vdots & \vdots & & \vdots \\ -b & 0 & 0 & \cdots & b \end{vmatrix} = \begin{vmatrix} \sum_{i=1}^{n} a_i + b & a_2 & a_3 & \cdots & a_n \\ 0 & b & 0 & \cdots & 0 \\ 0 & 0 & b & \cdots & 0 \\ \vdots & \vdots & \vdots & & \vdots \\ 0 & 0 & 0 & \cdots & b \end{vmatrix}$$

$$= (\sum_{i=1}^{n} a_i + b)b^{n-1}.$$

学习札记

（方法三）　拆分

$$D_n=\begin{vmatrix} a_1+b & a_2+0 & a_3+0 & \cdots & a_n+0 \\ a_1+0 & a_2+b & a_3+0 & \cdots & a_n+0 \\ a_1+0 & a_2+0 & a_3+b & \cdots & a_n+0 \\ \vdots & \vdots & \vdots & & \vdots \\ a_1+0 & a_2+0 & a_3+0 & \cdots & a_n+b \end{vmatrix},$$

对于这 2^n 个行列式，有 2 个（或 2 个以上）第 1 子列则其值为 0，不为 0 的共 $n+1$ 个，即每列都是第 2 子列有 1 个，只有 1 列选第 1 子列，其余为第 2 子列，共 n 个，故 $D_n=b^n+\sum\limits_{i=1}^{n}a_ib^{n-1}$.

【小结】　在计算行列式时，先把某行（列）的 k 倍分别加到其他的每一行（列）；或者先把各行（列）均加到第一行（列）；或者用逐行（列）相加等手法化简，然后再用展开公式，这些构思是常见的，也是基本的.

关于特殊的三对角线行列式如何计算？

通常可用三角化法、递推法、归纳法.

【例 1.8】　计算四阶行列式 $\begin{vmatrix} 4 & 3 & 0 & 0 \\ 1 & 4 & 3 & 0 \\ 0 & 1 & 4 & 3 \\ 0 & 0 & 1 & 4 \end{vmatrix}=$ ________.

分析　三角化法　用逐行相加的技巧，例如把第1行的 $-\frac{1}{4}$ 倍加到第 2 行，再把新第 2 行的 $-\frac{4}{13}$ 倍加到第 3 行，…

$$\begin{vmatrix} 4 & 3 & 0 & 0 \\ 1 & 4 & 3 & 0 \\ 0 & 1 & 4 & 3 \\ 0 & 0 & 1 & 4 \end{vmatrix}=\begin{vmatrix} 4 & 3 & 0 & 0 \\ 0 & \frac{13}{4} & 3 & 0 \\ 0 & 1 & 4 & 3 \\ 0 & 0 & 1 & 4 \end{vmatrix}=\begin{vmatrix} 4 & 3 & 0 & 0 \\ 0 & \frac{13}{4} & 3 & 0 \\ 0 & 0 & \frac{40}{13} & 3 \\ 0 & 0 & 1 & 4 \end{vmatrix}$$

$$=\begin{vmatrix} 4 & 3 & 0 & 0 \\ 0 & \frac{13}{4} & 3 & 0 \\ 0 & 0 & \frac{40}{13} & 3 \\ 0 & 0 & 0 & \frac{121}{40} \end{vmatrix}=121.$$

或用每行都加至第一行的技巧，例如把第 2 行的 -4 倍加到第 1 行，再把第 3 行的 13 倍加到第 1 行，…

学习札记

$$\begin{vmatrix} 4 & 3 & 0 & 0 \\ 1 & 4 & 3 & 0 \\ 0 & 1 & 4 & 3 \\ 0 & 0 & 1 & 4 \end{vmatrix} = \begin{vmatrix} 0 & -13 & -12 & 0 \\ 1 & 4 & 3 & 0 \\ 0 & 1 & 4 & 3 \\ 0 & 0 & 1 & 4 \end{vmatrix} = \begin{vmatrix} 0 & 0 & 40 & 39 \\ 1 & 4 & 3 & 0 \\ 0 & 1 & 4 & 3 \\ 0 & 0 & 1 & 4 \end{vmatrix}$$

$$= \begin{vmatrix} 0 & 0 & 0 & -121 \\ 1 & 4 & 3 & 0 \\ 0 & 1 & 4 & 3 \\ 0 & 0 & 1 & 4 \end{vmatrix} = -121 \cdot (-1)^{1+4} \begin{vmatrix} 1 & 4 & 3 \\ 0 & 1 & 4 \\ 0 & 0 & 1 \end{vmatrix}$$

$$= 121.$$

递推法　按第 1 行展开，建立递推关系

$$\begin{vmatrix} 4 & 3 & 0 & 0 \\ 1 & 4 & 3 & 0 \\ 0 & 1 & 4 & 3 \\ 0 & 0 & 1 & 4 \end{vmatrix} = 4\begin{vmatrix} 4 & 3 & 0 \\ 1 & 4 & 3 \\ 0 & 1 & 4 \end{vmatrix} - 3\begin{vmatrix} 1 & 3 & 0 \\ 0 & 4 & 3 \\ 0 & 1 & 4 \end{vmatrix}$$

即 $D_4 = 4D_3 - 3D_2$，从而

$$D_4 - D_3 = 3(D_3 - D_2) = 3^2(D_2 - D_1) = 3^4,$$

得递推关系

$$D_4 = D_3 + 3^4 = D_2 + 3^3 + 3^4 = D_1 + 3^2 + 3^3 + 3^4 = 121.$$

【例 1.9】 (2008，局部) 设 $\boldsymbol{A} = \begin{bmatrix} 2a & 1 & & & & \\ a^2 & 2a & 1 & & & \\ & a^2 & 2a & 1 & & \\ & & \ddots & \ddots & \ddots & \\ & & & a^2 & 2a & 1 \\ & & & & a^2 & 2a \end{bmatrix}$ 是 n 阶矩阵.

证明 $|\boldsymbol{A}| = (n+1)a^n$.

证明 (方法一) 用归纳法

设 n 阶行列式 $|\boldsymbol{A}|$ 的值为 D_n.

当 $n = 1$ 时，$D_1 = 2a$，命题 $D_n = (n+1)a^n$ 正确，

当 $n = 2$ 时，$D_2 = \begin{vmatrix} 2a & 1 \\ a^2 & 2a \end{vmatrix} = 3a^2$，命题 $D_n = (n+1)a^n$ 正确，

设 $n < k$ 时，命题正确.

当 $n = k$ 时，按第一列展开，得

$D_k = a_{11}A_{11} + a_{21}A_{21}$

$$= 2a\begin{vmatrix} 2a & 1 & & & \\ a^2 & 2a & 1 & & \\ & a^2 & 2a & \ddots & \\ & & \ddots & \ddots & 1 \\ & & & a^2 & 2a \end{vmatrix}_{k-1} + a^2(-1)^{2+1}\begin{vmatrix} 1 & 0 & & & \\ a^2 & 2a & 1 & & \\ & a^2 & 2a & \ddots & \\ & & \ddots & \ddots & 1 \\ & & & a^2 & 2a \end{vmatrix}_{k-1}$$

学习札记

$$= 2aD_{k-1} - a^2 D_{k-2} = 2aka^{k-1} - a^2(k-1)a^{k-2} = (k+1)a^k$$

故命题正确.

(方法二) 化为上三角

$$|\boldsymbol{A}| = \begin{vmatrix} 2a & 1 & & & \\ a^2 & 2a & 1 & & \\ & a^2 & 2a & \ddots & \\ & & \ddots & \ddots & 1 \\ & & & a^2 & 2a \end{vmatrix} = \begin{vmatrix} 2a & 1 & & & \\ 0 & \frac{3}{2}a & 1 & & \\ & a^2 & 2a & \ddots & \\ & & \ddots & \ddots & 1 \\ & & & a^2 & 2a \end{vmatrix}$$

$$= \cdots = \begin{vmatrix} 2a & 1 & & & \\ 0 & \frac{3}{2}a & 1 & & \\ & 0 & \frac{4}{3}a & \ddots & \\ & & \ddots & \ddots & 1 \\ & & & 0 & \frac{(n+1)a}{n} \end{vmatrix}$$

$$= 2a \cdot \frac{3}{2}a \cdot \frac{4}{3}a \cdot \cdots \cdot \frac{n+1}{n}a = (n+1)a^n.$$

【评注】 数学归纳法

(一) ① 验证 $n=1$ 时,命题 f_n 正确,

② 假设 $n=k$ 时,命题 f_n 正确,

③ 证明 $n=k+1$ 时,命题 f_n 正确.

(二) ① 验证 $n=1$ 和 $n=2$ 时命题 f_n 都正确,

② 假设 $n<k$ 时,命题 f_n 正确,

③ 证明 $n=k$ 时,命题 f_n 正确.

在此题条件下,若 $\boldsymbol{x} = \begin{bmatrix} x_1 \\ x_2 \\ \vdots \\ x_n \end{bmatrix}$,$\boldsymbol{b} = \begin{bmatrix} 1 \\ 0 \\ \vdots \\ 0 \end{bmatrix}$,当 a 为何值时,方程组 $\boldsymbol{Ax} = \boldsymbol{b}$ 有唯一解?并求 x_1.

解题笔记

学习札记

练习 (2015,1)n 阶行列式

$$\begin{vmatrix} 2 & 0 & 0 & \cdots & 0 & 2 \\ -1 & 2 & 0 & \cdots & 0 & 2 \\ 0 & -1 & 2 & \cdots & 0 & 2 \\ \vdots & \vdots & \vdots & & \vdots & \vdots \\ 0 & 0 & 0 & \cdots & 2 & 2 \\ 0 & 0 & 0 & \cdots & -1 & 2 \end{vmatrix} = \_\_\_\_\_\_\_\_.$$

解题笔记

【例 1.10】 (2021,$\frac{2}{3}$) 多项式 $f(x)=\begin{vmatrix} x & x & 1 & 2x \\ 1 & x & 2 & -1 \\ 2 & 1 & x & 1 \\ 2 & -1 & 1 & x \end{vmatrix}$ 中 x^3 项的系数为________.

分析 (用展开公式化简分析)

$$f(x)=\begin{vmatrix} x & 0 & 1 & 0 \\ 1 & x-1 & 2 & -3 \\ 2 & -1 & x & -3 \\ 2 & -3 & 1 & x-4 \end{vmatrix}$$

$$=x\begin{vmatrix} x-1 & 2 & -3 \\ -1 & x & -3 \\ -3 & 1 & x-4 \end{vmatrix}+\begin{vmatrix} 1 & x-1 & -3 \\ 2 & -1 & -3 \\ 2 & -3 & x-4 \end{vmatrix},$$

x^3 只能出现在 $x(x-1)x(x-4)$ 中,共两项 $-4x^3$ 和 $-x^3$. ∴ 系数是 -5.

(用逆序)

$$(-1)^{\tau(j_1j_2j_3j_4)}a_{1j_1}a_{2j_2}a_{3j_3}a_{4j_4}$$

第 1 行取 $a_{11}=x$ 或 $a_{13}=1$ 均不可能出现 x^3.

当取 a_{12} 时,只有 $a_{12}a_{21}a_{33}a_{44}=x^3$,

而 $\tau(2134)=1$,奇排列,带负号.

当取 a_{14} 时,仅有 $a_{14}a_{22}a_{33}a_{41}=4x^3$,

而 $\tau(4231)=5$,奇排列,带负号.

亦得系数为 -5.

学习札记

练习 多项式 $f(x)=\begin{vmatrix} x & 0 & 1 & 2x \\ 3x & 3 & -2 & 5 \\ 6 & 1 & 2 & -3 \\ -x & -1 & 8 & -5 \end{vmatrix}$ 的常数项为________.

解题笔记

2. 抽象型行列式

① 用行列式性质

【例 1.11】 设 $\boldsymbol{\alpha},\boldsymbol{\beta},\boldsymbol{\gamma}_1,\boldsymbol{\gamma}_2,\boldsymbol{\gamma}_3$ 都是四维列向量，且 $|\boldsymbol{A}|=|\boldsymbol{\alpha},\boldsymbol{\gamma}_1,\boldsymbol{\gamma}_2,\boldsymbol{\gamma}_3|=m$，$|\boldsymbol{B}|=|\boldsymbol{\beta},2\boldsymbol{\gamma}_1,3\boldsymbol{\gamma}_2,\boldsymbol{\gamma}_3|=n$，则 $|\boldsymbol{A}-2\boldsymbol{B}|=$ ________.

分析 $\boldsymbol{A}-2\boldsymbol{B}=(\boldsymbol{\alpha}-2\boldsymbol{\beta},-3\boldsymbol{\gamma}_1,-5\boldsymbol{\gamma}_2,-\boldsymbol{\gamma}_3)$

$$\begin{aligned}|\boldsymbol{A}-2\boldsymbol{B}|&=|\boldsymbol{\alpha}-2\boldsymbol{\beta},-3\boldsymbol{\gamma}_1,-5\boldsymbol{\gamma}_2,-\boldsymbol{\gamma}_3|=-15|\boldsymbol{\alpha}-2\boldsymbol{\beta},\boldsymbol{\gamma}_1,\boldsymbol{\gamma}_2,\boldsymbol{\gamma}_3|\\&=-15(|\boldsymbol{\alpha},\boldsymbol{\gamma}_1,\boldsymbol{\gamma}_2,\boldsymbol{\gamma}_3|-2|\boldsymbol{\beta},\boldsymbol{\gamma}_1,\boldsymbol{\gamma}_2,\boldsymbol{\gamma}_3|)\\&=-15|\boldsymbol{A}|+5|\boldsymbol{B}|\\&=5n-15m.\end{aligned}$$

② 矩阵运算

【例 1.12】 已知 $|\boldsymbol{A}|=\begin{vmatrix} x_1 & y_1 & z_1 \\ x_2 & y_2 & z_2 \\ x_3 & y_3 & z_3 \end{vmatrix}=m$，则

$$|\boldsymbol{B}|=\begin{vmatrix} 2x_1+3y_1 & 2y_1+3z_1 & 2z_1+3x_1 \\ 2x_2+3y_2 & 2y_2+3z_2 & 2z_2+3x_2 \\ 2x_3+3y_3 & 2y_3+3z_3 & 2z_3+3x_3 \end{vmatrix}=\underline{\qquad\qquad}.$$

分析 记 $\boldsymbol{A}=[\boldsymbol{\alpha}_1,\boldsymbol{\alpha}_2,\boldsymbol{\alpha}_3]$，则

$$\begin{aligned}\boldsymbol{B}&=[2\boldsymbol{\alpha}_1+3\boldsymbol{\alpha}_2,2\boldsymbol{\alpha}_2+3\boldsymbol{\alpha}_3,2\boldsymbol{\alpha}_3+3\boldsymbol{\alpha}_1]\\&=[\boldsymbol{\alpha}_1,\boldsymbol{\alpha}_2,\boldsymbol{\alpha}_3]\begin{bmatrix} 2 & 0 & 3 \\ 3 & 2 & 0 \\ 0 & 3 & 2 \end{bmatrix},\end{aligned}$$

那么 $|\boldsymbol{B}|=|\boldsymbol{A}|\cdot\begin{vmatrix} 2 & 0 & 3 \\ 3 & 2 & 0 \\ 0 & 3 & 2 \end{vmatrix}=35m.$

或

$$|\boldsymbol{B}|=\begin{vmatrix} 2x_1 & 2y_1+3z_1 & 2z_1+3x_1 \\ 2x_2 & 2y_2+3z_2 & 2z_2+3x_2 \\ 2x_3 & 2y_3+3z_3 & 2z_3+3x_3 \end{vmatrix}+\begin{vmatrix} 3y_1 & 2y_1+3z_1 & 2z_1+3x_1 \\ 3y_2 & 2y_2+3z_2 & 2z_2+3x_2 \\ 3y_3 & 2y_3+3z_3 & 2z_3+3x_3 \end{vmatrix}$$

学习札记

$$= 8\begin{vmatrix} x_1 & y_1 & z_1 \\ x_2 & y_2 & z_2 \\ x_3 & y_3 & z_3 \end{vmatrix} + 27\begin{vmatrix} y_1 & z_1 & x_1 \\ y_2 & z_2 & x_2 \\ y_3 & z_3 & x_3 \end{vmatrix} = 35m.$$

【例 1.13】 已知 $\boldsymbol{A}$ 是三阶矩阵，$\boldsymbol{\alpha}_1,\boldsymbol{\alpha}_2,\boldsymbol{\alpha}_3$ 是三维线性无关的列向量，若 $\boldsymbol{A\alpha}_1=\boldsymbol{\alpha}_2+\boldsymbol{\alpha}_3$，$\boldsymbol{A\alpha}_2=\boldsymbol{\alpha}_1+\boldsymbol{\alpha}_3$，$\boldsymbol{A\alpha}_3=\boldsymbol{\alpha}_1+3\boldsymbol{\alpha}_2+2\boldsymbol{\alpha}_3$，则 $|\boldsymbol{A}^*|=$ ________.

分析 用矩阵

由 $\boldsymbol{A}[\boldsymbol{\alpha}_1,\boldsymbol{\alpha}_2,\boldsymbol{\alpha}_3]=[\boldsymbol{\alpha}_2+\boldsymbol{\alpha}_3,\boldsymbol{\alpha}_1+\boldsymbol{\alpha}_3,\boldsymbol{\alpha}_1+3\boldsymbol{\alpha}_2+2\boldsymbol{\alpha}_3]$

$$=[\boldsymbol{\alpha}_1,\boldsymbol{\alpha}_2,\boldsymbol{\alpha}_3]\begin{bmatrix} 0 & 1 & 1 \\ 1 & 0 & 3 \\ 1 & 1 & 2 \end{bmatrix}=\boldsymbol{PB}.$$

记 $\boldsymbol{P}=[\boldsymbol{\alpha}_1,\boldsymbol{\alpha}_2,\boldsymbol{\alpha}_3]$，由 $\boldsymbol{\alpha}_1,\boldsymbol{\alpha}_2,\boldsymbol{\alpha}_3$ 线性无关知 $\boldsymbol{P}$ 为可逆矩阵，从而由 $\boldsymbol{AP}=\boldsymbol{PB}$ 得

$$|\boldsymbol{A}|=\begin{vmatrix} 0 & 1 & 1 \\ 1 & 0 & 3 \\ 1 & 1 & 2 \end{vmatrix}=2,$$

于是 $|\boldsymbol{A}^*|=|\boldsymbol{A}|^{n-1}=4$.

或由 $\boldsymbol{A}[\boldsymbol{\alpha}_1,\boldsymbol{\alpha}_2,\boldsymbol{\alpha}_3]=[\boldsymbol{\alpha}_2+\boldsymbol{\alpha}_3,\boldsymbol{\alpha}_1+\boldsymbol{\alpha}_3,\boldsymbol{\alpha}_1+3\boldsymbol{\alpha}_2+2\boldsymbol{\alpha}_3]$ 有

$$\begin{aligned}|\boldsymbol{A}|\cdot|\boldsymbol{\alpha}_1,\boldsymbol{\alpha}_2,\boldsymbol{\alpha}_3| &= |\boldsymbol{\alpha}_2+\boldsymbol{\alpha}_3,\boldsymbol{\alpha}_1+\boldsymbol{\alpha}_3,\boldsymbol{\alpha}_1+3\boldsymbol{\alpha}_2+2\boldsymbol{\alpha}_3| \\ &= |\boldsymbol{\alpha}_2+\boldsymbol{\alpha}_3,\boldsymbol{\alpha}_1+\boldsymbol{\alpha}_3,-2\boldsymbol{\alpha}_3| \\ &= -2|\boldsymbol{\alpha}_2+\boldsymbol{\alpha}_3,\boldsymbol{\alpha}_1+\boldsymbol{\alpha}_3,\boldsymbol{\alpha}_3| \\ &= -2|\boldsymbol{\alpha}_2,\boldsymbol{\alpha}_1,\boldsymbol{\alpha}_3| \\ &= 2|\boldsymbol{\alpha}_1,\boldsymbol{\alpha}_2,\boldsymbol{\alpha}_3|.\end{aligned}$$

由 $\boldsymbol{\alpha}_1,\boldsymbol{\alpha}_2,\boldsymbol{\alpha}_3$ 是三维线性无关的列向量，知 $|\boldsymbol{\alpha}_1,\boldsymbol{\alpha}_2,\boldsymbol{\alpha}_3|\neq 0$，所以 $|\boldsymbol{A}|=2$，亦有 $|\boldsymbol{A}^*|=4$.

【例 1.14】 设矩阵 $\boldsymbol{A}=\begin{bmatrix} 2 & 1 & 0 \\ 1 & 2 & 0 \\ 0 & 0 & 1 \end{bmatrix}$，矩阵 $\boldsymbol{B}$ 满足 $\boldsymbol{ABA}^*=2\boldsymbol{BA}^*+\boldsymbol{E}$，其中 $\boldsymbol{E}$ 为单位矩阵，$\boldsymbol{A}^*$ 是 $\boldsymbol{A}$ 的伴随矩阵，则 $|2\boldsymbol{B}^{\mathrm{T}}|=$ ________.

分析 由于 $\boldsymbol{A}^*\boldsymbol{A}=|\boldsymbol{A}|\boldsymbol{E}$，又由题设知 $|\boldsymbol{A}|=3$，因此对已知矩阵方程右乘 $\boldsymbol{A}$，得

$$3\boldsymbol{AB}-6\boldsymbol{B}=\boldsymbol{A},$$

即有 $3(\boldsymbol{A}-2\boldsymbol{E})\boldsymbol{B}=\boldsymbol{A}$. 两边取行列式，有

$$27|\boldsymbol{A}-2\boldsymbol{E}|\cdot|\boldsymbol{B}|=3.$$

又

$$|\boldsymbol{A}-2\boldsymbol{E}|=\begin{vmatrix} 0 & 1 & 0 \\ 1 & 0 & 0 \\ 0 & 0 & -1 \end{vmatrix}=1,$$

于是 $|\boldsymbol{B}|=\dfrac{1}{9}$，故 $|2\boldsymbol{B}^{\mathrm{T}}|=2^3|\boldsymbol{B}^{\mathrm{T}}|=8|\boldsymbol{B}|=\dfrac{8}{9}$.

学习札记

【例 1.15】 已知 $\boldsymbol{A}$ 是三阶矩阵,且 $|\boldsymbol{A}|=\frac{1}{3}$,$\boldsymbol{E}$ 是二阶单位矩阵,则

$$D=\begin{vmatrix} \boldsymbol{O} & (3\boldsymbol{A})^{-1}+(2\boldsymbol{A})^{*} \\ 3\boldsymbol{E} & \boldsymbol{O} \end{vmatrix}=\_\_\_\_\_\_\_\_.$$

分析 由拉普拉斯展开式

$$D=(-1)^{2\times 3}\ |3\boldsymbol{E}|\cdot|(3\boldsymbol{A})^{-1}+(2\boldsymbol{A})^{*}|,$$

因 $(k\boldsymbol{A})^{-1}=\frac{1}{k}\boldsymbol{A}^{-1}$,$(k\boldsymbol{A})^{*}=k^{n-1}\boldsymbol{A}^{*}$,及 $\boldsymbol{A}^{*}=|\boldsymbol{A}|\boldsymbol{A}^{-1}$,

$$D=3^{2}\left|\frac{1}{3}\boldsymbol{A}^{-1}+4\boldsymbol{A}^{*}\right|=3^{2}\left|\frac{1}{3}\boldsymbol{A}^{-1}+\frac{4}{3}\boldsymbol{A}^{-1}\right|$$

$$=3^{2}\cdot\left(\frac{5}{3}\right)^{3}|\boldsymbol{A}^{-1}|=125.$$

练习 $\boldsymbol{A},\boldsymbol{B}$ 均为三阶矩阵,满足 $\boldsymbol{AB}+2\boldsymbol{A}+\boldsymbol{B}+\boldsymbol{E}=\boldsymbol{O}$,若 $\boldsymbol{B}=\begin{bmatrix}1&2&0\\1&2&0\\1&2&1\end{bmatrix}$,则 $|\boldsymbol{A}+\boldsymbol{E}|=\_\_\_\_\_\_\_\_$.

解题笔记

③$\boldsymbol{E}$ 恒等变形

【例 1.16】 设 $\boldsymbol{A},\boldsymbol{B}$ 为三阶矩阵,且 $|\boldsymbol{A}|=3$,$|\boldsymbol{B}|=2$,$|\boldsymbol{A}+\boldsymbol{B}|=a$,则 $|\boldsymbol{A}^{-1}+\boldsymbol{B}^{-1}|=\_\_\_\_\_\_\_\_$.

分析 由于 $|\boldsymbol{A}+\boldsymbol{B}|$ 没有运算法则,利用 $\boldsymbol{E}$ 作恒等变形是常用技巧.

$$|\boldsymbol{A}^{-1}+\boldsymbol{B}^{-1}|=|\boldsymbol{E}\boldsymbol{A}^{-1}+\boldsymbol{B}^{-1}\boldsymbol{E}|$$

$$=|(\boldsymbol{B}^{-1}\boldsymbol{B})\boldsymbol{A}^{-1}+\boldsymbol{B}^{-1}(\boldsymbol{A}\boldsymbol{A}^{-1})|=|\boldsymbol{B}^{-1}(\boldsymbol{B}+\boldsymbol{A})\boldsymbol{A}^{-1}|$$

$$=|\boldsymbol{B}^{-1}|\cdot|\boldsymbol{B}+\boldsymbol{A}|\cdot|\boldsymbol{A}^{-1}|=\frac{a}{6}.$$

【例 1.17】 已知 $\boldsymbol{A}$ 是四阶正交矩阵且 $|\boldsymbol{A}|<0$,$\boldsymbol{B}$ 是四阶矩阵,如 $|\boldsymbol{B}-\boldsymbol{A}|=5$,则 $|\boldsymbol{E}-\boldsymbol{A}\boldsymbol{B}^{\mathrm{T}}|=\_\_\_\_\_\_\_\_$.

分析 因 $\boldsymbol{A}\boldsymbol{A}^{\mathrm{T}}=\boldsymbol{A}^{\mathrm{T}}\boldsymbol{A}=\boldsymbol{E}$,有 $|\boldsymbol{A}|^{2}=1$,又 $|\boldsymbol{A}|<0$,于是 $|\boldsymbol{A}|=-1$.

$$|\boldsymbol{E}-\boldsymbol{A}\boldsymbol{B}^{\mathrm{T}}|=|\boldsymbol{A}\boldsymbol{A}^{\mathrm{T}}-\boldsymbol{A}\boldsymbol{B}^{\mathrm{T}}|=|\boldsymbol{A}(\boldsymbol{A}^{\mathrm{T}}-\boldsymbol{B}^{\mathrm{T}})|$$

$$=|\boldsymbol{A}|\cdot|(\boldsymbol{A}-\boldsymbol{B})^{\mathrm{T}}|=-|\boldsymbol{A}-\boldsymbol{B}|$$

$$=-(-1)^{4}|\boldsymbol{B}-\boldsymbol{A}|=-5.$$

④ 特征值,相似

注意:如 $\boldsymbol{A}\boldsymbol{\alpha}=\lambda\boldsymbol{\alpha}$,$\boldsymbol{\alpha}\neq\boldsymbol{0}$,

学习札记

则
$$(\boldsymbol{A}+k\boldsymbol{E})\boldsymbol{\alpha}=\boldsymbol{A}\boldsymbol{\alpha}+k\boldsymbol{\alpha}=(\lambda+k)\boldsymbol{\alpha},$$
$$\boldsymbol{A}^2\boldsymbol{\alpha}=\boldsymbol{A}(\lambda\boldsymbol{\alpha})=\lambda\boldsymbol{A}\boldsymbol{\alpha}=\lambda^2\boldsymbol{\alpha},$$

若 $\boldsymbol{A}$ 可逆，则 $\boldsymbol{A}^{-1}\boldsymbol{\alpha}=\dfrac{1}{\lambda}\boldsymbol{\alpha}$.

【例 1.18】 设 $\boldsymbol{A}$ 是三阶矩阵，$\boldsymbol{A}$ 的特征值是 $1,2,-1$，如果 $\boldsymbol{B}=\boldsymbol{A}^2-2\boldsymbol{A}+3\boldsymbol{E}$，则 $|\boldsymbol{B}|=$ ________.

分析 设 $\boldsymbol{A}\boldsymbol{\alpha}=\lambda\boldsymbol{\alpha},\boldsymbol{\alpha}\neq\boldsymbol{0}$，则
$$\boldsymbol{B}\boldsymbol{\alpha}=(\boldsymbol{A}^2-2\boldsymbol{A}+3\boldsymbol{E})\boldsymbol{\alpha}=(\lambda^2-2\lambda+3)\boldsymbol{\alpha}.$$
由 $\boldsymbol{A}$ 的特征值为 $1,2,-1$，知 $\boldsymbol{B}$ 的特征值为 $2,3,6$.

从而 $|\boldsymbol{B}|=2\times3\times6=36$.

【例 1.19】 设 $\boldsymbol{A}$ 是二阶矩阵，$\boldsymbol{\alpha},\boldsymbol{\beta}$ 是线性无关的二维列向量，且 $\boldsymbol{A}\boldsymbol{\alpha}=3\boldsymbol{\beta},\boldsymbol{A}\boldsymbol{\beta}=3\boldsymbol{\alpha}$，则 $|\boldsymbol{A}+2\boldsymbol{E}|=$ ________.

分析 $\boldsymbol{A}(\boldsymbol{\alpha}+\boldsymbol{\beta})=3(\boldsymbol{\alpha}+\boldsymbol{\beta}),\boldsymbol{A}(\boldsymbol{\alpha}-\boldsymbol{\beta})=-3(\boldsymbol{\alpha}-\boldsymbol{\beta})$.

由 $\boldsymbol{\alpha},\boldsymbol{\beta}$ 线性无关，知 $\boldsymbol{\alpha}+\boldsymbol{\beta}\neq\boldsymbol{0},\boldsymbol{\alpha}-\boldsymbol{\beta}\neq\boldsymbol{0}$，

即 $\boldsymbol{A}$ 的特征值：$3,-3$.

那么 $\boldsymbol{A}+2\boldsymbol{E}$ 的特征值：$5,-1$.

故 $|\boldsymbol{A}+2\boldsymbol{E}|=-5$.

【例 1.20】 已知矩阵 $\boldsymbol{A}$ 和 $\boldsymbol{B}$ 相似，其中 $\boldsymbol{B}=\begin{bmatrix}0&0&1\\0&2&0\\3&0&0\end{bmatrix}$，则 $|\boldsymbol{A}+\boldsymbol{E}|=$ ______.

分析 由 $\boldsymbol{A}\sim\boldsymbol{B}$，按定义知存在可逆矩阵 $\boldsymbol{P}$，使 $\boldsymbol{P}^{-1}\boldsymbol{A}\boldsymbol{P}=\boldsymbol{B}$，从而
$$\boldsymbol{P}^{-1}(\boldsymbol{A}+k\boldsymbol{E})\boldsymbol{P}=\boldsymbol{P}^{-1}\boldsymbol{A}\boldsymbol{P}+\boldsymbol{P}^{-1}(k\boldsymbol{E})\boldsymbol{P}=\boldsymbol{B}+k\boldsymbol{E},$$
所以
$$\boldsymbol{A}+k\boldsymbol{E}\sim\boldsymbol{B}+k\boldsymbol{E}.$$
进而
$$|\boldsymbol{A}+k\boldsymbol{E}|=|\boldsymbol{B}+k\boldsymbol{E}|,$$
于是
$$|\boldsymbol{A}+\boldsymbol{E}|=|\boldsymbol{B}+\boldsymbol{E}|=\begin{vmatrix}1&0&1\\0&3&0\\3&0&1\end{vmatrix}=-6.$$

练习 已知 $\boldsymbol{A}$ 是三阶矩阵，$\boldsymbol{E}$ 是三阶单位矩阵，如果 $\boldsymbol{A},\boldsymbol{A}-2\boldsymbol{E},3\boldsymbol{A}+2\boldsymbol{E}$ 均不可逆，则 $|\boldsymbol{A}+\boldsymbol{E}|=$ ________.

解题笔记

【小结】 对于抽象型行列式的计算，可能会涉及矩阵的运算法则、单位矩阵恒等变形等技巧，可能考查行列式的性质，也可能用特征值、相似等

学习札记

处理，这一类题目计算量一般不会很大，但涉及知识点多，公式法则多.

行列式的应用

1. 特征多项式

【例 1.21】 若 $\begin{vmatrix} \lambda-3 & 1 & -1 \\ 1 & \lambda-5 & 1 \\ -1 & 1 & \lambda-3 \end{vmatrix}=0$，则 $\lambda=$ ________.

分析 这是 λ 的三次方程，对于三次方程尽量用因式分解法求其根.

$$\begin{vmatrix} \lambda-3 & 1 & -1 \\ 1 & \lambda-5 & 1 \\ -1 & 1 & \lambda-3 \end{vmatrix}=\begin{vmatrix} \lambda-2 & 0 & 2-\lambda \\ 1 & \lambda-5 & 1 \\ -1 & 1 & \lambda-3 \end{vmatrix}$$

$$=\begin{vmatrix} \lambda-2 & 0 & 0 \\ 1 & \lambda-5 & 2 \\ -1 & 1 & \lambda-4 \end{vmatrix}$$

$$=(\lambda-2)\begin{vmatrix} \lambda-5 & 2 \\ 1 & \lambda-4 \end{vmatrix}$$

$$=(\lambda-2)(\lambda-3)(\lambda-6),$$

所以 λ 为 2 或 3 或 6.

本题的解法很多，例如

$$\begin{vmatrix} \lambda-3 & 1 & -1 \\ 1 & \lambda-5 & 1 \\ -1 & 1 & \lambda-3 \end{vmatrix}=\begin{vmatrix} \lambda-3 & \lambda-3 & \lambda-3 \\ 1 & \lambda-5 & 1 \\ -1 & 1 & \lambda-3 \end{vmatrix}$$

$$=\begin{vmatrix} \lambda-3 & 0 & 0 \\ 1 & \lambda-6 & 0 \\ -1 & 2 & \lambda-2 \end{vmatrix}$$

$$=(\lambda-3)(\lambda-6)(\lambda-2).$$

【评注】 对于特征多项式应两行(或列)加加减减，至多是三行(或列)的加加减减找出 $\lambda-a$ 的公因式，然后再解一个二次方程，就可求出矩阵 $\boldsymbol{A}$ 的三个特征值，这一类行列式的计算要掌握好.

【例 1.22】 若 $\begin{vmatrix} \lambda-1 & -1 & -a \\ -1 & \lambda+a & 1 \\ -a & 1 & \lambda-1 \end{vmatrix}=0$，则 $\lambda=$ ________.

分析 把第三行加至第一行，第一行有公因式 $\lambda-a-1$，即

$$\begin{vmatrix} \lambda-1 & -1 & -a \\ -1 & \lambda+a & 1 \\ -a & 1 & \lambda-1 \end{vmatrix}=\begin{vmatrix} \lambda-a-1 & 0 & \lambda-a-1 \\ -1 & \lambda+a & 1 \\ -a & 1 & \lambda-1 \end{vmatrix}$$

学习札记

$$=\begin{vmatrix}\lambda-a-1 & 0 & 0\\ -1 & \lambda+a & 2\\ -a & 1 & \lambda+a-1\end{vmatrix}$$

$$=(\lambda-a-1)\begin{vmatrix}\lambda+a & 2\\ 1 & \lambda+a-1\end{vmatrix}$$

$$=(\lambda-a-1)(\lambda+a-2)(\lambda+a+1),$$

所以 λ 为 $a+1$ 或 $2-a$ 或 $-a-1$.

【评注】 应当会计算这些含参数的行列式.

2. 克拉默法则

【例 1.23】 三元一次方程组

$$\begin{cases}x_1+x_2+x_3=1,\\ 2x_1-x_2+3x_3=4,\\ 4x_1+x_2+9x_3=16\end{cases}$$

的解中,未知数 x_2 的值必为

(A)1. (B) $\frac{5}{2}$. (C) $\frac{7}{3}$. (D) $\frac{1}{6}$.

分析 因为方程组的系数矩阵行列式是范德蒙行列式,由(1.11)有

$$D=\begin{vmatrix}1 & 1 & 1\\ 2 & -1 & 3\\ 4 & 1 & 9\end{vmatrix}=(-1-2)(3-2)(3-(-1))=-12.$$

根据克拉默法则,$x_2=\frac{D_2}{D}$,其中

$$D_2=\begin{vmatrix}1 & 1 & 1\\ 2 & 4 & 3\\ 4 & 16 & 9\end{vmatrix}=(4-2)(3-2)(3-4)=-2.$$

于是 $x_2=\frac{1}{6}$,所以应选(D).

【例 1.24】 设 $\boldsymbol{A}=\begin{bmatrix}1 & a & 0\\ a & 1 & 1\\ 1 & 1 & -1\end{bmatrix}$,$\boldsymbol{B}$ 为三阶非零矩阵,且 $\boldsymbol{AB}=\boldsymbol{O}$,则 $a=$ ________.

分析 由 $\boldsymbol{AB}=\boldsymbol{O}$,对 $\boldsymbol{B}$ 按列分块有

$$\boldsymbol{AB}=\boldsymbol{A}[\boldsymbol{\beta}_1,\boldsymbol{\beta}_2,\boldsymbol{\beta}_3]=[\boldsymbol{A\beta}_1,\boldsymbol{A\beta}_2,\boldsymbol{A\beta}_3]=[\boldsymbol{0},\boldsymbol{0},\boldsymbol{0}],$$

即 $\boldsymbol{\beta}_1,\boldsymbol{\beta}_2,\boldsymbol{\beta}_3$ 是齐次方程组 $\boldsymbol{Ax}=\boldsymbol{0}$ 的解.

因 $\boldsymbol{B}\neq\boldsymbol{O}$,即齐次方程组 $\boldsymbol{Ax}=\boldsymbol{0}$ 有非零解,那么由克拉默法则,有

$$|\boldsymbol{A}|=\begin{vmatrix}1 & a & 0\\ a & 1 & 1\\ 1 & 1 & -1\end{vmatrix}=a^2+a-2=0,$$

故 $a=1$ 或 -2.

练习

(1996,3) 设 $\boldsymbol{A}=\begin{bmatrix}1&1&\cdots&1\\a_1&a_2&\cdots&a_n\\a_1^2&a_2^2&\cdots&a_n^2\\\vdots&\vdots&&\vdots\\a_1^{n-1}&a_2^{n-1}&\cdots&a_n^{n-1}\end{bmatrix}$, $\boldsymbol{x}=\begin{bmatrix}x_1\\x_2\\\vdots\\x_n\end{bmatrix}$, $\boldsymbol{B}=\begin{bmatrix}1\\1\\\vdots\\1\end{bmatrix}$,其中 $a_i\neq a_j(i\neq j,i,j=1,2,\cdots,n)$,则线性方程组 $\boldsymbol{A}^{\mathrm{T}}\boldsymbol{x}=\boldsymbol{B}$ 的解是________.

解题笔记

学习札记

3. 矩阵秩的概念

在 $m\times n$ 矩阵 $\boldsymbol{A}$ 中,任取 k 行与 k 列($k\leqslant m,k\leqslant n$),位于这些行与列的交叉点上的 k^2 个元素按其在原来矩阵 $\boldsymbol{A}$ 中的次序可构成一个 k 阶行列式,称其为矩阵 $\boldsymbol{A}$ 的一个 k 阶**子式**.

矩阵 $\boldsymbol{A}$ 的非零子式的最高阶数称为矩阵 $\boldsymbol{A}$ 的**秩**,记为 $r(\boldsymbol{A})$. 零矩阵的秩规定为 0.

例如,矩阵 $\boldsymbol{A}=\begin{bmatrix}1&3&6&-1&1\\0&2&4&0&3\\0&0&0&1&2\end{bmatrix}$ 中有 3 阶子式 $\begin{vmatrix}1&3&-1\\0&2&0\\0&0&1\end{vmatrix}\neq 0$,而 $\boldsymbol{A}$ 中又没有 4 阶子式,故 $\boldsymbol{A}$ 中不为零的子式最高是三阶,所以秩 $r(\boldsymbol{A})=3$.

关于矩阵的秩要理解清楚:

$r(\boldsymbol{A})=r\Leftrightarrow\boldsymbol{A}$ 中有 r 阶子式不为 0,任何 $r+1$ 阶子式(若存在)必全为 0.

$r(\boldsymbol{A})<r\Leftrightarrow\boldsymbol{A}$ 中每一个 r 阶子式全为 0.

$r(\boldsymbol{A})\geqslant r\Leftrightarrow\boldsymbol{A}$ 中有 r 阶子式不为 0.

特别地,$r(\boldsymbol{A})=0\Leftrightarrow\boldsymbol{A}=\boldsymbol{O}$.

$\boldsymbol{A}\neq\boldsymbol{O}\Leftrightarrow r(\boldsymbol{A})\geqslant 1$.

若 $\boldsymbol{A}$ 是 n 阶矩阵,$r(\boldsymbol{A})=n\Leftrightarrow|\boldsymbol{A}|\neq 0\Leftrightarrow\boldsymbol{A}$ 可逆.

$r(\boldsymbol{A})<n\Leftrightarrow|\boldsymbol{A}|=0\Leftrightarrow\boldsymbol{A}$ 不可逆.

若 $\boldsymbol{A}$ 是 $m\times n$ 矩阵,则 $r(\boldsymbol{A})\leqslant\min(m,n)$.

特别地,如 $\boldsymbol{A}$ 是 5×6 矩阵,则 $r(\boldsymbol{A})\leqslant 5$,

学习札记

$\boldsymbol{A}$ 是 4×3 矩阵，则 $r(\boldsymbol{A})\leqslant 3$.

又如 $\boldsymbol{A}=\begin{bmatrix}1&1&3&2\\0&a&0&a\\2&0&6&4\end{bmatrix}$，要看出 $\boldsymbol{A}$ 中 $\exists\begin{vmatrix}1&1\\2&0\end{vmatrix}\neq 0$，而知 $r(\boldsymbol{A})\geqslant 2$.

关于 $|\boldsymbol{A}|=0$ 的判断

【例 1.25】 设 $\boldsymbol{A}$ 是 n 阶反对称矩阵，若 $\boldsymbol{A}$ 可逆，则 n 必是偶数.

证明 因为 $\boldsymbol{A}$ 是反对称矩阵，即 $\boldsymbol{A}^{\mathrm{T}}=-\boldsymbol{A}$，所以

$$|\boldsymbol{A}|=|\boldsymbol{A}^{\mathrm{T}}|=|-\boldsymbol{A}|=(-1)^n|\boldsymbol{A}|.$$

如果 n 是奇数，必有 $|\boldsymbol{A}|=-|\boldsymbol{A}|$，从而 $|\boldsymbol{A}|=0$，与 $\boldsymbol{A}$ 可逆相矛盾. 所以 n 必是偶数.

【注】 n 是偶数是 n 阶反对称矩阵可逆的必要非充分条件. 请举一个简单例子：4 阶不可逆的反对称矩阵，即行列式值为 0.

【例 1.26】 设 $\boldsymbol{A}$ 是 n 阶非零矩阵，满足 $\boldsymbol{A}^2=\boldsymbol{A}$，且 $\boldsymbol{A}\neq\boldsymbol{E}$，证明行列式 $|\boldsymbol{A}|=0$.

证明 (方法一) (反证法) 若 $|\boldsymbol{A}|\neq 0$，那么 $\boldsymbol{A}$ 可逆，用 $\boldsymbol{A}^{-1}$ 左乘 $\boldsymbol{A}^2=\boldsymbol{A}$ 的两端，得

$$\boldsymbol{A}=\boldsymbol{A}^{-1}\boldsymbol{A}^2=\boldsymbol{A}^{-1}\boldsymbol{A}=\boldsymbol{E}.$$

与 $\boldsymbol{A}\neq\boldsymbol{E}$ 矛盾，故 $|\boldsymbol{A}|=0$.

(方法二) (用秩) 据已知有 $\boldsymbol{A}(\boldsymbol{A}-\boldsymbol{E})=\boldsymbol{O}$，那么 $r(\boldsymbol{A})+r(\boldsymbol{A}-\boldsymbol{E})\leqslant n$.

因为 $\boldsymbol{A}\neq\boldsymbol{E}$，即 $\boldsymbol{A}-\boldsymbol{E}\neq\boldsymbol{O}$，那么秩 $r(\boldsymbol{A}-\boldsymbol{E})\geqslant 1$，从而秩 $r(\boldsymbol{A})<n$，故 $|\boldsymbol{A}|=0$.

(方法三) (用 $\boldsymbol{Ax}=\boldsymbol{0}$ 有非零解) 据已知有 $\boldsymbol{A}(\boldsymbol{A}-\boldsymbol{E})=\boldsymbol{O}$，即 $\boldsymbol{A}-\boldsymbol{E}$ 的列向量是齐次方程组 $\boldsymbol{Ax}=\boldsymbol{0}$ 的解，又因 $\boldsymbol{A}-\boldsymbol{E}\neq\boldsymbol{O}$，所以 $\boldsymbol{Ax}=\boldsymbol{0}$ 有非零解，从而 $|\boldsymbol{A}|=0$.

【评注】 $\boldsymbol{AB}=\boldsymbol{O}$ 是考研题中一个常见的已知条件，对于 $\boldsymbol{AB}=\boldsymbol{O}$ 应当有两种思路：

设 $\boldsymbol{A}$ 是 $m\times n$ 矩阵，$\boldsymbol{B}$ 是 $n\times s$ 矩阵，若 $\boldsymbol{AB}=\boldsymbol{O}$，则

(1) $\boldsymbol{B}$ 的列向量是齐次方程组 $\boldsymbol{Ax}=\boldsymbol{0}$ 的解；

(2) $r(\boldsymbol{A})+r(\boldsymbol{B})\leqslant n$.

$$\begin{aligned}\boldsymbol{AB}&=\boldsymbol{A}(\boldsymbol{\beta}_1,\boldsymbol{\beta}_2,\cdots,\boldsymbol{\beta}_s)=(\boldsymbol{A\beta}_1,\boldsymbol{A\beta}_2,\cdots,\boldsymbol{A\beta}_s)\\&=(\boldsymbol{0},\boldsymbol{0},\cdots,\boldsymbol{0}),\end{aligned}$$

$\boldsymbol{A\beta}_1=\boldsymbol{0},\boldsymbol{A\beta}_2=\boldsymbol{0},\cdots,\boldsymbol{A\beta}_s=\boldsymbol{0}$,

$\boldsymbol{\beta}_1,\boldsymbol{\beta}_2,\cdots,\boldsymbol{\beta}_s$ 是 $\boldsymbol{Ax}=\boldsymbol{0}$ 的解.

$\boldsymbol{Ax}=\boldsymbol{0}$：$n-r(\boldsymbol{A})$ 个线性无关的解向量，$\{\boldsymbol{\beta}_1,\boldsymbol{\beta}_2,\cdots,\boldsymbol{\beta}_s\}\subseteq\{\boldsymbol{Ax}=\boldsymbol{0}$ 的解向量$\}$，$r(\boldsymbol{\beta}_1,\boldsymbol{\beta}_2,\cdots,\boldsymbol{\beta}_s)\leqslant n-r(\boldsymbol{A})$.

学习札记

练习 设 $\boldsymbol{A}$ 是 $m\times n$ 矩阵，$\boldsymbol{B}$ 是 $n\times m$ 矩阵，证明当 $m>n$，必有行列式 $|\boldsymbol{AB}|=0$.

解题笔记

代数余子式求和

【例 1.27】 设 $|\boldsymbol{A}|=\begin{vmatrix}1&1&2&-1\\-2&3&4&1\\3&4&1&2\\-4&2&0&6\end{vmatrix}$，则

(1) $A_{12}-2A_{22}+3A_{32}-4A_{42}=$ ________.

(2) $A_{31}+2A_{32}+A_{34}=$ ________.

分析 (1) 由于 $a_{11}=1,a_{21}=-2,a_{31}=3,a_{41}=-4$，据(1.6)立即有

$A_{12}-2A_{22}+3A_{32}-4A_{42}=a_{11}A_{12}+a_{21}A_{22}+a_{31}A_{32}+a_{41}A_{42}=0.$

(2) 因为 A_{ij} 与元素 a_{ij} 的大小无关，可构造一个行列式(用 A_{3j} 的系数置换 $|\boldsymbol{A}|$ 第三行的元素)，即

$$|\boldsymbol{B}|=\begin{vmatrix}1&1&2&-1\\-2&3&4&1\\1&2&0&1\\-4&2&0&6\end{vmatrix},$$

则行列式 $|\boldsymbol{A}|$ 与 $|\boldsymbol{B}|$ 第三行元素的代数余子式是一样的. 一方面，对 $|\boldsymbol{B}|$ 按第三行展开(用(1.3))有

$$|\boldsymbol{B}|=1\cdot A_{31}+2\cdot A_{32}+0\cdot A_{33}+1\cdot A_{34}.$$

另一方面，对行列式 $|\boldsymbol{B}|$ 恒等变形，有

$$|\boldsymbol{B}|=\begin{vmatrix}1&1&2&-1\\-2&3&4&1\\1&2&0&1\\-4&2&0&6\end{vmatrix}=\begin{vmatrix}1&1&2&-1\\-4&1&0&3\\1&2&0&1\\-4&2&0&6\end{vmatrix}=2\begin{vmatrix}-4&1&3\\1&2&1\\-4&2&6\end{vmatrix}$$

$=-40$，

所以，$A_{31}+2A_{32}+A_{34}=-40$.

学习札记

【例 1.28】 已知

$$|\boldsymbol{A}|=\begin{vmatrix}0&1&0&0\\0&0&\frac{1}{2}&0\\0&0&0&\frac{1}{3}\\\frac{1}{4}&0&0&0\end{vmatrix}$$

那么行列式$|\boldsymbol{A}|$所有元素的代数余子式之和为________.

分析 由于$\boldsymbol{A}^*=[A_{ji}]$,只要能求出$\boldsymbol{A}$的伴随矩阵,就可求出$\sum A_{ij}$.因为$\boldsymbol{A}^*=|\boldsymbol{A}|\boldsymbol{A}^{-1}$,而$|\boldsymbol{A}|=\frac{1}{4}\cdot(-1)^{4+1}\cdot\frac{1}{3!}=-\frac{1}{4!}$.又由分块求逆,有

$$\begin{bmatrix}0&1&0&0\\0&0&\frac{1}{2}&0\\0&0&0&\frac{1}{3}\\\frac{1}{4}&0&0&0\end{bmatrix}^{-1}=\begin{bmatrix}0&0&0&4\\1&0&0&0\\0&2&0&0\\0&0&3&0\end{bmatrix},$$

从而

$$\boldsymbol{A}^*=-\frac{1}{4!}\begin{bmatrix}0&0&0&4\\1&0&0&0\\0&2&0&0\\0&0&3&0\end{bmatrix},$$

故$\sum A_{ij}=-\frac{1}{4!}(1+2+3+4)=-\frac{5}{12}$.

练习 (2021,1) 设$\boldsymbol{A}=[a_{ij}]$为三阶矩阵,A_{ij}为元素a_{ij}的代数余子式,若$\boldsymbol{A}$的每行元素之和均为2,且$|\boldsymbol{A}|=3$,则$A_{11}+A_{21}+A_{31}=$________.

解题笔记

学习札记

四、练习题精选

1. 填空题

(1) $\begin{vmatrix} 1 & 1 & 1 & 1 \\ 2 & x & 3 & 1 \\ 3 & 3 & x & 6 \\ 4 & 4 & 6 & x \end{vmatrix} = 0$,则 $x =$ ________.

(2) $\begin{vmatrix} 1 & a & 0 & 0 \\ -1 & 1-a & a & 0 \\ 0 & -1 & 1-a & a \\ 0 & 0 & -1 & 1-a \end{vmatrix} =$ ________.

(3) $\begin{vmatrix} x & -1 & 0 & 0 \\ 0 & x & -1 & 0 \\ 0 & 0 & x & -1 \\ 4 & 3 & 2 & 1 \end{vmatrix} =$ ________.

(4) $\begin{vmatrix} 1 & 2 & 3 & \cdots & n \\ -1 & 0 & 3 & \cdots & n \\ -1 & -2 & 0 & \cdots & n \\ \vdots & \vdots & \vdots & & \vdots \\ -1 & -2 & -3 & \cdots & 0 \end{vmatrix} =$ ________.

(5) $\begin{vmatrix} 1 & 2 & 3 & \cdots & n-1 & n \\ -1 & 1 & 0 & \cdots & 0 & 0 \\ 0 & -1 & 1 & \cdots & 0 & 0 \\ \vdots & \vdots & \vdots & & \vdots & \vdots \\ 0 & 0 & 0 & \cdots & -1 & 1 \end{vmatrix} =$ ________.

(6) 已知 $\boldsymbol{\alpha}_1,\boldsymbol{\alpha}_2,\boldsymbol{\alpha}_3,\boldsymbol{\beta},\boldsymbol{\gamma}$ 均为四维列向量, 又 $\boldsymbol{A}=[\boldsymbol{\alpha}_1,\boldsymbol{\alpha}_2,\boldsymbol{\alpha}_3,\boldsymbol{\beta}]$, $\boldsymbol{B}=[\boldsymbol{\alpha}_1,\boldsymbol{\alpha}_2,\boldsymbol{\alpha}_3,\boldsymbol{\gamma}]$,若 $|\boldsymbol{A}|=3$, $|\boldsymbol{B}|=2$,则 $|\boldsymbol{A}+2\boldsymbol{B}|=$ ________.

(7) 设 $\boldsymbol{A},\boldsymbol{B}$ 均为 n 阶矩阵, $|\boldsymbol{A}|=2$, $|\boldsymbol{B}|=-3$, 则 $|2\boldsymbol{A}^*\boldsymbol{B}^{\mathrm{T}}|=$ ________.

(8) 设 $\boldsymbol{\alpha}_1,\boldsymbol{\alpha}_2,\boldsymbol{\alpha}_3$ 均为三维列向量,记矩阵 $\boldsymbol{A}=[\boldsymbol{\alpha}_1,\boldsymbol{\alpha}_2,\boldsymbol{\alpha}_3]$,$\boldsymbol{B}=[\boldsymbol{\alpha}_1+\boldsymbol{\alpha}_2+\boldsymbol{\alpha}_3,\boldsymbol{\alpha}_1+2\boldsymbol{\alpha}_2+4\boldsymbol{\alpha}_3,\boldsymbol{\alpha}_1+3\boldsymbol{\alpha}_2+9\boldsymbol{\alpha}_3]$. 如果 $|\boldsymbol{A}|=1$,那么 $|\boldsymbol{B}|=$ ________.

学习札记

2. 选择题

(1)$\boldsymbol{\alpha},\boldsymbol{\beta},\boldsymbol{\gamma}_1,\boldsymbol{\gamma}_2,\boldsymbol{\gamma}_3$ 均为四维列向量，$|\boldsymbol{A}|=|\boldsymbol{\alpha},\boldsymbol{\gamma}_1,\boldsymbol{\gamma}_2,\boldsymbol{\gamma}_3|=5$，$|\boldsymbol{B}|=|\boldsymbol{\beta},\boldsymbol{\gamma}_1,\boldsymbol{\gamma}_2,\boldsymbol{\gamma}_3|=-1$,则$|\boldsymbol{A}+\boldsymbol{B}|=$

(A)4. (B)6.

(C)32. (D)48.

(2) 已知 $\boldsymbol{\alpha}_1,\boldsymbol{\alpha}_2,\boldsymbol{\alpha}_3,\boldsymbol{\beta},\boldsymbol{\gamma}$ 均为四维列向量,若四阶行列式

$$|\boldsymbol{\alpha}_1,\boldsymbol{\alpha}_2,\boldsymbol{\alpha}_3,\boldsymbol{\gamma}|=a,|\boldsymbol{\beta}+\boldsymbol{\gamma},\boldsymbol{\alpha}_1,\boldsymbol{\alpha}_2,\boldsymbol{\alpha}_3|=b,$$

那么四阶行列式$|2\boldsymbol{\beta},\boldsymbol{\alpha}_3,\boldsymbol{\alpha}_2,\boldsymbol{\alpha}_1|=$

(A)$2a-b$. (B)$2b-a$.

(C)$-2a-2b$. (D)$-2a+2b$.

(3) 设 $\boldsymbol{A}$ 为 n 阶矩阵,则行列式 $|\boldsymbol{A}|=0$ 的必要条件是

(A)$\boldsymbol{A}$ 的两行元素对应成比例.

(B)$\boldsymbol{A}$ 中必有一行为其余各行的线性组合.

(C)$\boldsymbol{A}$ 中有一列元素全为 0.

(D)$\boldsymbol{A}$ 中任一列均为其余各列的线性组合.

3. 解答题

(1) 已知 $\boldsymbol{A}$ 是 n 阶矩阵,满足 $\boldsymbol{A}^2=\boldsymbol{E},\boldsymbol{A}\neq\boldsymbol{E}$,证明$|\boldsymbol{A}+\boldsymbol{E}|=0$.

(2) 已知 a,b,c 不全为零,证明齐次方程组

$$\begin{cases} ax_2+bx_3+cx_4=0, \\ ax_1+x_2=0, \\ bx_1+x_3=0, \\ cx_1+x_4=0 \end{cases}$$

只有零解.

参考答案与提示

1. (1)1,2,6. (2)1.

(3)x^3+2x^2+3x+4. (4)$n!$.

(5)$\frac{1}{2}n(n+1)$. (6)189.

(7)$-3\cdot 2^{2n-1}$. (8)2.

【提示】

(1) 把第 1 行的 -3 倍、-4 倍分别加至第 3 行与第 4 行.

学习札记

(2) 逐行相加.

(3) 按第 1 列展开;或逐列相加.

(4) 把第一行分别加至其他各行.

(5) 把第 2,3,…,n 列均加至第 1 列.

2. (1)C. (2)C. (3)B.

【提示】

(1) $|\boldsymbol{A}+\boldsymbol{B}| = |\boldsymbol{\alpha}+\boldsymbol{\beta}, 2\boldsymbol{\gamma}_1, 2\boldsymbol{\gamma}_2, 2\boldsymbol{\gamma}_3| = 8|\boldsymbol{\alpha}+\boldsymbol{\beta}, \boldsymbol{\gamma}_1, \boldsymbol{\gamma}_2, \boldsymbol{\gamma}_3|$

$= 8(|\boldsymbol{\alpha}, \boldsymbol{\gamma}_1, \boldsymbol{\gamma}_2, \boldsymbol{\gamma}_3| + |\boldsymbol{\beta}, \boldsymbol{\gamma}_1, \boldsymbol{\gamma}_2, \boldsymbol{\gamma}_3|)$.

(2) $|\boldsymbol{\beta}+\boldsymbol{\gamma}, \boldsymbol{\alpha}_1, \boldsymbol{\alpha}_2, \boldsymbol{\alpha}_3| = |\boldsymbol{\beta}, \boldsymbol{\alpha}_1, \boldsymbol{\alpha}_2, \boldsymbol{\alpha}_3| + |\boldsymbol{\gamma}, \boldsymbol{\alpha}_1, \boldsymbol{\alpha}_2, \boldsymbol{\alpha}_3|$

$= -|\boldsymbol{\beta}, \boldsymbol{\alpha}_3, \boldsymbol{\alpha}_2, \boldsymbol{\alpha}_1| - |\boldsymbol{\alpha}_1, \boldsymbol{\alpha}_2, \boldsymbol{\alpha}_3, \boldsymbol{\gamma}|$.

(3)(A)(C) 均是 $|\boldsymbol{A}|=0$ 的充分条件并不必要,只要有一行(列)是其余各行(列)的线性组合就可保证 $|\boldsymbol{A}|=0$.

3.【提示】

(1) 由 $\boldsymbol{A}^2 = \boldsymbol{E}$ 得

$$(\boldsymbol{A}+\boldsymbol{E})(\boldsymbol{A}-\boldsymbol{E}) = \boldsymbol{O}.$$

因为 $\boldsymbol{A} \neq \boldsymbol{E}$,故齐次方程组 $(\boldsymbol{A}+\boldsymbol{E})\boldsymbol{x} = \boldsymbol{0}$ 有非零解,从而 $|\boldsymbol{A}+\boldsymbol{E}| = 0$.

(2) 由于系数行列式

$$\begin{vmatrix} 0 & a & b & c \\ a & 1 & 0 & 0 \\ b & 0 & 1 & 0 \\ c & 0 & 0 & 1 \end{vmatrix} = \begin{vmatrix} -a^2-b^2-c^2 & 0 & 0 & 0 \\ a & 1 & 0 & 0 \\ b & 0 & 1 & 0 \\ c & 0 & 0 & 1 \end{vmatrix} = -(a^2+b^2+c^2) \neq 0.$$

第二章　矩阵——基础,防混淆

一、知识结构网络图

- 矩阵
  - 概念——$m\times n$ 个数排成的 m 行 n 列的表格
  - 运算——$\boldsymbol{A}+\boldsymbol{B},k\boldsymbol{A}$；$\boldsymbol{AB}$；$\boldsymbol{A}^{\mathrm{T}}$
    - 方阵的幂
    - 分块矩阵
  - 初等变换
    - 初等矩阵
      - 初等矩阵 $\boldsymbol{P}$ 左乘 $\boldsymbol{A}$ 所得 $\boldsymbol{PA}$ 就是对 $\boldsymbol{A}$ 作了一次与 $\boldsymbol{P}$ 同样的行变换
      - $\boldsymbol{E}_i^{-1}(k)=\boldsymbol{E}_i\left(\frac{1}{k}\right),\boldsymbol{E}_{i,j}^{-1}=\boldsymbol{E}_{i,j},\boldsymbol{E}_{i,j}^{-1}(k)=\boldsymbol{E}_{i,j}(-k)$
    - 等价　$\boldsymbol{A}\rightarrow\cdots\rightarrow\boldsymbol{B}\Leftrightarrow\boldsymbol{PAQ}=\boldsymbol{B}$,其中 $\boldsymbol{P},\boldsymbol{Q}$ 可逆
  - 逆矩阵
    - 求法
      - 用定义
      - $[\boldsymbol{A}\mid\boldsymbol{E}]\xrightarrow{\text{行}}\cdots\rightarrow[\boldsymbol{E}\mid\boldsymbol{A}^{-1}]$
      - 用伴随 $\boldsymbol{A}^{-1}=\frac{1}{|\boldsymbol{A}|}\boldsymbol{A}^*$
      - 用分块 $\begin{bmatrix}\boldsymbol{A}&\boldsymbol{O}\\\boldsymbol{O}&\boldsymbol{B}\end{bmatrix}^{-1}=\begin{bmatrix}\boldsymbol{A}^{-1}&\boldsymbol{O}\\\boldsymbol{O}&\boldsymbol{B}^{-1}\end{bmatrix},\begin{bmatrix}\boldsymbol{O}&\boldsymbol{A}\\\boldsymbol{B}&\boldsymbol{O}\end{bmatrix}^{-1}=\begin{bmatrix}\boldsymbol{O}&\boldsymbol{B}^{-1}\\\boldsymbol{A}^{-1}&\boldsymbol{O}\end{bmatrix}$
    - 证法
      - $|\boldsymbol{A}|\neq0$
      - $r(\boldsymbol{A})=n$
      - 特征值
      - 反证法
  - 秩
    - 计算　初等变换法　定义法
    - 公式　参看本章主要公式
  - 特殊矩阵
    - 伴随矩阵 $\boldsymbol{A}^*=\begin{bmatrix}A_{11}&A_{21}&\cdots&A_{n1}\\A_{12}&A_{22}&\cdots&A_{n2}\\\vdots&\vdots&&\vdots\\A_{1n}&A_{2n}&\cdots&A_{nn}\end{bmatrix},\boldsymbol{AA}^*=\boldsymbol{A}^*\boldsymbol{A}=|\boldsymbol{A}|\boldsymbol{E}$
    - 对称矩阵 $\boldsymbol{A}^{\mathrm{T}}=\boldsymbol{A}\Leftrightarrow a_{ij}=a_{ji}$
    - 反对称矩阵 $\boldsymbol{A}^{\mathrm{T}}=-\boldsymbol{A}\Leftrightarrow a_{ii}=0,a_{ij}=-a_{ji}$
    - 正交矩阵 $\boldsymbol{AA}^{\mathrm{T}}=\boldsymbol{A}^{\mathrm{T}}\boldsymbol{A}=\boldsymbol{E}\Leftrightarrow\boldsymbol{A}^{-1}=\boldsymbol{A}^{\mathrm{T}}$
    - 对角矩阵 $\begin{bmatrix}a_1&&&\\&a_2&&\\&&\ddots&\\&&&a_n\end{bmatrix},\begin{bmatrix}a_1&&\\&a_2&\\&&a_3\end{bmatrix}\begin{bmatrix}b_1&&\\&b_2&\\&&b_3\end{bmatrix}=\begin{bmatrix}a_1b_1&&\\&a_2b_2&\\&&a_3b_3\end{bmatrix}$,

      $\boldsymbol{\Lambda}_1\boldsymbol{\Lambda}_2=\boldsymbol{\Lambda}_2\boldsymbol{\Lambda}_1,\begin{bmatrix}a_1&&\\&a_2&\\&&a_3\end{bmatrix}^n=\begin{bmatrix}a_1^n&&\\&a_2^n&\\&&a_3^n\end{bmatrix},\begin{bmatrix}a_1&&\\&a_2&\\&&a_3\end{bmatrix}^{-1}=\begin{bmatrix}\frac{1}{a_1}&&\\&\frac{1}{a_2}&\\&&\frac{1}{a_3}\end{bmatrix}$,

      其中 $a_1a_2a_3\neq0$

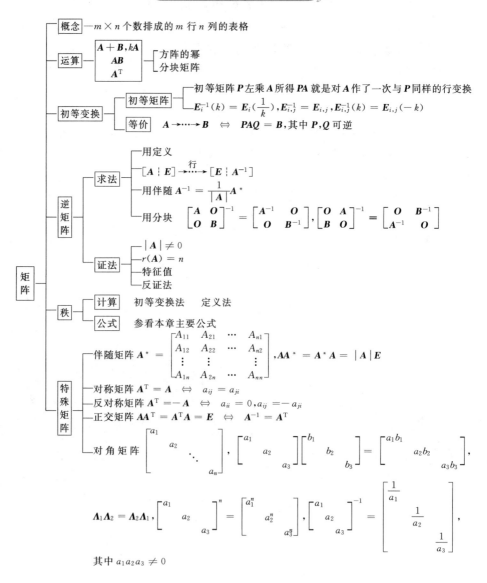

学习札记

【评注】 矩阵是线性代数的核心内容，它贯彻线性代数的始终.复习时要引起考生足够的重视，概念要清晰，符号要习惯，运算要正确、迅速、简捷.

(1) 理解矩阵的概念，了解几种特殊矩阵(单位矩阵、对角矩阵、数量矩阵、三角矩阵、对称矩阵、反对称矩阵、正交矩阵)的定义及性质.

(2) 掌握矩阵运算(加、减、数乘、乘法)及其运算规律，掌握矩阵转置的性质，掌握行列式乘法公式，了解方阵的幂.

(3) 理解逆矩阵的概念，掌握矩阵可逆的充要条件，掌握可逆矩阵的性质，理解伴随矩阵的概念，会用伴随矩阵求矩阵的逆.

(4) 掌握矩阵的初等变换，了解初等矩阵的性质及矩阵等价的概念，理解矩阵秩的要领，掌握用初等变换求矩阵的逆和秩.

(5) 了解分块矩阵的概念，掌握分块矩阵的运算.

今年考题

(2024, $\frac{2}{3}$) 设 $\boldsymbol{A}$ 为三阶矩阵，$\boldsymbol{P}=\begin{bmatrix}1&0&0\\0&1&0\\1&0&1\end{bmatrix}$.若 $\boldsymbol{P}^{\mathrm{T}}\boldsymbol{A}\boldsymbol{P}^{2}=\begin{bmatrix}a+2c&0&c\\0&b&0\\2c&0&c\end{bmatrix}$，则 $\boldsymbol{A}=$

(A) $\begin{bmatrix}c&0&0\\0&a&0\\0&0&b\end{bmatrix}$. (B) $\begin{bmatrix}b&0&0\\0&c&0\\0&0&a\end{bmatrix}$. (C) $\begin{bmatrix}a&0&0\\0&b&0\\0&0&c\end{bmatrix}$. (D) $\begin{bmatrix}c&0&0\\0&b&0\\0&0&a\end{bmatrix}$.

(2024,2) 设 $\boldsymbol{A}$ 为四阶矩阵，$\boldsymbol{A}^{*}$ 为 $\boldsymbol{A}$ 的伴随矩阵.若 $\boldsymbol{A}(\boldsymbol{A}-\boldsymbol{A}^{*})=\boldsymbol{O}$，且 $\boldsymbol{A}\neq\boldsymbol{A}^{*}$，则 $r(\boldsymbol{A})$ 取值为

(A)0 或 1. (B)1 或 3. (C)2 或 3. (D)1 或 2.

学习札记

二、基本内容与重要结论

基础知识

1. 矩阵及相关的概念

定义 2.1 $m\times n$ 个数排成如下 m 行 n 列的一个表格

$$\begin{bmatrix} a_{11} & a_{12} & \cdots & a_{1n} \\ a_{21} & a_{22} & \cdots & a_{2n} \\ \vdots & \vdots & & \vdots \\ a_{m1} & a_{m2} & \cdots & a_{mn} \end{bmatrix}$$

称为是一个 $m\times n$ 矩阵. 当 $m=n$ 时,矩阵 $\boldsymbol{A}$ 称为 n 阶矩阵或 n 阶方阵.

如果一个矩阵的所有元素都是 0,即

$$\begin{bmatrix} 0 & 0 & \cdots & 0 \\ 0 & 0 & \cdots & 0 \\ \vdots & \vdots & & \vdots \\ 0 & 0 & \cdots & 0 \end{bmatrix},$$

则称这个矩阵是零矩阵,可简记为 $\boldsymbol{O}$.

两个 $m\times n$ 型矩阵 $\boldsymbol{A}=[a_{ij}]$,$\boldsymbol{B}=[b_{ij}]$,如果对应的元素都相等,即 $a_{ij}=b_{ij}(i=1,2,\cdots,m;j=1,2,\cdots,n)$,则称矩阵 $\boldsymbol{A}$ 与 $\boldsymbol{B}$ 相等,记作 $\boldsymbol{A}=\boldsymbol{B}$.

n 阶方阵 $\boldsymbol{A}=[a_{ij}]_{n\times n}$ 的元素所构成的行列式

$$\begin{vmatrix} a_{11} & a_{12} & \cdots & a_{1n} \\ a_{21} & a_{22} & \cdots & a_{2n} \\ \vdots & \vdots & & \vdots \\ a_{n1} & a_{n2} & \cdots & a_{nn} \end{vmatrix}$$

称为 n 阶矩阵 $\boldsymbol{A}$ 的行列式,记成 $|\boldsymbol{A}|$ 或 $\det\boldsymbol{A}$.

2. 矩阵的运算与法则

定义 2.2 设 $\boldsymbol{A}=[a_{ij}]$,$\boldsymbol{B}=[b_{ij}]$ 是两个 $m\times n$ 矩阵,则 $m\times n$ 矩阵 $\boldsymbol{C}=[c_{ij}]=[a_{ij}+b_{ij}]$ 称为矩阵 $\boldsymbol{A}$ 与 $\boldsymbol{B}$ 的和,记为 $\boldsymbol{A}+\boldsymbol{B}=\boldsymbol{C}$.

定义 2.3 设 $\boldsymbol{A}=[a_{ij}]$ 是 $m\times n$ 矩阵,k 是一个常数,则 $m\times n$ 矩阵 $[ka_{ij}]$ 称为数 k 与矩阵 $\boldsymbol{A}$ 的数乘,记为 $k\boldsymbol{A}$.

设 $\boldsymbol{A},\boldsymbol{B},\boldsymbol{C},\boldsymbol{O}$ 都是 $m\times n$ 矩阵,k,l 是常数,则矩阵的加法和数乘运算满足:

(1)$\boldsymbol{A}+\boldsymbol{B}=\boldsymbol{B}+\boldsymbol{A}$. (2)$(\boldsymbol{A}+\boldsymbol{B})+\boldsymbol{C}=\boldsymbol{A}+(\boldsymbol{B}+\boldsymbol{C})$.

(3)$\boldsymbol{A}+\boldsymbol{O}=\boldsymbol{A}$. (4)$\boldsymbol{A}+(-\boldsymbol{A})=\boldsymbol{O}$.

(5)$1\boldsymbol{A}=\boldsymbol{A}$. (6)$k(l\boldsymbol{A})=(kl)\boldsymbol{A}$.

(7)$k(\boldsymbol{A}+\boldsymbol{B})=k\boldsymbol{A}+k\boldsymbol{B}$. (8)$(k+l)\boldsymbol{A}=k\boldsymbol{A}+l\boldsymbol{A}$.

定义 2.4 设 $\boldsymbol{A}=[a_{ij}]$ 是 $m\times n$ 矩阵,$\boldsymbol{B}=[b_{ij}]$ 是 $n\times s$ 矩阵,那么 $m\times s$ 矩阵 $\boldsymbol{C}=[c_{ij}]$,其中

$$c_{ij}=a_{i1}b_{1j}+a_{i2}b_{2j}+\cdots+a_{in}b_{nj}=\sum_{k=1}^{n}a_{ik}b_{kj}$$

学习札记

称为 $\boldsymbol{A}$ 与 $\boldsymbol{B}$ 的乘积，记为 $\boldsymbol{C}=\boldsymbol{AB}$.

矩阵的乘法可图示如下：

$$i\begin{bmatrix} \cdots & \cdots & \cdots & \cdots \\ \boxed{a_{i1} \quad a_{i2} \quad \cdots \quad a_{in}} \\ \cdots & \cdots & \cdots & \cdots \end{bmatrix}\begin{bmatrix} \vdots & \boxed{\begin{matrix} b_{1j} \\ b_{2j} \\ \vdots \\ b_{nj} \end{matrix}} & \vdots \\ \vdots & & \vdots \end{bmatrix}=\begin{bmatrix} & \vdots & \\ \cdots & \boxed{c_{ij}} & \cdots \\ & \vdots & \end{bmatrix} i$$

$$\qquad\qquad\qquad\qquad j \qquad\qquad\qquad\qquad j$$

$$m \times n \qquad\qquad n \times s \qquad\qquad m \times s$$

矩阵乘法有下列法则：

(1) $\boldsymbol{A}(\boldsymbol{BC})=(\boldsymbol{AB})\boldsymbol{C}$.

(2) $\boldsymbol{A}(\boldsymbol{B}+\boldsymbol{C})=\boldsymbol{AB}+\boldsymbol{AC},(\boldsymbol{A}+\boldsymbol{B})\boldsymbol{C}=\boldsymbol{AC}+\boldsymbol{BC}$.

(3) $(k\boldsymbol{A})(l\boldsymbol{B})=kl\boldsymbol{AB}$.

(4) $\boldsymbol{AE}=\boldsymbol{A},\boldsymbol{EA}=\boldsymbol{A}$.

(5) $\boldsymbol{OA}=\boldsymbol{O},\boldsymbol{AO}=\boldsymbol{O}$.

定义 2.5　把矩阵 $\boldsymbol{A}$ 的行换成同序数的列得到一个新矩阵，称为矩阵 $\boldsymbol{A}$ 的转置矩阵，记为 $\boldsymbol{A}^{\mathrm{T}}$.

例如 $\boldsymbol{A}=\begin{bmatrix} 1 & 2 & 3 \\ 4 & 5 & 6 \end{bmatrix}$，则 $\boldsymbol{A}^{\mathrm{T}}=\begin{bmatrix} 1 & 4 \\ 2 & 5 \\ 3 & 6 \end{bmatrix}$.

3. 伴随矩阵

设 $\boldsymbol{A}=[a_{ij}]$ 是 n 阶矩阵，行列式 $|\boldsymbol{A}|$ 的每个元素 a_{ij} 的代数余子式 A_{ij} 所构成的如下的矩阵

$$\boldsymbol{A}^{*}=\begin{bmatrix} A_{11} & A_{21} & \cdots & A_{n1} \\ A_{12} & A_{22} & \cdots & A_{n2} \\ \vdots & \vdots & & \vdots \\ A_{1n} & A_{2n} & \cdots & A_{nn} \end{bmatrix}$$

称为矩阵 $\boldsymbol{A}$ 的伴随矩阵.

【评注】　设 $\boldsymbol{A}=\begin{bmatrix} a & b \\ c & d \end{bmatrix}$，由行列式 $\begin{vmatrix} a & b \\ c & d \end{vmatrix}$ 得到代数余子式

$$A_{11}=d,A_{12}=-c,A_{21}=-b,A_{22}=a,$$

所以矩阵 $\boldsymbol{A}$ 的伴随矩阵

$$\boldsymbol{A}^{*}=\begin{bmatrix} A_{11} & A_{21} \\ A_{12} & A_{22} \end{bmatrix}=\begin{bmatrix} d & -b \\ -c & a \end{bmatrix}.$$

对于二阶矩阵，用**主对角线元素对换，副对角线元素变号**即可求出伴随矩阵.

例如，$\begin{bmatrix} 1 & -1 \\ 2 & 3 \end{bmatrix}^{*}=\begin{bmatrix} 3 & 1 \\ -2 & 1 \end{bmatrix}$，$\begin{bmatrix} 0 & 1 \\ 1 & 0 \end{bmatrix}^{*}=\begin{bmatrix} 0 & -1 \\ -1 & 0 \end{bmatrix}$.

学习札记

4. 可逆矩阵

设 $\boldsymbol{A}$ 是 n 阶矩阵,如果存在 n 阶矩阵 $\boldsymbol{B}$ 使得 $\boldsymbol{AB}=\boldsymbol{BA}=\boldsymbol{E}$(单位矩阵)成立,则称 $\boldsymbol{A}$ 是可逆矩阵或非奇异矩阵,$\boldsymbol{B}$ 是 $\boldsymbol{A}$ 的逆矩阵.

例如,$\begin{bmatrix}1 & 3\\1 & 2\end{bmatrix}\begin{bmatrix}-2 & 3\\1 & -1\end{bmatrix}=\begin{bmatrix}-2 & 3\\1 & -1\end{bmatrix}\begin{bmatrix}1 & 3\\1 & 2\end{bmatrix}=\begin{bmatrix}1 & 0\\0 & 1\end{bmatrix}$,

所以矩阵$\begin{bmatrix}1 & 3\\1 & 2\end{bmatrix}$可逆,且$\begin{bmatrix}1 & 3\\1 & 2\end{bmatrix}^{-1}=\begin{bmatrix}-2 & 3\\1 & -1\end{bmatrix}$.

当然亦有$\begin{bmatrix}-2 & 3\\1 & -1\end{bmatrix}^{-1}=\begin{bmatrix}1 & 3\\1 & 2\end{bmatrix}$.

5. 矩阵的初等变换和初等矩阵

定义 2.6 对 $m\times n$ 矩阵,下列三种变换

(1) 用非零常数 k 乘矩阵的某一行(列).

(2) 互换矩阵某两行(列)的位置.

(3) 把某行(列)的 k 倍加至另一行(列).

称为矩阵的初等行(列)变换,统称为矩阵的初等变换.

定义 2.7 如果矩阵 $\boldsymbol{A}$ 经过有限次初等变换变成矩阵 $\boldsymbol{B}$,则称矩阵 $\boldsymbol{A}$ 与矩阵 $\boldsymbol{B}$ 等价,记作 $\boldsymbol{A}\cong\boldsymbol{B}$.

初等矩阵:单位矩阵经过一次初等变换所得到的矩阵.

例如,3 阶单位矩阵作如下初等变换

$\boldsymbol{E}_{1,2}=\begin{bmatrix}0 & 1 & 0\\1 & 0 & 0\\0 & 0 & 1\end{bmatrix}$ $\boldsymbol{E}$ 一、二两行互换(或一、二两列互换),

$\boldsymbol{E}_{12}(3)=\begin{bmatrix}1 & 0 & 0\\3 & 1 & 0\\0 & 0 & 1\end{bmatrix}$ $\boldsymbol{E}$ 第一行的 3 倍加至第二行(或第二列的 3 倍加至第一列),

$\boldsymbol{E}_3(-2)=\begin{bmatrix}1 & 0 & 0\\0 & 1 & 0\\0 & 0 & -2\end{bmatrix}$ $\boldsymbol{E}$ 第三行乘以 -2(或第三列乘以 -2)

均是初等矩阵.

【注】 初等矩阵的记号在各教材中不统一.

6. 向量内积,正交矩阵

(1) 设 $\boldsymbol{\alpha}=(a_1,a_2,\cdots,a_n)^{\mathrm{T}}$,$\boldsymbol{\beta}=(b_1,b_2,\cdots,b_n)^{\mathrm{T}}$.

向量内积 $(\boldsymbol{\alpha},\boldsymbol{\beta})=\boldsymbol{\alpha}^{\mathrm{T}}\boldsymbol{\beta}=\boldsymbol{\beta}^{\mathrm{T}}\boldsymbol{\alpha}=a_1b_1+a_2b_2+\cdots+a_nb_n$.

学习札记

【评注】 向量 $\boldsymbol{\alpha}=(a_1,a_2,\cdots,a_n)^{\mathrm{T}}$ 的长度

$$\|\boldsymbol{\alpha}\|=\sqrt{\boldsymbol{\alpha}^{\mathrm{T}}\boldsymbol{\alpha}}=\sqrt{a_1^2+a_2^2+\cdots+a_n^2}.$$

例如,$\boldsymbol{\alpha}=(1,2,3)^{\mathrm{T}}$,则 $\boldsymbol{\alpha}^{\mathrm{T}}\boldsymbol{\alpha}=1^2+2^2+3^2=14$,那么向量 $\boldsymbol{\alpha}$ 的长度为 $\|\boldsymbol{\alpha}\|=\sqrt{14}$,而 $\dfrac{1}{\sqrt{14}}(1,2,3)^{\mathrm{T}}$ 是单位向量.

$\boldsymbol{\alpha}^{\mathrm{T}}\boldsymbol{\alpha}=0\Leftrightarrow a_1^2+a_2^2+\cdots+a_n^2=0\Leftrightarrow\boldsymbol{\alpha}=\mathbf{0}$.

若 $(\boldsymbol{\alpha},\boldsymbol{\beta})=0$,即 $a_1b_1+a_2b_2+\cdots+a_nb_n=0$,称 $\boldsymbol{\alpha}$ 与 $\boldsymbol{\beta}$ 正交,记为 $\boldsymbol{\alpha}\perp\boldsymbol{\beta}$.

(2) 设 $\boldsymbol{A}$ 是 n 阶矩阵,满足 $\boldsymbol{A}\boldsymbol{A}^{\mathrm{T}}=\boldsymbol{A}^{\mathrm{T}}\boldsymbol{A}=\boldsymbol{E}$,称 $\boldsymbol{A}$ 是正交矩阵.

【评注】 $\boldsymbol{A}$ 是正交矩阵 $\Leftrightarrow\boldsymbol{A}^{\mathrm{T}}=\boldsymbol{A}^{-1}$

$\Leftrightarrow\boldsymbol{A}$ 的行(列)向量两两正交、单位向量.

$\boldsymbol{A}$ 是正交矩阵 $\Rightarrow|\boldsymbol{A}|^2=1$.

设 $\boldsymbol{A}=\begin{bmatrix}a_1&b_1&c_1\\a_2&b_2&c_2\\a_3&b_3&c_3\end{bmatrix}$ 是正交矩阵,那么

$$\boldsymbol{A}^{\mathrm{T}}\boldsymbol{A}=\begin{bmatrix}a_1&a_2&a_3\\b_1&b_2&b_3\\c_1&c_2&c_3\end{bmatrix}\begin{bmatrix}a_1&b_1&c_1\\a_2&b_2&c_2\\a_3&b_3&c_3\end{bmatrix}=\begin{bmatrix}1&0&0\\0&1&0\\0&0&1\end{bmatrix},$$

即有 $a_1^2+a_2^2+a_3^2=1,a_1b_1+a_2b_2+a_3b_3=0,a_1c_1+a_2c_2+a_3c_3=0$.

若令 $\boldsymbol{\alpha}_1=(a_1,a_2,a_3)^{\mathrm{T}},\boldsymbol{\alpha}_2=(b_1,b_2,b_3)^{\mathrm{T}},\boldsymbol{\alpha}_3=(c_1,c_2,c_3)^{\mathrm{T}}$,则上述关系式表明:

$$\boldsymbol{\alpha}_1^{\mathrm{T}}\boldsymbol{\alpha}_1=1,\boldsymbol{\alpha}_1^{\mathrm{T}}\boldsymbol{\alpha}_2=0,\boldsymbol{\alpha}_1^{\mathrm{T}}\boldsymbol{\alpha}_3=0,$$

即 $\boldsymbol{\alpha}_1$ 是单位向量,$\boldsymbol{\alpha}_1$ 与 $\boldsymbol{\alpha}_2$,$\boldsymbol{\alpha}_1$ 与 $\boldsymbol{\alpha}_3$ 均正交.

说明正交矩阵的每个列向量长度均为 1,列向量两两正交.

类似地,利用 $\boldsymbol{A}\boldsymbol{A}^{\mathrm{T}}=\boldsymbol{E}$ 可知正交矩阵的行向量长度均为 1,行向量两两正交.

重要定理

定理 2.1 若 $\boldsymbol{A}$ 是可逆矩阵,则矩阵 $\boldsymbol{A}$ 的逆矩阵唯一,记为 $\boldsymbol{A}^{-1}$.

定理 2.2 n 阶矩阵 $\boldsymbol{A}$ 可逆 $\Leftrightarrow|\boldsymbol{A}|\neq0$

$\Leftrightarrow r(\boldsymbol{A})=n$

$\Leftrightarrow\boldsymbol{A}$ 的列(行)向量组线性无关

$\Leftrightarrow\boldsymbol{A}=\boldsymbol{P}_1\boldsymbol{P}_2\cdots\boldsymbol{P}_s,\boldsymbol{P}_i(i=1,2,\cdots,s)$ 是初等矩阵

$\Leftrightarrow\boldsymbol{A}$ 与单位矩阵等价

$\Leftrightarrow 0$ 不是矩阵 $\boldsymbol{A}$ 的特征值.

学习札记

定理 2.3 若 $\boldsymbol{A}$ 是 n 阶矩阵，且满足 $\boldsymbol{AB}=\boldsymbol{E}$，则必有 $\boldsymbol{BA}=\boldsymbol{E}$.

【评注】 由定理 2.3，如 $\boldsymbol{A},\boldsymbol{B}$ 是 n 阶矩阵，且满足 $\boldsymbol{AB}=\boldsymbol{E}$ 则可保证 $\boldsymbol{BA}=\boldsymbol{E}$，因而用定义法求 $\boldsymbol{A}^{-1}$ 时，只需检验 $\boldsymbol{AB}=\boldsymbol{E}$ 就可以了. 但要注意的是定理 2.3 的条件"$\boldsymbol{A}$ 是 n 阶矩阵"不能忽略. 显然，对于

$$\boldsymbol{AB}=\begin{bmatrix}1&0&3\\0&1&5\end{bmatrix}\begin{bmatrix}1&0\\0&1\\0&0\end{bmatrix}=\begin{bmatrix}1&0\\0&1\end{bmatrix},$$

但我们并不能说 $\boldsymbol{A}$ 可逆.

定理 2.4 用初等矩阵 $\boldsymbol{P}$ 左（右）乘矩阵 $\boldsymbol{A}$，其结果 $\boldsymbol{PA}(\boldsymbol{AP})$ 就是对矩阵 $\boldsymbol{A}$ 作一次相应的初等行（列）变换.

定理 2.5 初等矩阵均可逆，且其逆是同类型的初等矩阵，即

$$\boldsymbol{E}_i^{-1}(k)=\boldsymbol{E}_i\left(\frac{1}{k}\right),\boldsymbol{E}_{ij}^{-1}(k)=\boldsymbol{E}_{ij}(-k),\boldsymbol{E}_{ij}^{-1}=\boldsymbol{E}_{ij}.$$

定理 2.6 矩阵 $\boldsymbol{A}$ 与 $\boldsymbol{B}$ 等价的充分必要条件是存在可逆矩阵 $\boldsymbol{P}$ 与 $\boldsymbol{Q}$，使 $\boldsymbol{PAQ}=\boldsymbol{B}$.

定理 2.7 秩 $r(\boldsymbol{A})=\boldsymbol{A}$ 的列秩 $=\boldsymbol{A}$ 的行秩.

定理 2.8 矩阵经初等变换后秩不变.

主要公式

1. 转置

$(\boldsymbol{A}^{\mathrm{T}})^{\mathrm{T}}=\boldsymbol{A};(\boldsymbol{A}+\boldsymbol{B})^{\mathrm{T}}=\boldsymbol{A}^{\mathrm{T}}+\boldsymbol{B}^{\mathrm{T}};$

$(k\boldsymbol{A})^{\mathrm{T}}=k\boldsymbol{A}^{\mathrm{T}};(\boldsymbol{AB})^{\mathrm{T}}=\boldsymbol{B}^{\mathrm{T}}\boldsymbol{A}^{\mathrm{T}}.$

2. 可逆

$(\boldsymbol{A}^{-1})^{-1}=\boldsymbol{A};(k\boldsymbol{A})^{-1}=\frac{1}{k}\boldsymbol{A}^{-1}\quad(k\neq 0);$

$(\boldsymbol{AB})^{-1}=\boldsymbol{B}^{-1}\boldsymbol{A}^{-1};(\boldsymbol{A}^{n})^{-1}=(\boldsymbol{A}^{-1})^{n};$

$(\boldsymbol{A}^{-1})^{\mathrm{T}}=(\boldsymbol{A}^{\mathrm{T}})^{-1};|\boldsymbol{A}^{-1}|=\frac{1}{|\boldsymbol{A}|};$

$\boldsymbol{A}^{-1}=\frac{1}{|\boldsymbol{A}|}\boldsymbol{A}^{*}.$

3. 伴随

$\boldsymbol{AA}^{*}=\boldsymbol{A}^{*}\boldsymbol{A}=|\boldsymbol{A}|\boldsymbol{E};$

$\boldsymbol{A}^{*}=|\boldsymbol{A}|\boldsymbol{A}^{-1};|\boldsymbol{A}^{*}|=|\boldsymbol{A}|^{n-1};$

$(\boldsymbol{A}^{*})^{-1}=(\boldsymbol{A}^{-1})^{*}=\frac{1}{|\boldsymbol{A}|}\boldsymbol{A};$

$(\boldsymbol{A}^{*})^{\mathrm{T}}=(\boldsymbol{A}^{\mathrm{T}})^{*};(k\boldsymbol{A})^{*}=k^{n-1}\boldsymbol{A}^{*};(\boldsymbol{A}^{*})^{*}=|\boldsymbol{A}|^{n-2}\boldsymbol{A};$

学习札记

$$r(\boldsymbol{A}^*)=\begin{cases}n, & \text{如果 } r(\boldsymbol{A})=n,\\ 1, & \text{如果 } r(\boldsymbol{A})=n-1,\\ 0, & \text{如果 } r(\boldsymbol{A})<n-1.\end{cases}$$

4. 秩

$r(\boldsymbol{A})=r(\boldsymbol{A}^{\mathrm{T}})$;$r(\boldsymbol{A}^{\mathrm{T}}\boldsymbol{A})=r(\boldsymbol{A})$;

当 $k\neq 0$ 时,$r(k\boldsymbol{A})=r(\boldsymbol{A})$;

$r(\boldsymbol{A}+\boldsymbol{B})\leqslant r(\boldsymbol{A})+r(\boldsymbol{B})$;

$r(\boldsymbol{AB})\leqslant \min(r(\boldsymbol{A}),r(\boldsymbol{B}))$;

若 $\boldsymbol{A}$ 可逆,则 $r(\boldsymbol{AB})=r(\boldsymbol{B})$,$r(\boldsymbol{BA})=r(\boldsymbol{B})$;

若 $\boldsymbol{A}$ 列满秩,则 $r(\boldsymbol{AB})=r(\boldsymbol{B})$;

若 $\boldsymbol{A}$ 是 $m\times n$ 矩阵,$\boldsymbol{B}$ 是 $n\times s$ 矩阵,$\boldsymbol{AB}=\boldsymbol{O}$,则 $r(\boldsymbol{A})+r(\boldsymbol{B})\leqslant n$;

$r\begin{bmatrix}\boldsymbol{A} & \boldsymbol{O}\\ \boldsymbol{O} & \boldsymbol{B}\end{bmatrix}=r(\boldsymbol{A})+r(\boldsymbol{B})$;

若 $\boldsymbol{A}\sim\boldsymbol{B}$,则 $r(\boldsymbol{A})=r(\boldsymbol{B})$,$r(\boldsymbol{A}+k\boldsymbol{E})=r(\boldsymbol{B}+k\boldsymbol{E})$.

5. 分块矩阵

对矩阵适当地分块处理,有如下运算法则:

$$\begin{bmatrix}\boldsymbol{A}_1 & \boldsymbol{A}_2\\ \boldsymbol{A}_3 & \boldsymbol{A}_4\end{bmatrix}+\begin{bmatrix}\boldsymbol{B}_1 & \boldsymbol{B}_2\\ \boldsymbol{B}_3 & \boldsymbol{B}_4\end{bmatrix}=\begin{bmatrix}\boldsymbol{A}_1+\boldsymbol{B}_1 & \boldsymbol{A}_2+\boldsymbol{B}_2\\ \boldsymbol{A}_3+\boldsymbol{B}_3 & \boldsymbol{A}_4+\boldsymbol{B}_4\end{bmatrix};$$

$$\begin{bmatrix}\boldsymbol{A} & \boldsymbol{B}\\ \boldsymbol{C} & \boldsymbol{D}\end{bmatrix}\begin{bmatrix}\boldsymbol{X} & \boldsymbol{Y}\\ \boldsymbol{Z} & \boldsymbol{W}\end{bmatrix}=\begin{bmatrix}\boldsymbol{AX}+\boldsymbol{BZ} & \boldsymbol{AY}+\boldsymbol{BW}\\ \boldsymbol{CX}+\boldsymbol{DZ} & \boldsymbol{CY}+\boldsymbol{DW}\end{bmatrix};$$

$$\begin{bmatrix}\boldsymbol{A} & \boldsymbol{B}\\ \boldsymbol{C} & \boldsymbol{D}\end{bmatrix}^{\mathrm{T}}=\begin{bmatrix}\boldsymbol{A}^{\mathrm{T}} & \boldsymbol{C}^{\mathrm{T}}\\ \boldsymbol{B}^{\mathrm{T}} & \boldsymbol{D}^{\mathrm{T}}\end{bmatrix};$$

若 $\boldsymbol{B},\boldsymbol{C}$ 分别是 m 阶与 s 阶矩阵,则 $\begin{bmatrix}\boldsymbol{B} & \boldsymbol{O}\\ \boldsymbol{O} & \boldsymbol{C}\end{bmatrix}^n=\begin{bmatrix}\boldsymbol{B}^n & \boldsymbol{O}\\ \boldsymbol{O} & \boldsymbol{C}^n\end{bmatrix}$;

若 $\boldsymbol{B},\boldsymbol{C}$ 分别是 m 阶与 n 阶可逆矩阵,则

$$\begin{bmatrix}\boldsymbol{B} & \boldsymbol{O}\\ \boldsymbol{O} & \boldsymbol{C}\end{bmatrix}^{-1}=\begin{bmatrix}\boldsymbol{B}^{-1} & \boldsymbol{O}\\ \boldsymbol{O} & \boldsymbol{C}^{-1}\end{bmatrix},\begin{bmatrix}\boldsymbol{O} & \boldsymbol{B}\\ \boldsymbol{C} & \boldsymbol{O}\end{bmatrix}^{-1}=\begin{bmatrix}\boldsymbol{O} & \boldsymbol{C}^{-1}\\ \boldsymbol{B}^{-1} & \boldsymbol{O}\end{bmatrix};$$

若 $\boldsymbol{A}$ 是 $m\times n$ 矩阵,$\boldsymbol{B}$ 是 $n\times s$ 矩阵且 $\boldsymbol{AB}=\boldsymbol{O}$,对 $\boldsymbol{B}$ 和 $\boldsymbol{O}$ 矩阵按列分块有

$$\boldsymbol{AB}=\boldsymbol{A}[\boldsymbol{b}_1,\boldsymbol{b}_2,\cdots,\boldsymbol{b}_s]=[\boldsymbol{Ab}_1,\boldsymbol{Ab}_2,\cdots,\boldsymbol{Ab}_s]=[\boldsymbol{0},\boldsymbol{0},\cdots,\boldsymbol{0}],$$

$$\boldsymbol{Ab}_i=\boldsymbol{0}\quad(i=1,2,\cdots,s),$$

即 $\boldsymbol{B}$ 的列向量是齐次方程组 $\boldsymbol{Ax}=\boldsymbol{0}$ 的解.

若 $\boldsymbol{AB}=\boldsymbol{C}$,其中 $\boldsymbol{A}$ 是 $m\times n$ 矩阵,$\boldsymbol{B}$ 是 $n\times s$ 矩阵,则对 $\boldsymbol{B},\boldsymbol{C}$ 按行分块有

$$\begin{bmatrix}a_{11} & a_{12} & \cdots & a_{1n}\\ a_{21} & a_{22} & \cdots & a_{2n}\\ \vdots & \vdots & & \vdots\\ a_{m1} & a_{m2} & \cdots & a_{mn}\end{bmatrix}\begin{bmatrix}\boldsymbol{\beta}_1\\ \boldsymbol{\beta}_2\\ \vdots\\ \boldsymbol{\beta}_n\end{bmatrix}=\begin{bmatrix}\boldsymbol{\alpha}_1\\ \boldsymbol{\alpha}_2\\ \vdots\\ \boldsymbol{\alpha}_m\end{bmatrix},$$

即

学习札记

$$\begin{cases} a_{11}\boldsymbol{\beta}_1 + a_{12}\boldsymbol{\beta}_2 + \cdots + a_{1n}\boldsymbol{\beta}_n = \boldsymbol{\alpha}_1, \\ a_{21}\boldsymbol{\beta}_1 + a_{22}\boldsymbol{\beta}_2 + \cdots + a_{2n}\boldsymbol{\beta}_n = \boldsymbol{\alpha}_2, \\ \quad\vdots \qquad\quad \vdots \qquad\qquad\quad \vdots \\ a_{m1}\boldsymbol{\beta}_1 + a_{m2}\boldsymbol{\beta}_2 + \cdots + a_{mn}\boldsymbol{\beta}_n = \boldsymbol{\alpha}_m, \end{cases}$$

可见矩阵$\boldsymbol{AB}$的行向量$\boldsymbol{\alpha}_1,\boldsymbol{\alpha}_2,\cdots,\boldsymbol{\alpha}_m$可由$\boldsymbol{B}$的行向量$\boldsymbol{\beta}_1,\boldsymbol{\beta}_2,\cdots,\boldsymbol{\beta}_n$线性表出.

类似地,对矩阵$\boldsymbol{A},\boldsymbol{C}$按列分块,有

$$[\boldsymbol{\gamma}_1,\boldsymbol{\gamma}_2,\cdots,\boldsymbol{\gamma}_n]\begin{bmatrix} b_{11} & b_{12} & \cdots & b_{1s} \\ b_{21} & b_{22} & \cdots & b_{2s} \\ \vdots & \vdots & & \vdots \\ b_{n1} & b_{n2} & \cdots & b_{ns} \end{bmatrix} = [\boldsymbol{\delta}_1,\boldsymbol{\delta}_2,\cdots,\boldsymbol{\delta}_s],$$

由此得

$$\begin{cases} b_{11}\boldsymbol{\gamma}_1 + b_{21}\boldsymbol{\gamma}_2 + \cdots + b_{n1}\boldsymbol{\gamma}_n = \boldsymbol{\delta}_1, \\ b_{12}\boldsymbol{\gamma}_1 + b_{22}\boldsymbol{\gamma}_2 + \cdots + b_{n2}\boldsymbol{\gamma}_n = \boldsymbol{\delta}_2, \\ \quad\vdots \qquad\quad \vdots \qquad\qquad\quad \vdots \\ b_{1s}\boldsymbol{\gamma}_1 + b_{2s}\boldsymbol{\gamma}_2 + \cdots + b_{ns}\boldsymbol{\gamma}_n = \boldsymbol{\delta}_s, \end{cases}$$

即矩阵$\boldsymbol{AB}$的列向量可由$\boldsymbol{A}$的列向量线性表出.

学习札记

三、典型例题分析选讲

矩阵运算

矩阵的乘法运算是重要的、基本的,也是一些考生不重视常出错的地方.

关于矩阵乘法要注意三个方面:

① 矩阵乘法没有交换律,一般情况 $\boldsymbol{AB} \neq \boldsymbol{BA}$.

例如,$\boldsymbol{A} = \begin{bmatrix} 0 & 1 \\ 1 & 0 \end{bmatrix}$,$\boldsymbol{B} = \begin{bmatrix} 1 & 2 \\ 3 & 4 \end{bmatrix}$,则

$$\boldsymbol{AB} = \begin{bmatrix} 0 & 1 \\ 1 & 0 \end{bmatrix}\begin{bmatrix} 1 & 2 \\ 3 & 4 \end{bmatrix} = \begin{bmatrix} 3 & 4 \\ 1 & 2 \end{bmatrix},$$

$$\boldsymbol{BA} = \begin{bmatrix} 1 & 2 \\ 3 & 4 \end{bmatrix}\begin{bmatrix} 0 & 1 \\ 1 & 0 \end{bmatrix} = \begin{bmatrix} 2 & 1 \\ 4 & 3 \end{bmatrix}.$$

特别地

$$(\boldsymbol{A}+\boldsymbol{B})^2 = (\boldsymbol{A}+\boldsymbol{B})(\boldsymbol{A}+\boldsymbol{B}) = \boldsymbol{A}^2 + \boldsymbol{AB} + \boldsymbol{BA} + \boldsymbol{B}^2 \neq \boldsymbol{A}^2 + 2\boldsymbol{AB} + \boldsymbol{B}^2,$$

但 $(\boldsymbol{A}+\boldsymbol{E})^2 = \boldsymbol{A}^2 + 2\boldsymbol{A} + \boldsymbol{E}$.

② 由 $\boldsymbol{AB} = \boldsymbol{O} \nRightarrow \boldsymbol{A} = \boldsymbol{O}$ 或 $\boldsymbol{B} = \boldsymbol{O}$.

例如,$\boldsymbol{A} = \begin{bmatrix} 1 & 1 \\ 2 & 2 \end{bmatrix}$,$\boldsymbol{B} = \begin{bmatrix} 1 & -3 \\ -1 & 3 \end{bmatrix}$,虽然 $\boldsymbol{A} \neq \boldsymbol{O}$,$\boldsymbol{B} \neq \boldsymbol{O}$,但

$$\boldsymbol{AB} = \begin{bmatrix} 1 & 1 \\ 2 & 2 \end{bmatrix}\begin{bmatrix} 1 & -3 \\ -1 & 3 \end{bmatrix} = \begin{bmatrix} 0 & 0 \\ 0 & 0 \end{bmatrix} = \boldsymbol{O}.$$

在这里,矩阵运算与数的运算不要混淆.

③ 由 $\boldsymbol{AB} = \boldsymbol{AC}$,$\boldsymbol{A} \neq \boldsymbol{O} \nRightarrow \boldsymbol{B} = \boldsymbol{C}$.

例如,$\boldsymbol{A} = \begin{bmatrix} 1 & 2 \\ 3 & 6 \end{bmatrix}$,$\boldsymbol{B} = \begin{bmatrix} 3 & 4 \\ -1 & 2 \end{bmatrix}$,$\boldsymbol{C} = \begin{bmatrix} 1 & 2 \\ 0 & 3 \end{bmatrix}$,有

$$\boldsymbol{AB} = \begin{bmatrix} 1 & 2 \\ 3 & 6 \end{bmatrix}\begin{bmatrix} 3 & 4 \\ -1 & 2 \end{bmatrix} = \begin{bmatrix} 1 & 8 \\ 3 & 24 \end{bmatrix},$$

$$\boldsymbol{AC} = \begin{bmatrix} 1 & 2 \\ 3 & 6 \end{bmatrix}\begin{bmatrix} 1 & 2 \\ 0 & 3 \end{bmatrix} = \begin{bmatrix} 1 & 8 \\ 3 & 24 \end{bmatrix},$$

显然 $\boldsymbol{B} \neq \boldsymbol{C}$.

1. $\boldsymbol{\alpha\beta}^{\mathrm{T}}$ 与 $\boldsymbol{\alpha}^{\mathrm{T}}\boldsymbol{\beta}$

设 $\boldsymbol{\alpha} = (1,2,3)^{\mathrm{T}}$,$\boldsymbol{\beta} = (2,-1,3)^{\mathrm{T}}$,则

学习札记

$$\boldsymbol{\alpha}\boldsymbol{\beta}^{\mathrm{T}}=\begin{bmatrix}1\\2\\3\end{bmatrix}(2,-1,3)=\begin{bmatrix}2&-1&3\\4&-2&6\\6&-3&9\end{bmatrix},$$

$$\boldsymbol{\beta}\boldsymbol{\alpha}^{\mathrm{T}}=\begin{bmatrix}2\\-1\\3\end{bmatrix}(1,2,3)=\begin{bmatrix}2&4&6\\-1&-2&-3\\3&6&9\end{bmatrix},$$

$$\boldsymbol{\alpha}^{\mathrm{T}}\boldsymbol{\beta}=(1,2,3)\begin{bmatrix}2\\-1\\3\end{bmatrix}=2+(-2)+9=9,$$

$$\boldsymbol{\beta}^{\mathrm{T}}\boldsymbol{\alpha}=(2,-1,3)\begin{bmatrix}1\\2\\3\end{bmatrix}=2+(-2)+9=9.$$

前者 $\boldsymbol{\alpha}\boldsymbol{\beta}^{\mathrm{T}}$ 和 $\boldsymbol{\beta}\boldsymbol{\alpha}^{\mathrm{T}}$ 都是 3 阶矩阵(互为转置),后者 $\boldsymbol{\alpha}^{\mathrm{T}}\boldsymbol{\beta}$ 和 $\boldsymbol{\beta}^{\mathrm{T}}\boldsymbol{\alpha}$ 都是一个数(相同),这里的运算要正确,符号不要混淆.

特别地,设 $\boldsymbol{\alpha}=(a_1,a_2,a_3)^{\mathrm{T}}$,则

$$\boldsymbol{\alpha}\boldsymbol{\alpha}^{\mathrm{T}}=\begin{bmatrix}a_1\\a_2\\a_3\end{bmatrix}(a_1,a_2,a_3)=\begin{bmatrix}a_1^2&a_1a_2&a_1a_3\\a_1a_2&a_2^2&a_2a_3\\a_1a_3&a_2a_3&a_3^2\end{bmatrix}.\quad \text{对称}$$

$$\boldsymbol{\alpha}^{\mathrm{T}}\boldsymbol{\alpha}=(a_1,a_2,a_3)\begin{bmatrix}a_1\\a_2\\a_3\end{bmatrix}=a_1^2+a_2^2+a_3^2.\quad \text{平方和}$$

【例 2.1】 设 $\boldsymbol{\alpha},\boldsymbol{\beta}$ 是三维列向量,$\boldsymbol{\beta}^{\mathrm{T}}$ 是 $\boldsymbol{\beta}$ 的转置,

如果 $\boldsymbol{\alpha}\boldsymbol{\beta}^{\mathrm{T}}=\begin{bmatrix}1&-1&2\\-2&2&-4\\3&-3&6\end{bmatrix}$,则 $\boldsymbol{\alpha}^{\mathrm{T}}\boldsymbol{\beta}=$ ________.

分析 设 $\boldsymbol{\alpha}=(x_1,x_2,x_3)^{\mathrm{T}},\boldsymbol{\beta}=(y_1,y_2,y_3)^{\mathrm{T}}$,则

$$\boldsymbol{\alpha}\boldsymbol{\beta}^{\mathrm{T}}=\begin{bmatrix}x_1\\x_2\\x_3\end{bmatrix}(y_1,y_2,y_3)=\begin{bmatrix}x_1y_1&x_1y_2&x_1y_3\\x_2y_1&x_2y_2&x_2y_3\\x_3y_1&x_3y_2&x_3y_3\end{bmatrix},$$

而 $\boldsymbol{\alpha}^{\mathrm{T}}\boldsymbol{\beta}=(x_1,x_2,x_3)\begin{bmatrix}y_1\\y_2\\y_3\end{bmatrix}=x_1y_1+x_2y_2+x_3y_3.$

注意到 $\boldsymbol{\alpha}^{\mathrm{T}}\boldsymbol{\beta}$ 正是矩阵 $\boldsymbol{\alpha}\boldsymbol{\beta}^{\mathrm{T}}$ 的主对角线元素之和,所以本题

$$\boldsymbol{\alpha}^{\mathrm{T}}\boldsymbol{\beta}=1+2+6=9.$$

2. 特殊矩阵的 n 次方

【例 2.2】 已知 $\boldsymbol{A}=\begin{bmatrix}2&6&4\\-1&-3&-2\\2&6&4\end{bmatrix}$,则 $\boldsymbol{A}^n=$ ______.

学习札记

分析 因为 $A=\begin{bmatrix}2\\-1\\2\end{bmatrix}(1,3,2)$,故

$$A^2=\begin{bmatrix}2\\-1\\2\end{bmatrix}(1,3,2)\begin{bmatrix}2\\-1\\2\end{bmatrix}(1,3,2).$$

因 $(1,3,2)\begin{bmatrix}2\\-1\\2\end{bmatrix}=2+(-3)+4=3$,所以

$$A^2=3\begin{bmatrix}2\\-1\\2\end{bmatrix}(1,3,2)=3A.$$

那么 $A^3=A^2\cdot A=3A^2=3^2A$,归纳得 $A^n=3^{n-1}A$.

【评注】 若秩 $r(A)=1$,则 A 可分解为一个列向量与一个行向量的乘积,有 $A^2=lA$ 之规律,从而 $A^n=l^{n-1}A$.

$$A=\begin{bmatrix}a_1b_1&a_1b_2&a_1b_3\\a_2b_1&a_2b_2&a_2b_3\\a_3b_1&a_3b_2&a_3b_3\end{bmatrix}=\begin{bmatrix}a_1\\a_2\\a_3\end{bmatrix}(b_1,b_2,b_3)=\boldsymbol{\alpha\beta}^{\mathrm T},$$

那么 $$A^2=(\boldsymbol{\alpha\beta}^{\mathrm T})(\boldsymbol{\alpha\beta}^{\mathrm T})=\boldsymbol{\alpha}(\boldsymbol{\beta}^{\mathrm T}\boldsymbol{\alpha})\boldsymbol{\beta}^{\mathrm T}=l\boldsymbol{\alpha\beta}^{\mathrm T}=lA,$$

其中 $$l=\boldsymbol{\beta}^{\mathrm T}\boldsymbol{\alpha}=\boldsymbol{\alpha}^{\mathrm T}\boldsymbol{\beta}=a_1b_1+a_2b_2+a_3b_3=\sum a_{ii}.$$

【例 2.3】 若 $A=\begin{bmatrix}0&0&0\\2&0&0\\1&3&0\end{bmatrix}$,则 $A^2=$ ______,$A^3=$ ______.

分析 由矩阵乘法,有

$$A^2=\begin{bmatrix}0&0&0\\2&0&0\\1&3&0\end{bmatrix}\begin{bmatrix}0&0&0\\2&0&0\\1&3&0\end{bmatrix}=\begin{bmatrix}0&0&0\\0&0&0\\6&0&0\end{bmatrix},$$

$$A^3=\begin{bmatrix}0&0&0\\0&0&0\\6&0&0\end{bmatrix}\begin{bmatrix}0&0&0\\2&0&0\\1&3&0\end{bmatrix}=\begin{bmatrix}0&0&0\\0&0&0\\0&0&0\end{bmatrix}=O.$$

【评注】 对这类 4 阶矩阵,有

$$\begin{bmatrix}0&1&2&3\\0&0&4&5\\0&0&0&6\\0&0&0&0\end{bmatrix}^3=\begin{bmatrix}0&0&0&24\\0&0&0&0\\0&0&0&0\\0&0&0&0\end{bmatrix},\text{而 } A^4=O, A^2=?$$

学习札记

【例 2.4】 若 $A=\begin{bmatrix}1&2&3\\0&1&4\\0&0&1\end{bmatrix}$，则 $A^n=$ ______.

分析 以例 2.3 为背景，本题可把 A 分解为两个矩阵之和，即

$$A=\begin{bmatrix}1&0&0\\0&1&0\\0&0&1\end{bmatrix}+\begin{bmatrix}0&2&3\\0&0&4\\0&0&0\end{bmatrix}=E+B,$$

那么

$$\begin{aligned}A^n&=(E+B)^n\\&=E^n+nE^{n-1}B+\frac{n(n-1)}{2}E^{n-2}B^2\\&=\begin{bmatrix}1&0&0\\0&1&0\\0&0&1\end{bmatrix}+n\begin{bmatrix}0&2&3\\0&0&4\\0&0&0\end{bmatrix}+\frac{n(n-1)}{2}\begin{bmatrix}0&0&8\\0&0&0\\0&0&0\end{bmatrix}\\&=\begin{bmatrix}1&2n&4n^2-n\\0&1&4n\\0&0&1\end{bmatrix}.\end{aligned}$$

【例 2.5】 已知 $A=\begin{bmatrix}2&0&1\\0&3&0\\2&0&2\end{bmatrix}$，$B=\begin{bmatrix}1&0&0\\0&-1&0\\0&0&0\end{bmatrix}$，若 X 满足 $AX+2B=BA+2X$，则 $X^4=$ ______.

分析 由矩阵方程，有

$$AX-2X=BA-2B,$$

即
$$(A-2E)X=B(A-2E).$$

因为 $A-2E=\begin{bmatrix}0&0&1\\0&1&0\\2&0&0\end{bmatrix}$ 可逆，故

$$X=(A-2E)^{-1}B(A-2E),$$

从而

$$\begin{aligned}X^4&=(A-2E)^{-1}B^4(A-2E)\\&=\begin{bmatrix}0&0&\frac{1}{2}\\0&1&0\\1&0&0\end{bmatrix}\begin{bmatrix}1&0&0\\0&1&0\\0&0&0\end{bmatrix}\begin{bmatrix}0&0&1\\0&1&0\\2&0&0\end{bmatrix}=\begin{bmatrix}0&0&0\\0&1&0\\0&0&1\end{bmatrix}.\end{aligned}$$

【评注】 若 $P^{-1}AP=B$，则 $(P^{-1}AP)(P^{-1}AP)=B^2$，即 $P^{-1}A^2P=B^2$. 依此类推，得 $P^{-1}A^nP=B^n$，从而 $A^n=PB^nP^{-1}$.

学习札记

特殊矩阵

1. 伴随矩阵 $A^* = \begin{bmatrix} A_{11} & A_{21} & A_{31} \\ A_{12} & A_{22} & A_{32} \\ A_{13} & A_{23} & A_{33} \end{bmatrix}$

$AA^* = A^*A = |A|E; A^* = |A|A^{-1}$;

$$r(A^*) = \begin{cases} n, & 若\ r(A) = n, \\ 1, & 若\ r(A) = n-1, \\ 0, & 若\ r(A) < n-1. \end{cases}$$

如 $A = \begin{bmatrix} 0 & 1 & 3 \\ 1 & -1 & 0 \\ -1 & 2 & 1 \end{bmatrix}$,则由

$$A_{11} = \begin{vmatrix} -1 & 0 \\ 2 & 1 \end{vmatrix} = -1, \quad A_{12} = -\begin{vmatrix} 1 & 0 \\ -1 & 1 \end{vmatrix} = -1,$$

$$A_{13} = \begin{vmatrix} 1 & -1 \\ -1 & 2 \end{vmatrix} = 1, \quad A_{21} = 5, \quad A_{22} = 3,$$

$$A_{23} = -1, \quad A_{31} = 3, \quad A_{32} = 3, \quad A_{33} = -1,$$

故按定义,得 $A^* = \begin{bmatrix} -1 & 5 & 3 \\ -1 & 3 & 3 \\ 1 & -1 & -1 \end{bmatrix}$.

【例 2.6】 设矩阵 A 可逆,证明

(Ⅰ) $(A^*)^{-1} = (A^{-1})^*$; (Ⅱ) $(A^*)^* = |A|^{n-2}A \quad (n \geqslant 3)$.

证明 因 $AA^* = |A|E$, $|A| \neq 0$.

(Ⅰ) 有 $\frac{1}{|A|}A \cdot A^* = E \Rightarrow (A^*)^{-1} = \frac{1}{|A|}A$, ①

又 $A^{-1} \cdot (A^{-1})^* = |A^{-1}|E \Rightarrow (A^{-1})^* = |A^{-1}|A = \frac{1}{|A|}A$, ②

①② 得 $(A^*)^{-1} = (A^{-1})^*$.

(Ⅱ) 因 A 可逆,有 $|A^*| = |A|^{n-1} \neq 0$,知 A^* 可逆.

$$A^* \cdot (A^*)^* = |A^*|E \Rightarrow (A^*)^* = |A^*|(A^*)^{-1}$$
$$= |A|^{n-1} \cdot \frac{1}{|A|}A = |A|^{n-2}A.$$

【评注】 如 A 不可逆,则 $(A^*)^* = O$ (当 $n \geqslant 3$);若 A 是二阶矩阵,则 $(A^*)^* = A$.

【例 2.7】 已知 A, B 均为 n 阶可逆矩阵,证明 $(AB)^* = B^*A^*$.

证明 因 $AA^* = |A|E$,有

学习札记

$$(\boldsymbol{AB})(\boldsymbol{AB})^* = |\boldsymbol{AB}|\boldsymbol{E},$$

由 $\boldsymbol{A},\boldsymbol{B}$ 可逆,知 $\boldsymbol{AB}$ 可逆. 于是

$$\begin{aligned}(\boldsymbol{AB})^* &= |\boldsymbol{AB}|(\boldsymbol{AB})^{-1} = |\boldsymbol{A}|\cdot|\boldsymbol{B}|\cdot\boldsymbol{B}^{-1}\boldsymbol{A}^{-1}\\ &= |\boldsymbol{B}|\boldsymbol{B}^{-1}\cdot|\boldsymbol{A}|\boldsymbol{A}^{-1} = \boldsymbol{B}^*\boldsymbol{A}^*.\end{aligned}$$

【例 2.8】 三阶矩阵 $\boldsymbol{A},\boldsymbol{B}$ 满足关系式 $\boldsymbol{A}^*\boldsymbol{BA} = (5\boldsymbol{A}^*)^* + \boldsymbol{BA}$,且 $\boldsymbol{A} = \begin{bmatrix}1 & & \\ & 2 & \\ & & 3\end{bmatrix}$,则 $\boldsymbol{B} =$ ________.

分析 由 $(k\boldsymbol{A})^* = k^{n-1}\boldsymbol{A}^*$,$(\boldsymbol{A}^*)^* = |\boldsymbol{A}|^{n-2}\boldsymbol{A}$

$\Rightarrow (5\boldsymbol{A}^*)^* = 5^2(\boldsymbol{A}^*)^* = 150\boldsymbol{A}$

$\Rightarrow \boldsymbol{A}^*\boldsymbol{B} = 150\boldsymbol{E} + \boldsymbol{B}$,

$\boldsymbol{AA}^*\boldsymbol{B} = 150\boldsymbol{A} + \boldsymbol{AB}$,

$(6\boldsymbol{E} - \boldsymbol{A})\boldsymbol{B} = 150\boldsymbol{A}$,

$$\boldsymbol{B} = 150(6\boldsymbol{E}-\boldsymbol{A})^{-1}\boldsymbol{A} = 150\begin{bmatrix}5 & & \\ & 4 & \\ & & 3\end{bmatrix}^{-1}\begin{bmatrix}1 & & \\ & 2 & \\ & & 3\end{bmatrix} = \begin{bmatrix}30 & & \\ & 75 & \\ & & 150\end{bmatrix}.$$

【例 2.9】 设 $\boldsymbol{A}$ 是 n 阶矩阵,$\boldsymbol{A}^*$ 是 $\boldsymbol{A}$ 的伴随矩阵,证明:

$$r(\boldsymbol{A}^*) = \begin{cases} n, & 若\ r(\boldsymbol{A}) = n, \\ 1, & 若\ r(\boldsymbol{A}) = n-1, \\ 0, & 若\ r(\boldsymbol{A}) < n-1. \end{cases}$$

证明 若秩 $r(\boldsymbol{A}) = n$,则 $|\boldsymbol{A}| \neq 0$,由于 $\boldsymbol{AA}^* = |\boldsymbol{A}|\boldsymbol{E}$,故 $|\boldsymbol{A}^*| \neq 0$,所以秩 $r(\boldsymbol{A}^*) = n$.

若秩 $r(\boldsymbol{A}) < n-1$,则 $\boldsymbol{A}$ 中所有 $n-1$ 阶子式均为 0,即行列式 $|\boldsymbol{A}|$ 的所有代数余子式均为 0,即 $\boldsymbol{A}^* = \boldsymbol{O}$,故 $r(\boldsymbol{A}^*) = 0$.

若秩 $r(\boldsymbol{A}) = n-1$,则 $|\boldsymbol{A}| = 0$ 且 $\boldsymbol{A}$ 中存在 $n-1$ 阶子式不为 0. 那么,由 $|\boldsymbol{A}| = 0$ 有

$$\boldsymbol{AA}^* = |\boldsymbol{A}|\boldsymbol{E} = \boldsymbol{O},$$

从而 $r(\boldsymbol{A}) + r(\boldsymbol{A}^*) \leqslant n$,得 $r(\boldsymbol{A}^*) \leqslant 1$.

又因 $\boldsymbol{A}$ 中有 $n-1$ 阶子式非 0,知有 $A_{ij} \neq 0$,即 $\boldsymbol{A}^* \neq \boldsymbol{O}$,得 $r(\boldsymbol{A}^*) \geqslant 1$,故 $r(\boldsymbol{A}^*) = 1$.

练习 1 (2005,3) 设矩阵 $\boldsymbol{A} = [a_{ij}]_{3\times 3}$ 满足 $\boldsymbol{A}^* = \boldsymbol{A}^{\mathrm{T}}$,其中 $\boldsymbol{A}^*$ 为 $\boldsymbol{A}$ 的伴随矩阵,$\boldsymbol{A}^{\mathrm{T}}$ 为 $\boldsymbol{A}$ 的转置矩阵,若 a_{11},a_{12},a_{13} 为三个相等的正数,则 a_{11} 为

(A) $\dfrac{\sqrt{3}}{3}$.　　(B) 3.　　(C) $\dfrac{1}{3}$.　　(D) $\sqrt{3}$.

解题笔记

学习札记

练习2 (2019, $\frac{2}{3}$) 设 $\boldsymbol{A}$ 是四阶矩阵, $\boldsymbol{A}^*$ 为 $\boldsymbol{A}$ 的伴随矩阵,若线性方程组 $\boldsymbol{Ax}=\boldsymbol{0}$ 的基础解系中只有2个向量,则 $r(\boldsymbol{A}^*)=$

(A)0. (B)1. (C)2. (D)3.

解题笔记

2. 可逆矩阵

$\boldsymbol{AB}=\boldsymbol{BA}=\boldsymbol{E}$,则 $\boldsymbol{A}$ 可逆,且 $\boldsymbol{A}^{-1}=\boldsymbol{B}$.

【例2.10】 若 $\boldsymbol{A}=\begin{bmatrix}0&1&3\\1&-1&0\\-1&2&1\end{bmatrix}$,则 $\boldsymbol{A}^{-1}=$ ______.

分析 求逆是基础知识不要忘记,不要麻痹大意.两个基本求法:

(用伴随矩阵)求出 A_{ij} 构造 $\boldsymbol{A}^*$

$$\boldsymbol{A}^*=\begin{bmatrix}-1&5&3\\-1&3&3\\1&-1&-1\end{bmatrix},$$

又

$$|\boldsymbol{A}|=\begin{vmatrix}0&1&3\\1&-1&0\\-1&2&1\end{vmatrix}=\begin{vmatrix}1&1&3\\0&-1&0\\1&2&1\end{vmatrix}=2,$$

故

$$\boldsymbol{A}^{-1}=\frac{\boldsymbol{A}^*}{|\boldsymbol{A}|}=\frac{1}{2}\begin{bmatrix}-1&5&3\\-1&3&3\\1&-1&-1\end{bmatrix}.$$

(用初等行变换求 $\boldsymbol{A}^{-1}$)

$$[\boldsymbol{A}\,\vdots\,\boldsymbol{E}]=\left[\begin{array}{ccc:ccc}0&1&3&1&0&0\\1&-1&0&0&1&0\\-1&2&1&0&0&1\end{array}\right]\to\left[\begin{array}{ccc:ccc}1&-1&0&0&1&0\\0&1&3&1&0&0\\-1&2&1&0&0&1\end{array}\right]$$

$$\to\left[\begin{array}{ccc:ccc}1&-1&0&0&1&0\\0&1&3&1&0&0\\0&1&1&0&1&1\end{array}\right]\to\left[\begin{array}{ccc:ccc}1&-1&0&0&1&0\\0&1&3&1&0&0\\0&0&-2&-1&1&1\end{array}\right]$$

$$\to\left[\begin{array}{ccc:ccc}1&-1&0&0&1&0\\0&1&3&1&0&0\\0&0&1&\frac{1}{2}&-\frac{1}{2}&-\frac{1}{2}\end{array}\right]$$

学习札记

$$\to\left[\begin{array}{ccc:ccc}1&-1&0&0&1&0\\0&1&0&-\frac{1}{2}&\frac{3}{2}&\frac{3}{2}\\0&0&1&\frac{1}{2}&-\frac{1}{2}&-\frac{1}{2}\end{array}\right]$$

$$\to\left[\begin{array}{ccc:ccc}1&0&0&-\frac{1}{2}&\frac{5}{2}&\frac{3}{2}\\0&1&0&-\frac{1}{2}&\frac{3}{2}&\frac{3}{2}\\0&0&1&\frac{1}{2}&-\frac{1}{2}&-\frac{1}{2}\end{array}\right],$$

故

$$\boldsymbol{A}^{-1}=\frac{1}{2}\begin{bmatrix}-1&5&3\\-1&3&3\\1&-1&-1\end{bmatrix}.$$

【评注】 (1) 求代数余子式 $A_{ij}=(-1)^{i+j}M_{ij}$ 时,不要忘记正负号.

组装伴随矩阵 $\boldsymbol{A}^*=\begin{bmatrix}A_{11}&A_{21}&A_{31}\\A_{12}&A_{22}&A_{32}\\A_{13}&A_{23}&A_{33}\end{bmatrix}$ 时,不要排错位置.

求 $\boldsymbol{A}^{-1}$ 时不要忘记除以 $|\boldsymbol{A}|$.

(2) 用初等行变换求 $\boldsymbol{A}^{-1}$ 的常规步骤:

$(\boldsymbol{A}\quad\boldsymbol{E})$ $\xrightarrow{\text{由上往下}}$ (◸ ≋) $\xrightarrow{\text{由下往上}}$ (╲ ⋇) $\xrightarrow{\text{某行乘 } k}$ $(\boldsymbol{E}\quad\boldsymbol{A}^{-1})$.

【例 2.11】 设 $\boldsymbol{\alpha},\boldsymbol{\beta}$ 是相互正交的 n 维列向量,$\boldsymbol{E}$ 是 n 阶单位矩阵,$\boldsymbol{A}=\boldsymbol{E}+\boldsymbol{\alpha}\boldsymbol{\beta}^{\mathrm{T}}$,则 $\boldsymbol{A}^{-1}=$ ______.

分析 令 $\boldsymbol{B}=\boldsymbol{\alpha}\boldsymbol{\beta}^{\mathrm{T}}$,则 $\boldsymbol{B}^2=(\boldsymbol{\alpha}\boldsymbol{\beta}^{\mathrm{T}})(\boldsymbol{\alpha}\boldsymbol{\beta}^{\mathrm{T}})=\boldsymbol{\alpha}(\boldsymbol{\beta}^{\mathrm{T}}\boldsymbol{\alpha})\boldsymbol{\beta}^{\mathrm{T}}=\boldsymbol{O}$,

那么 $(\boldsymbol{A}-\boldsymbol{E})^2=\boldsymbol{O}$,即 $\boldsymbol{A}(2\boldsymbol{E}-\boldsymbol{A})=\boldsymbol{E}$,故

$$\boldsymbol{A}^{-1}=2\boldsymbol{E}-\boldsymbol{A}=\boldsymbol{E}-\boldsymbol{\alpha}\boldsymbol{\beta}^{\mathrm{T}}.$$

【例 2.12】 (2000,2) 设 $\boldsymbol{A}=\begin{bmatrix}1&0&0&0\\-2&3&0&0\\0&-4&5&0\\0&0&-6&7\end{bmatrix}$,$\boldsymbol{E}$ 为 4 阶单位矩阵,且 $\boldsymbol{B}=(\boldsymbol{E}+\boldsymbol{A})^{-1}(\boldsymbol{E}-\boldsymbol{A})$,则 $(\boldsymbol{E}+\boldsymbol{B})^{-1}=$ ______.

分析 对于 $(\boldsymbol{A}+\boldsymbol{B})^{-1}$ 没有运算法则,通常用单位矩阵恒等变形的技巧化为乘积的形式.

$$\begin{aligned}(\boldsymbol{E}+\boldsymbol{B})^{-1}&=[\boldsymbol{E}+(\boldsymbol{E}+\boldsymbol{A})^{-1}(\boldsymbol{E}-\boldsymbol{A})]^{-1}\\&=[(\boldsymbol{E}+\boldsymbol{A})^{-1}(\boldsymbol{E}+\boldsymbol{A})+(\boldsymbol{E}+\boldsymbol{A})^{-1}(\boldsymbol{E}-\boldsymbol{A})]^{-1}\end{aligned}$$

学习札记

$$=[(E+A)^{-1}(E+A+E-A)]^{-1}$$
$$=[2(E+A)^{-1}]^{-1}$$
$$=\frac{1}{2}(E+A)=\begin{bmatrix}1&0&0&0\\-1&2&0&0\\0&-2&3&0\\0&0&-3&4\end{bmatrix}.$$

【例 2.13】 已知A是n阶对称矩阵,且A可逆,若$(A-B)^2=E$,化简$(E+A^{-1}B^T)^T(E-BA^{-1})^{-1}$.

解 原式$=[E^T+(A^{-1}B^T)^T][AA^{-1}-BA^{-1}]^{-1}$
$$=[E+(B^T)^T(A^{-1})^T][(A-B)A^{-1}]^{-1}$$
$$=[E+B(A^T)^{-1}][(A^{-1})^{-1}(A-B)^{-1}]$$
$$=[E+BA^{-1}][A(A-B)^{-1}]$$
$$=(A+B)(A-B)^{-1}.$$

又$(A-B)^2=E$,故$(A-B)^{-1}=A-B$,从而原式$=(A+B)(A-B)$.

【例 2.14】 已知A,B均为n阶矩阵,且A与$E-AB$都是可逆矩阵,证明$E-BA$可逆.

证明 $|E-BA|=|A^{-1}A-BA|=|(A^{-1}-B)A|$
$$=|A^{-1}-B||A|=|A||A^{-1}-B|$$
$$=|A(A^{-1}-B)|=|E-AB|\neq 0,$$

故$E-BA$可逆.

练习 设A,B,C均为n阶矩阵,E为n阶单位矩阵,若$B=E+AB$,$C=A+CA$,则$B-C=$

(A)E. (B)$-E$. (C)A. (D)$-A$.

解题笔记

学习札记

3. 正交矩阵

$AA^{\mathrm{T}}=A^{\mathrm{T}}A=E$；$A^{\mathrm{T}}=A^{-1}$；几何意义.

【例 2.15】 设 $\boldsymbol{\alpha}=(1,-2,1)^{\mathrm{T}}$，$A=E+k\boldsymbol{\alpha}\boldsymbol{\alpha}^{\mathrm{T}}$，其中 $k\neq 0$. 如果 A 是正交矩阵，则 $k=$ ________.

分析 A 是正交矩阵 $\Leftrightarrow AA^{\mathrm{T}}=E$. 因为

$$\begin{aligned}(E+k\boldsymbol{\alpha}\boldsymbol{\alpha}^{\mathrm{T}})(E+k\boldsymbol{\alpha}\boldsymbol{\alpha}^{\mathrm{T}})^{\mathrm{T}}&=(E+k\boldsymbol{\alpha}\boldsymbol{\alpha}^{\mathrm{T}})(E+k\boldsymbol{\alpha}\boldsymbol{\alpha}^{\mathrm{T}})\\&=E+k\boldsymbol{\alpha}\boldsymbol{\alpha}^{\mathrm{T}}+k\boldsymbol{\alpha}\boldsymbol{\alpha}^{\mathrm{T}}+k^2\boldsymbol{\alpha}\boldsymbol{\alpha}^{\mathrm{T}}\boldsymbol{\alpha}\boldsymbol{\alpha}^{\mathrm{T}},\end{aligned}$$

且
$$\boldsymbol{\alpha}^{\mathrm{T}}\boldsymbol{\alpha}=(1,-2,1)\begin{bmatrix}1\\-2\\1\end{bmatrix}=6,$$

故
$$AA^{\mathrm{T}}=E+(2k+6k^2)\boldsymbol{\alpha}\boldsymbol{\alpha}^{\mathrm{T}}=E\Leftrightarrow 2k+6k^2=0.$$

又 $k\neq 0$，故 $k=-\dfrac{1}{3}$.

【例 2.16】 在实对称矩阵求特征向量构造正交矩阵的问题上，常见的错误是：

(1) $\begin{bmatrix}1&0&1\\0&1&0\\1&0&-1\end{bmatrix}$；　(2) $\begin{bmatrix}1&0&0\\0&1&0\\1&0&0\end{bmatrix}$；

(3) $\begin{bmatrix}1&-1&0\\1&2&-1\\1&-1&1\end{bmatrix}$；　(4) $\begin{bmatrix}\frac{1}{\sqrt{3}}&\frac{1}{\sqrt{2}}&\frac{1}{\sqrt{2}}\\\frac{1}{\sqrt{3}}&-\frac{1}{\sqrt{2}}&0\\\frac{1}{\sqrt{3}}&0&\frac{1}{\sqrt{2}}\end{bmatrix}$.

分析 这 4 个矩阵都不是正交矩阵！要想清原因，引以为戒.

【例 2.17】 (2004,4) 设 $A=[a_{ij}]_{3\times 3}$ 是正交矩阵，且 $a_{11}=1$，$\boldsymbol{b}=(1,0,0)^{\mathrm{T}}$，则线性方程组 $A\boldsymbol{x}=\boldsymbol{b}$ 的解是________.

分析 由正交矩阵的几何意义，列(行)向量均是单位向量，因 $a_{11}=1$，必有

$$A=\begin{bmatrix}1&0&0\\0&a_{22}&a_{23}\\0&a_{32}&a_{33}\end{bmatrix},$$

即方程组 $A\boldsymbol{x}=\boldsymbol{b}$ 为

$$\begin{cases}x_1=1,\\a_{22}x_2+a_{23}x_3=0,\\a_{32}x_2+a_{33}x_3=0.\end{cases}$$

由 A 可逆，$\begin{vmatrix}a_{22}&a_{23}\\a_{32}&a_{33}\end{vmatrix}\neq 0$，故有唯一解 $(1,0,0)^{\mathrm{T}}$.

学习札记

【例 2.18】 设 $\boldsymbol{A},\boldsymbol{B}$ 均为 n 阶正交矩阵,且 $|\boldsymbol{A}|+|\boldsymbol{B}|=0$,证明 $|\boldsymbol{A}+\boldsymbol{B}|=0$.

证明

$$\begin{aligned}|\boldsymbol{A}+\boldsymbol{B}|&=|\boldsymbol{EA}+\boldsymbol{BE}|=|(\boldsymbol{BB}^{\mathrm{T}})\boldsymbol{A}+\boldsymbol{B}(\boldsymbol{A}^{\mathrm{T}}\boldsymbol{A})|\\&=|\boldsymbol{B}(\boldsymbol{B}^{\mathrm{T}}+\boldsymbol{A}^{\mathrm{T}})\boldsymbol{A}|=|\boldsymbol{B}(\boldsymbol{A}+\boldsymbol{B})^{\mathrm{T}}\boldsymbol{A}|\\&=|\boldsymbol{B}|\cdot|(\boldsymbol{A}+\boldsymbol{B})^{\mathrm{T}}|\cdot|\boldsymbol{A}|=-|\boldsymbol{B}|^2\cdot|\boldsymbol{A}+\boldsymbol{B}|\\&=-|\boldsymbol{A}+\boldsymbol{B}|,\end{aligned}$$
(注意对正交矩阵 $\boldsymbol{B}$,有 $|\boldsymbol{B}|^2=1$)

所以 $|\boldsymbol{A}+\boldsymbol{B}|=0$.

【评注】 处理行列式 $|\boldsymbol{A}+\boldsymbol{B}|$ 时,要注意单位矩阵 $\boldsymbol{E}$ 恒等变形的技巧.本题若由 $|\boldsymbol{A}+\boldsymbol{B}|=|\boldsymbol{AE}+\boldsymbol{B}|$ 用 $\boldsymbol{B}^{\mathrm{T}}\boldsymbol{B}=\boldsymbol{E}$ 置换 $\boldsymbol{E}$ 也是一样的.

【例 2.19】 已知 $\boldsymbol{A}$ 是 n 阶正交矩阵,证明 $\boldsymbol{A}^*$ 是正交矩阵.

证明 因 $\boldsymbol{A}$ 是正交矩阵,有 $\boldsymbol{AA}^{\mathrm{T}}=\boldsymbol{A}^{\mathrm{T}}\boldsymbol{A}=\boldsymbol{E}$,即 $\boldsymbol{A}^{\mathrm{T}}=\boldsymbol{A}^{-1}$.于是

$$\boldsymbol{A}^*=|\boldsymbol{A}|\boldsymbol{A}^{-1}=|\boldsymbol{A}|\boldsymbol{A}^{\mathrm{T}},$$

从而 $$\boldsymbol{A}^*(\boldsymbol{A}^*)^{\mathrm{T}}=(|\boldsymbol{A}|\boldsymbol{A}^{\mathrm{T}})(|\boldsymbol{A}|\boldsymbol{A}^{\mathrm{T}})^{\mathrm{T}}=|\boldsymbol{A}|^2\boldsymbol{A}^{\mathrm{T}}\boldsymbol{A}=\boldsymbol{E}.$$

同理 $(\boldsymbol{A}^*)^{\mathrm{T}}\boldsymbol{A}^*=\boldsymbol{E}$.

所以 $\boldsymbol{A}^*$ 是正交矩阵.

4. 行最简矩阵

行阶梯矩阵

1° 如果矩阵中有零行(即这一行元素全是 0),则零行在矩阵的底部.

2° 每个非零行的主元(即该行最左边的第 1 个非零元),它们的列指标随着行指标的递增而严格增大.

例 $\begin{bmatrix}2&1&3\\0&0&0\\0&0&5\end{bmatrix},\begin{bmatrix}1&3&-2\\0&1&4\\0&2&5\end{bmatrix}$ 都不是行阶梯矩阵.

例 $\begin{bmatrix}1&2&0&3\\0&1&-1&5\\0&0&0&6\end{bmatrix},\begin{bmatrix}3&0&1&-4\\0&0&2&7\\0&0&0&0\end{bmatrix}$ 是行阶梯矩阵.

行最简矩阵

一个行阶梯矩阵,如果还满足:

非零行的主元都是 1,且主元所在的列的其他元素都是 0,则称其为**行最简矩阵**.

例 $\begin{bmatrix}1&0&3&1\\0&1&1&0\\0&0&0&1\end{bmatrix},\begin{bmatrix}1&1&2&0\\0&1&3&0\\0&0&0&1\end{bmatrix},\begin{bmatrix}1&-1&0&0\\0&2&1&0\\0&0&0&1\end{bmatrix}$ 都不是行最简矩阵.

例 $\begin{bmatrix}1&0&-1&0\\0&1&2&0\\0&0&0&1\end{bmatrix},\begin{bmatrix}1&0&0&2\\0&0&1&3\\0&0&0&0\end{bmatrix}$ 是行最简矩阵.

学习札记

初等变换，初等矩阵

左乘行变换，右乘列变换.

$\boldsymbol{E}_{ij}^{-1}(k)=\boldsymbol{E}_{ij}(-k)$；$\boldsymbol{E}_{ij}^{-1}=\boldsymbol{E}_{ij}$；$\boldsymbol{E}_{i}^{-1}(k)=\boldsymbol{E}_{i}\left(\dfrac{1}{k}\right)$；

$\boldsymbol{E}_{ij}^{n}(k)=\boldsymbol{E}_{ij}(nk)$；$\boldsymbol{E}_{ij}^{n}=\begin{cases}\boldsymbol{E}, & n=2k,\\ \boldsymbol{E}_{ij}, & n=2k-1;\end{cases}$

$\boldsymbol{E}_{i}^{n}(k)=\boldsymbol{E}_{i}(k^{n})$.

【例 2.20】 已知

$$\boldsymbol{A}=\begin{bmatrix}a_{11}&a_{12}&a_{13}\\a_{21}&a_{22}&a_{23}\\a_{31}&a_{32}&a_{33}\end{bmatrix},\boldsymbol{B}=\begin{bmatrix}a_{11}&a_{13}&a_{12}\\a_{21}+2a_{31}&a_{23}+2a_{33}&a_{22}+2a_{32}\\a_{31}&a_{33}&a_{32}\end{bmatrix},$$

若 $\boldsymbol{A}^{-1}=\begin{bmatrix}1&2&3\\0&4&5\\0&0&6\end{bmatrix}$，则 $\boldsymbol{B}^{-1}=$ ________.

分析 $\boldsymbol{A}$ 经过行变换(第3行的2倍加至第2行)和列变换(2、3两列互换)得到矩阵 $\boldsymbol{B}$，即

$$\boldsymbol{B}=\begin{bmatrix}1&0&0\\0&1&2\\0&0&1\end{bmatrix}\boldsymbol{A}\begin{bmatrix}1&0&0\\0&0&1\\0&1&0\end{bmatrix},$$

所以

$$\boldsymbol{B}^{-1}=\begin{bmatrix}1&0&0\\0&0&1\\0&1&0\end{bmatrix}^{-1}\boldsymbol{A}^{-1}\begin{bmatrix}1&0&0\\0&1&2\\0&0&1\end{bmatrix}^{-1}$$

$$=\begin{bmatrix}1&0&0\\0&0&1\\0&1&0\end{bmatrix}\begin{bmatrix}1&2&3\\0&4&5\\0&0&6\end{bmatrix}\begin{bmatrix}1&0&0\\0&1&-2\\0&0&1\end{bmatrix}$$

$$=\begin{bmatrix}1&2&-1\\0&0&6\\0&4&-3\end{bmatrix}.$$

【例 2.21】 已知 $\boldsymbol{A}$ 是三阶矩阵，$\boldsymbol{P}$ 是三阶可逆矩阵，且 $\boldsymbol{P}^{-1}\boldsymbol{AP}=\begin{bmatrix}1&&\\&3&\\&&2\end{bmatrix}$，若 $\boldsymbol{P}=[\boldsymbol{\alpha}_1,\boldsymbol{\alpha}_2,\boldsymbol{\alpha}_3]$，$\boldsymbol{Q}=[\boldsymbol{\alpha}_1,\boldsymbol{\alpha}_1+\boldsymbol{\alpha}_2,-2\boldsymbol{\alpha}_3]$，则 $\boldsymbol{Q}^{-1}\boldsymbol{AQ}=$

(A) $\begin{bmatrix}1&2&0\\0&3&0\\0&0&-2\end{bmatrix}$.　　　　(B) $\begin{bmatrix}1&-2&0\\0&3&0\\0&0&2\end{bmatrix}$.

学习札记

(C) $\begin{bmatrix}1&0&0\\2&3&0\\0&0&-2\end{bmatrix}$.　　(D) $\begin{bmatrix}1&0&0\\-2&3&0\\0&0&2\end{bmatrix}$.

分析 由下标知矩阵 $\boldsymbol{P}$ 经两次列变换(第 1 列加至第 2 列;第 3 列乘以 -2) 得到矩阵 $\boldsymbol{Q}$. 即

$$\boldsymbol{Q}=\boldsymbol{P}\begin{bmatrix}1&1&0\\0&1&0\\0&0&1\end{bmatrix}\begin{bmatrix}1&0&0\\0&1&0\\0&0&-2\end{bmatrix}=\boldsymbol{P}\boldsymbol{P}_1\boldsymbol{P}_2$$

那么

$$\boldsymbol{Q}^{-1}\boldsymbol{A}\boldsymbol{Q}=(\boldsymbol{P}\boldsymbol{P}_1\boldsymbol{P}_2)^{-1}\boldsymbol{A}(\boldsymbol{P}\boldsymbol{P}_1\boldsymbol{P}_2)=\boldsymbol{P}_2^{-1}\boldsymbol{P}_1^{-1}\boldsymbol{P}^{-1}\boldsymbol{A}\boldsymbol{P}\boldsymbol{P}_1\boldsymbol{P}_2$$

$$=\begin{bmatrix}1&0&0\\0&1&0\\0&0&-\frac{1}{2}\end{bmatrix}\begin{bmatrix}1&-1&0\\0&1&0\\0&0&1\end{bmatrix}\begin{bmatrix}1&&\\&3&\\&&2\end{bmatrix}\begin{bmatrix}1&1&0\\0&1&0\\0&0&1\end{bmatrix}\begin{bmatrix}1&0&0\\0&1&0\\0&0&-2\end{bmatrix}$$

$$=\begin{bmatrix}1&-2&0\\0&3&0\\0&0&2\end{bmatrix}.$$

【例 2.22】 设 $\boldsymbol{A}$ 是三阶可逆矩阵,将 $\boldsymbol{A}$ 的第 2 行的 -3 倍加到第 1 行得矩阵 $\boldsymbol{B}$,再将 $\boldsymbol{B}$ 的第 1 列的 2 倍加到第 3 列得矩阵 $5\boldsymbol{E}$,则 $\boldsymbol{A}=$ ________.

分析 由题意

$$\boldsymbol{P}\boldsymbol{A}=\boldsymbol{B},\boldsymbol{P}=\begin{bmatrix}1&-3&0\\0&1&0\\0&0&1\end{bmatrix},$$

$$\boldsymbol{B}\boldsymbol{Q}=5\boldsymbol{E},\boldsymbol{Q}=\begin{bmatrix}1&0&2\\0&1&0\\0&0&1\end{bmatrix},$$

于是 $\boldsymbol{P}\boldsymbol{A}\boldsymbol{Q}=5\boldsymbol{E}$,所以

$$\boldsymbol{A}=\boldsymbol{P}^{-1}(5\boldsymbol{E})\boldsymbol{Q}^{-1}=5\boldsymbol{P}^{-1}\boldsymbol{Q}^{-1}$$

$$=5\begin{bmatrix}1&3&0\\0&1&0\\0&0&1\end{bmatrix}\begin{bmatrix}1&0&-2\\0&1&0\\0&0&1\end{bmatrix}=5\begin{bmatrix}1&3&-2\\0&1&0\\0&0&1\end{bmatrix}.$$

【例 2.23】 已知三阶矩阵 $\boldsymbol{A}$ 可逆,将 $\boldsymbol{A}$ 的第 2 列与第 3 列交换得矩阵 $\boldsymbol{B}$,把 $\boldsymbol{B}$ 的第 2 列乘以 -2 得矩阵 $\boldsymbol{C}$,则满足 $\boldsymbol{P}\boldsymbol{A}^*=\boldsymbol{C}^*$ 的矩阵 $\boldsymbol{P}$ 为________.

分析 按已知,右乘初等矩阵为列变换,有

$$\boldsymbol{A}\begin{bmatrix}1&0&0\\0&0&1\\0&1&0\end{bmatrix}=\boldsymbol{B},\boldsymbol{B}\begin{bmatrix}1&0&0\\0&-2&0\\0&0&1\end{bmatrix}=\boldsymbol{C},$$

于是 $$A\begin{bmatrix}1&0&0\\0&0&1\\0&1&0\end{bmatrix}\begin{bmatrix}1&0&0\\0&-2&0\\0&0&1\end{bmatrix}=C,$$

有 $$2\,|A|=|C|,$$

且 $$\begin{bmatrix}1&0&0\\0&-2&0\\0&0&1\end{bmatrix}^{-1}\begin{bmatrix}1&0&0\\0&0&1\\0&1&0\end{bmatrix}^{-1}\frac{A^*}{|A|}=\frac{C^*}{|C|},$$

故

$$P=2\begin{bmatrix}1&0&0\\0&-2&0\\0&0&1\end{bmatrix}^{-1}\begin{bmatrix}1&0&0\\0&0&1\\0&1&0\end{bmatrix}^{-1}$$

$$=2\begin{bmatrix}1&0&0\\0&-\frac{1}{2}&0\\0&0&1\end{bmatrix}\begin{bmatrix}1&0&0\\0&0&1\\0&1&0\end{bmatrix}=\begin{bmatrix}2&0&0\\0&0&-1\\0&2&0\end{bmatrix}.$$

【例 2.24】 设矩阵 $A=\begin{bmatrix}1&0&1\\a&-1&1\\0&2&a\end{bmatrix}$ 与 $B=\begin{bmatrix}1&0&1\\0&1&1\\0&0&0\end{bmatrix}$ 等价，则 $a=$ ________.

分析 矩阵 A,B 等价 $\Leftrightarrow r(A)=r(B)$.

易知 $r(B)=2$. 由 A 中 $\begin{vmatrix}1&0\\0&2\end{vmatrix}\neq 0$，于是 $r(A)=2\Leftrightarrow |A|=0$，

而 $|A|=\begin{vmatrix}1&0&1\\a&-1&1\\0&2&a\end{vmatrix}=a-2$，

所以 $a=2$ 时 $A\cong B$.

分块矩阵

：AB，A^n，A^{-1}.

，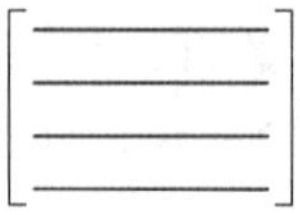：向量线性表出，秩，方程组.

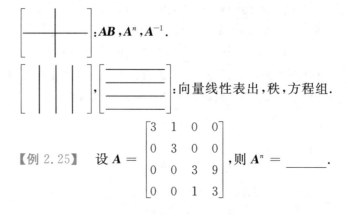

【例 2.25】 设 $A=\begin{bmatrix}3&1&0&0\\0&3&0&0\\0&0&3&9\\0&0&1&3\end{bmatrix}$，则 $A^n=$ ______.

学习札记

分析 由分块矩阵公式 $\begin{bmatrix}\boldsymbol{B} & \boldsymbol{O}\\ \boldsymbol{O} & \boldsymbol{C}\end{bmatrix}^n=\begin{bmatrix}\boldsymbol{B}^n & \boldsymbol{O}\\ \boldsymbol{O} & \boldsymbol{C}^n\end{bmatrix}$,我们只需分别算出 $\begin{bmatrix}3 & 1\\ 0 & 3\end{bmatrix}$ 与 $\begin{bmatrix}3 & 9\\ 1 & 3\end{bmatrix}$ 的 n 次幂.

因为
$$\begin{bmatrix}3 & 1\\ 0 & 3\end{bmatrix}=\begin{bmatrix}3 & 0\\ 0 & 3\end{bmatrix}+\begin{bmatrix}0 & 1\\ 0 & 0\end{bmatrix}=3\boldsymbol{E}+\boldsymbol{B},$$
故
$$\begin{bmatrix}3 & 1\\ 0 & 3\end{bmatrix}^n=(3\boldsymbol{E}+\boldsymbol{B})^n=(3\boldsymbol{E})^n+n(3\boldsymbol{E})^{n-1}\boldsymbol{B}$$
$$=\begin{bmatrix}3^n & 0\\ 0 & 3^n\end{bmatrix}+n\cdot 3^{n-1}\begin{bmatrix}0 & 1\\ 0 & 0\end{bmatrix}=\begin{bmatrix}3^n & n\cdot 3^{n-1}\\ 0 & 3^n\end{bmatrix}.$$

而矩阵 $\begin{bmatrix}3 & 9\\ 1 & 3\end{bmatrix}$ 的秩为 1,有 $\begin{bmatrix}3 & 9\\ 1 & 3\end{bmatrix}^n=6^{n-1}\begin{bmatrix}3 & 9\\ 1 & 3\end{bmatrix}$,从而
$$\boldsymbol{A}^n=\begin{bmatrix}3^n & n\cdot 3^{n-1} & 0 & 0\\ 0 & 3^n & 0 & 0\\ 0 & 0 & 3\cdot 6^{n-1} & 9\cdot 6^{n-1}\\ 0 & 0 & 6^{n-1} & 3\cdot 6^{n-1}\end{bmatrix}.$$

【例 2.26】 (2004,4) 设 $\boldsymbol{A}=\begin{bmatrix}0 & -1 & 0\\ 1 & 0 & 0\\ 0 & 0 & -1\end{bmatrix}$,$\boldsymbol{B}=\boldsymbol{P}^{-1}\boldsymbol{A}\boldsymbol{P}$,其中 $\boldsymbol{P}$ 为三阶可逆矩阵,则 $\boldsymbol{B}^{2004}-2\boldsymbol{A}^2=$ ______.

分析 由于 $\begin{bmatrix}\boldsymbol{A} & \boldsymbol{O}\\ \boldsymbol{O} & \boldsymbol{B}\end{bmatrix}^n=\begin{bmatrix}\boldsymbol{A}^n & \boldsymbol{O}\\ \boldsymbol{O} & \boldsymbol{B}^n\end{bmatrix}$,且
$$\begin{bmatrix}a_1 & & \\ & a_2 & \\ & & a_3\end{bmatrix}^n=\begin{bmatrix}a_1^n & & \\ & a_2^n & \\ & & a_3^n\end{bmatrix},$$
易见
$$\begin{bmatrix}0 & -1\\ 1 & 0\end{bmatrix}^2=\begin{bmatrix}-1 & 0\\ 0 & -1\end{bmatrix},$$
所以
$$\boldsymbol{A}^2=\begin{bmatrix}0 & -1 & 0\\ 1 & 0 & 0\\ 0 & 0 & -1\end{bmatrix}^2=\begin{bmatrix}-1 & 0 & 0\\ 0 & -1 & 0\\ 0 & 0 & 1\end{bmatrix},$$
从而
$$\boldsymbol{A}^{2004}=(\boldsymbol{A}^2)^{1002}=\boldsymbol{E}.$$
又因 $\boldsymbol{B}=\boldsymbol{P}^{-1}\boldsymbol{A}\boldsymbol{P}$ 有 $\boldsymbol{B}^{2004}=\boldsymbol{P}^{-1}\boldsymbol{A}^{2004}\boldsymbol{P}=\boldsymbol{P}^{-1}\boldsymbol{E}\boldsymbol{P}=\boldsymbol{E}$,故
$$\boldsymbol{B}^{2004}-2\boldsymbol{A}^2=\boldsymbol{E}-2\boldsymbol{A}^2=\begin{bmatrix}3 & 0 & 0\\ 0 & 3 & 0\\ 0 & 0 & -1\end{bmatrix}.$$

学习札记

【例 2.27】 (2009, $\frac{1}{2,3}$) 设 $\boldsymbol{A},\boldsymbol{B}$ 均为二阶矩阵, $\boldsymbol{A}^*,\boldsymbol{B}^*$ 分别为 $\boldsymbol{A},\boldsymbol{B}$ 的伴随矩阵. 若 $|\boldsymbol{A}|=2$, $|\boldsymbol{B}|=3$, 则分块矩阵 $\begin{bmatrix}\boldsymbol{O}&\boldsymbol{A}\\\boldsymbol{B}&\boldsymbol{O}\end{bmatrix}$ 的伴随矩阵为

(A) $\begin{bmatrix}\boldsymbol{O}&3\boldsymbol{B}^*\\2\boldsymbol{A}^*&\boldsymbol{O}\end{bmatrix}$.　　(B) $\begin{bmatrix}\boldsymbol{O}&2\boldsymbol{B}^*\\3\boldsymbol{A}^*&\boldsymbol{O}\end{bmatrix}$.

(C) $\begin{bmatrix}\boldsymbol{O}&3\boldsymbol{A}^*\\2\boldsymbol{B}^*&\boldsymbol{O}\end{bmatrix}$.　　(D) $\begin{bmatrix}\boldsymbol{O}&2\boldsymbol{A}^*\\3\boldsymbol{B}^*&\boldsymbol{O}\end{bmatrix}$.

分析 由拉普拉斯展开式(1.10)有

$$\begin{vmatrix}\boldsymbol{O}&\boldsymbol{A}\\\boldsymbol{B}&\boldsymbol{O}\end{vmatrix}=(-1)^{2\times2}|\boldsymbol{A}||\boldsymbol{B}|=6.$$

那么, 矩阵 $\begin{bmatrix}\boldsymbol{O}&\boldsymbol{A}\\\boldsymbol{B}&\boldsymbol{O}\end{bmatrix}$ 可逆, 从而

$$\begin{bmatrix}\boldsymbol{O}&\boldsymbol{A}\\\boldsymbol{B}&\boldsymbol{O}\end{bmatrix}^*=\begin{vmatrix}\boldsymbol{O}&\boldsymbol{A}\\\boldsymbol{B}&\boldsymbol{O}\end{vmatrix}\begin{bmatrix}\boldsymbol{O}&\boldsymbol{A}\\\boldsymbol{B}&\boldsymbol{O}\end{bmatrix}^{-1}=6\begin{bmatrix}\boldsymbol{O}&\boldsymbol{B}^{-1}\\\boldsymbol{A}^{-1}&\boldsymbol{O}\end{bmatrix}=\begin{bmatrix}\boldsymbol{O}&2\boldsymbol{B}^*\\3\boldsymbol{A}^*&\boldsymbol{O}\end{bmatrix}.$$

所以应选(B).

或设 $\begin{bmatrix}\boldsymbol{O}&\boldsymbol{A}\\\boldsymbol{B}&\boldsymbol{O}\end{bmatrix}^*=\begin{bmatrix}\boldsymbol{X}&\boldsymbol{Y}\\\boldsymbol{Z}&\boldsymbol{W}\end{bmatrix}$, 则

$$\begin{bmatrix}\boldsymbol{O}&\boldsymbol{A}\\\boldsymbol{B}&\boldsymbol{O}\end{bmatrix}\begin{bmatrix}\boldsymbol{X}&\boldsymbol{Y}\\\boldsymbol{Z}&\boldsymbol{W}\end{bmatrix}=\begin{vmatrix}\boldsymbol{O}&\boldsymbol{A}\\\boldsymbol{B}&\boldsymbol{O}\end{vmatrix}\boldsymbol{E},$$

$$\begin{bmatrix}\boldsymbol{X}&\boldsymbol{Y}\\\boldsymbol{Z}&\boldsymbol{W}\end{bmatrix}=6\begin{bmatrix}\boldsymbol{O}&\boldsymbol{A}\\\boldsymbol{B}&\boldsymbol{O}\end{bmatrix}^{-1}=6\begin{bmatrix}\boldsymbol{O}&\boldsymbol{B}^{-1}\\\boldsymbol{A}^{-1}&\boldsymbol{O}\end{bmatrix}=\cdots.$$

【评注】 本题考查的知识点有3个:一是用公式 $\boldsymbol{A}^*=|\boldsymbol{A}|\boldsymbol{A}^{-1}$ 求伴随矩阵,二是行列式的拉普拉斯展开式,三是分块矩阵的求逆公式.这些都是线性代数中很重要的基础知识.

【例 2.28】 设 $\boldsymbol{H}=\begin{bmatrix}\boldsymbol{A}&\boldsymbol{C}\\\boldsymbol{O}&\boldsymbol{B}\end{bmatrix}$, 其中 $\boldsymbol{A},\boldsymbol{B}$ 分别是 m 阶和 n 阶可逆矩阵, 证明矩阵 $\boldsymbol{H}$ 可逆, 并求其逆.

证明 因为 $\boldsymbol{A},\boldsymbol{B}$ 可逆, 由拉普拉斯展开式(1.9)有

$$|\boldsymbol{H}|=\begin{vmatrix}\boldsymbol{A}&\boldsymbol{C}\\\boldsymbol{O}&\boldsymbol{B}\end{vmatrix}=|\boldsymbol{A}||\boldsymbol{B}|\neq0,$$

所以矩阵 $\boldsymbol{H}$ 可逆.

设 $\boldsymbol{H}^{-1}=\begin{bmatrix}\boldsymbol{X}&\boldsymbol{Y}\\\boldsymbol{Z}&\boldsymbol{W}\end{bmatrix}$, 则 $\begin{bmatrix}\boldsymbol{A}&\boldsymbol{C}\\\boldsymbol{O}&\boldsymbol{B}\end{bmatrix}\begin{bmatrix}\boldsymbol{X}&\boldsymbol{Y}\\\boldsymbol{Z}&\boldsymbol{W}\end{bmatrix}=\begin{bmatrix}\boldsymbol{E}_m&\boldsymbol{O}\\\boldsymbol{O}&\boldsymbol{E}_n\end{bmatrix}$, 即

$$\begin{cases}\boldsymbol{AX}+\boldsymbol{CZ}=\boldsymbol{E},\\\boldsymbol{AY}+\boldsymbol{CW}=\boldsymbol{O},\\\boldsymbol{BZ}=\boldsymbol{O},\\\boldsymbol{BW}=\boldsymbol{E},\end{cases}\text{解出}\begin{cases}\boldsymbol{X}=\boldsymbol{A}^{-1},\\\boldsymbol{Y}=-\boldsymbol{A}^{-1}\boldsymbol{CB}^{-1},\\\boldsymbol{Z}=\boldsymbol{O},\\\boldsymbol{W}=\boldsymbol{B}^{-1},\end{cases}$$

学习札记

故
$$\begin{bmatrix} A & C \\ O & B \end{bmatrix}^{-1} = \begin{bmatrix} A^{-1} & -A^{-1}CB^{-1} \\ O & B^{-1} \end{bmatrix}.$$

【例 2.29】 $\begin{bmatrix} 1 & 0 & 0 \\ 0 & 1 & 0 \\ 0 & 2 & 1 \end{bmatrix}^{2010} \begin{bmatrix} 1 & 2 & 3 \\ 2 & 3 & 4 \\ 3 & 4 & 5 \end{bmatrix} \begin{bmatrix} 0 & 0 & 1 \\ 0 & 1 & 0 \\ 1 & 0 & 0 \end{bmatrix}^{2011} =$ ______.

分析 因为
$$\begin{bmatrix} 1 & 2 & 3 \\ 2 & 3 & 4 \\ 3 & 4 & 5 \end{bmatrix} \begin{bmatrix} 0 & 0 & 1 \\ 0 & 1 & 0 \\ 1 & 0 & 0 \end{bmatrix} = \begin{bmatrix} 3 & 2 & 1 \\ 4 & 3 & 2 \\ 5 & 4 & 3 \end{bmatrix},$$
$$\begin{bmatrix} 1 & 2 & 3 \\ 2 & 3 & 4 \\ 3 & 4 & 5 \end{bmatrix} \begin{bmatrix} 0 & 0 & 1 \\ 0 & 1 & 0 \\ 1 & 0 & 0 \end{bmatrix}^2 = \begin{bmatrix} 1 & 2 & 3 \\ 2 & 3 & 4 \\ 3 & 4 & 5 \end{bmatrix},$$

所以
$$\begin{bmatrix} 1 & 2 & 3 \\ 2 & 3 & 4 \\ 3 & 4 & 5 \end{bmatrix} \begin{bmatrix} 0 & 0 & 1 \\ 0 & 1 & 0 \\ 1 & 0 & 0 \end{bmatrix}^{2011} = \begin{bmatrix} 3 & 2 & 1 \\ 4 & 3 & 2 \\ 5 & 4 & 3 \end{bmatrix}.$$

又因
$$\begin{bmatrix} 1 & 0 & 0 \\ 0 & 1 & 0 \\ 0 & 2 & 1 \end{bmatrix} \begin{bmatrix} 3 & 2 & 1 \\ 4 & 3 & 2 \\ 5 & 4 & 3 \end{bmatrix} = \begin{bmatrix} 1 & 0 & 0 \\ 0 & 1 & 0 \\ 0 & 2 & 1 \end{bmatrix} \begin{bmatrix} \boldsymbol{\alpha}_1 \\ \boldsymbol{\alpha}_2 \\ \boldsymbol{\alpha}_3 \end{bmatrix} = \begin{bmatrix} \boldsymbol{\alpha}_1 \\ \boldsymbol{\alpha}_2 \\ \boldsymbol{\alpha}_3 + 2\boldsymbol{\alpha}_2 \end{bmatrix},$$
$$\begin{bmatrix} 1 & 0 & 0 \\ 0 & 1 & 0 \\ 0 & 2 & 1 \end{bmatrix}^2 \begin{bmatrix} 3 & 2 & 1 \\ 4 & 3 & 2 \\ 5 & 4 & 3 \end{bmatrix} = \begin{bmatrix} 1 & 0 & 0 \\ 0 & 1 & 0 \\ 0 & 2 & 1 \end{bmatrix} \begin{bmatrix} \boldsymbol{\alpha}_1 \\ \boldsymbol{\alpha}_2 \\ \boldsymbol{\alpha}_3 + 2\boldsymbol{\alpha}_2 \end{bmatrix} = \begin{bmatrix} \boldsymbol{\alpha}_1 \\ \boldsymbol{\alpha}_2 \\ \boldsymbol{\alpha}_3 + 2\boldsymbol{\alpha}_2 + 2\boldsymbol{\alpha}_2 \end{bmatrix},$$

故
$$\begin{bmatrix} 1 & 0 & 0 \\ 0 & 1 & 0 \\ 0 & 2 & 1 \end{bmatrix}^{2010} \begin{bmatrix} \boldsymbol{\alpha}_1 \\ \boldsymbol{\alpha}_2 \\ \boldsymbol{\alpha}_3 \end{bmatrix} = \begin{bmatrix} \boldsymbol{\alpha}_1 \\ \boldsymbol{\alpha}_2 \\ \boldsymbol{\alpha}_3 + 2010(2\boldsymbol{\alpha}_2) \end{bmatrix} = \begin{bmatrix} 3 & 2 & 1 \\ 4 & 3 & 2 \\ 16085 & 12064 & 8043 \end{bmatrix}.$$

【评注】 初等矩阵 n 次方：
$$\begin{bmatrix} 1 & 0 & 0 \\ k & 1 & 0 \\ 0 & 0 & 1 \end{bmatrix}^n = \begin{bmatrix} 1 & 0 & 0 \\ nk & 1 & 0 \\ 0 & 0 & 1 \end{bmatrix}, \begin{bmatrix} 1 & 0 & 0 \\ 0 & k & 0 \\ 0 & 0 & 1 \end{bmatrix}^n = \begin{bmatrix} 1 & 0 & 0 \\ 0 & k^n & 0 \\ 0 & 0 & 1 \end{bmatrix},$$
$$\begin{bmatrix} 0 & 1 & 0 \\ 1 & 0 & 0 \\ 0 & 0 & 1 \end{bmatrix}^{2n} = \begin{bmatrix} 1 & 0 & 0 \\ 0 & 1 & 0 \\ 0 & 0 & 1 \end{bmatrix}, \begin{bmatrix} 0 & 1 & 0 \\ 1 & 0 & 0 \\ 0 & 0 & 1 \end{bmatrix}^{2n-1} = \begin{bmatrix} 0 & 1 & 0 \\ 1 & 0 & 0 \\ 0 & 0 & 1 \end{bmatrix}.$$

【例 2.30】 已知 $\boldsymbol{AX} = \boldsymbol{B}$，其中 $\boldsymbol{A} = \begin{bmatrix} 1 & 3 & 3 \\ 2 & 6 & 9 \\ -1 & -3 & 3 \end{bmatrix}$，

$\boldsymbol{B} = \begin{bmatrix} 2 & -1 & 1 \\ 7 & 4 & -1 \\ 4 & 13 & -7 \end{bmatrix}$，求矩阵 $\boldsymbol{X}$.

学习札记

分析 若$\boldsymbol{A}$可逆，则$\boldsymbol{X}=\boldsymbol{A}^{-1}\boldsymbol{B}$，现在的$\boldsymbol{A}$是不可逆的，可转换为解非齐次线性方程组.

设$\boldsymbol{X}=\begin{bmatrix}x_1 & y_1 & z_1\\ x_2 & y_2 & z_2\\ x_3 & y_3 & z_3\end{bmatrix}$，则

$$\begin{bmatrix}1 & 3 & 3\\ 2 & 6 & 9\\ -1 & -3 & 3\end{bmatrix}\begin{bmatrix}x_1 & y_1 & z_1\\ x_2 & y_2 & z_2\\ x_3 & y_3 & z_3\end{bmatrix}=\begin{bmatrix}2 & -1 & 1\\ 7 & 4 & -1\\ 4 & 13 & -7\end{bmatrix},$$

即 $$\boldsymbol{Ax}=\boldsymbol{\beta}_1,\boldsymbol{Ay}=\boldsymbol{\beta}_2,\boldsymbol{Az}=\boldsymbol{\beta}_3,$$

$$\begin{cases}x_1+3x_2+3x_3=2,\\ 2x_1+6x_2+9x_3=7,\\ -x_1-3x_2+3x_3=4,\end{cases}\quad\begin{cases}y_1+3y_2+3y_3=-1,\\ 2y_1+6y_2+9y_3=4,\\ -y_1-3y_2+3y_3=13,\end{cases}\quad\begin{cases}z_1+3z_2+3z_3=1,\\ 2z_1+6z_2+9z_3=-1,\\ -z_1-3z_2+3z_3=-7.\end{cases}$$

这三个方程组的系数矩阵完全一样，区别仅在常数项，为了简洁，这三个方程组的高斯消元可同时进行，即

$$\left[\begin{array}{ccc:ccc}1 & 3 & 3 & 2 & -1 & 1\\ 2 & 6 & 9 & 7 & 4 & -1\\ -1 & -3 & 3 & 4 & 13 & -7\end{array}\right]\rightarrow\left[\begin{array}{ccc:ccc}1 & 3 & 0 & -1 & -7 & 4\\ 0 & 0 & 1 & 1 & 2 & -1\\ 0 & 0 & 0 & 0 & 0 & 0\end{array}\right].$$

从$\begin{cases}x_1+3x_2=-1,\\ x_3=1\end{cases}$解出$\begin{cases}x_1=-3t-1,\\ x_2=t,\\ x_3=1.\end{cases}$

类似地 $$\begin{cases}y_1=-3u-7,\\ y_2=u,\\ y_3=2,\end{cases}\quad\begin{cases}z_1=-3v+4,\\ z_2=v,\\ z_3=-1,\end{cases}$$

从而 $\boldsymbol{X}=\begin{bmatrix}-3t-1 & -3u-7 & -3v+4\\ t & u & v\\ 1 & 2 & -1\end{bmatrix}$，$t,u,v$为任意常数.

【例 2.31】 分块矩阵的初等矩阵

$$\begin{bmatrix}\boldsymbol{E} & \boldsymbol{O}\\ \boldsymbol{P} & \boldsymbol{E}\end{bmatrix}\text{或}\begin{bmatrix}\boldsymbol{E} & \boldsymbol{P}\\ \boldsymbol{O} & \boldsymbol{E}\end{bmatrix};\begin{bmatrix}\boldsymbol{P} & \boldsymbol{O}\\ \boldsymbol{O} & \boldsymbol{E}\end{bmatrix}\text{或}\begin{bmatrix}\boldsymbol{E} & \boldsymbol{O}\\ \boldsymbol{O} & \boldsymbol{P}\end{bmatrix};\begin{bmatrix}\boldsymbol{O} & \boldsymbol{E}\\ \boldsymbol{E} & \boldsymbol{O}\end{bmatrix}$$

$$\begin{bmatrix}\boldsymbol{E} & \boldsymbol{O}\\ \boldsymbol{P} & \boldsymbol{E}\end{bmatrix}\begin{bmatrix}\boldsymbol{A} & \boldsymbol{B}\\ \boldsymbol{C} & \boldsymbol{D}\end{bmatrix}=\begin{bmatrix}\boldsymbol{A} & \boldsymbol{B}\\ \boldsymbol{PA}+\boldsymbol{C} & \boldsymbol{PB}+\boldsymbol{D}\end{bmatrix}$$

$$\begin{bmatrix}\boldsymbol{E} & \boldsymbol{P}\\ \boldsymbol{O} & \boldsymbol{E}\end{bmatrix}\begin{bmatrix}\boldsymbol{A} & \boldsymbol{B}\\ \boldsymbol{C} & \boldsymbol{D}\end{bmatrix}=\begin{bmatrix}\boldsymbol{A}+\boldsymbol{PC} & \boldsymbol{B}+\boldsymbol{PD}\\ \boldsymbol{C} & \boldsymbol{D}\end{bmatrix}$$

$$\begin{bmatrix}\boldsymbol{P} & \boldsymbol{O}\\ \boldsymbol{O} & \boldsymbol{E}\end{bmatrix}\begin{bmatrix}\boldsymbol{A} & \boldsymbol{B}\\ \boldsymbol{C} & \boldsymbol{D}\end{bmatrix}=\begin{bmatrix}\boldsymbol{PA} & \boldsymbol{PB}\\ \boldsymbol{C} & \boldsymbol{D}\end{bmatrix}$$

$$\begin{bmatrix}\boldsymbol{E} & \boldsymbol{O}\\ \boldsymbol{O} & \boldsymbol{P}\end{bmatrix}\begin{bmatrix}\boldsymbol{A} & \boldsymbol{B}\\ \boldsymbol{C} & \boldsymbol{D}\end{bmatrix}=\begin{bmatrix}\boldsymbol{A} & \boldsymbol{B}\\ \boldsymbol{PC} & \boldsymbol{PD}\end{bmatrix}$$

$$\begin{bmatrix} O & E \\ E & O \end{bmatrix}\begin{bmatrix} A & B \\ C & D \end{bmatrix}=\begin{bmatrix} C & D \\ A & B \end{bmatrix}$$

左乘是不是类似于初等矩阵左乘的效果?

那么右乘会如何?

* 对于例 2.28,$[\boldsymbol{H},\boldsymbol{E}]$ 如作分块矩阵的初等行变换

$$[\boldsymbol{H},\boldsymbol{E}]=\begin{bmatrix} A & C & E & O \\ O & B & O & E \end{bmatrix}\to\begin{bmatrix} E & A^{-1}C & A^{-1} & O \\ O & E & O & B^{-1} \end{bmatrix}$$

$$\to\begin{bmatrix} E & O & A^{-1} & -A^{-1}CB^{-1} \\ O & E & O & B^{-1} \end{bmatrix},$$

注意$\begin{bmatrix} A^{-1} & -A^{-1}CB^{-1} \\ O & B^{-1} \end{bmatrix}\begin{bmatrix} A & C \\ O & B \end{bmatrix}=\begin{bmatrix} E & O \\ O & E \end{bmatrix}$.

$$\therefore \begin{bmatrix} A & C \\ O & B \end{bmatrix}^{-1}=\begin{bmatrix} A^{-1} & -A^{-1}CB^{-1} \\ O & B^{-1} \end{bmatrix}.$$

【例 2.32】 已知$\boldsymbol{A},\boldsymbol{B}$均为$n$阶矩阵. 证明$\begin{vmatrix} A & B \\ B & A \end{vmatrix}=|A+B|\cdot|A-B|$.

证明 由于

$$\begin{bmatrix} E & E \\ O & E \end{bmatrix}\begin{bmatrix} A & B \\ B & A \end{bmatrix}\begin{bmatrix} E & E \\ O & E \end{bmatrix}=\begin{bmatrix} A+B & A+B \\ B & A \end{bmatrix}\begin{bmatrix} E & -E \\ O & E \end{bmatrix}$$

$$=\begin{bmatrix} A+B & O \\ B & A-B \end{bmatrix},$$

即$\begin{vmatrix} E & E \\ O & E \end{vmatrix}\cdot\begin{vmatrix} A & B \\ B & A \end{vmatrix}\cdot\begin{vmatrix} E & -E \\ O & E \end{vmatrix}=\begin{vmatrix} A+B & O \\ B & A-B \end{vmatrix}$,

故$\begin{vmatrix} A & B \\ B & A \end{vmatrix}=\begin{vmatrix} A+B & O \\ B & A-B \end{vmatrix}=|A+B|\cdot|A-B|$.

矩阵秩的计算

$r(\boldsymbol{A})=r\Leftrightarrow\boldsymbol{A}$ 中 $\exists r$ 阶子式不为 0,$r+1$(如果有)阶子式全为 0.

$r(\boldsymbol{AB})\leqslant\min(r(\boldsymbol{A}),r(\boldsymbol{B}))$,若 $\boldsymbol{A}$ 可逆,则 $r(\boldsymbol{AB})=r(\boldsymbol{B})$.

【例 2.33】 已知$\boldsymbol{A}=\begin{bmatrix} 1 & 2 & 5 \\ 2 & a & 7 \\ 1 & 3 & 2 \end{bmatrix}$,若 $r(\boldsymbol{A})=2$,则 $a=$________.

分析 由秩的概念,$\boldsymbol{A}$ 中有 2 阶子式$\begin{vmatrix} 1 & 2 \\ 1 & 3 \end{vmatrix}\neq 0$,

故 $r(\boldsymbol{A})=2\Leftrightarrow|\boldsymbol{A}|=0$,

因为 $|\boldsymbol{A}|=3(5-a)$,所以 $a=5$.

学习札记

学习札记

【例 2.34】 设 $A=\begin{bmatrix}2&3&4\\6&t&2\\4&6&3\end{bmatrix}$，$B=\begin{bmatrix}1\\3\\0\end{bmatrix}(2,3,4)$，若秩 $r(A+AB)=2$，则 $t=$ ______.

分析 由于 $r(A+AB)=r[A(E+B)]$，又

$$E+B=E+\begin{bmatrix}1\\3\\0\end{bmatrix}(2,3,4)=E+\begin{bmatrix}2&3&4\\6&9&12\\0&0&0\end{bmatrix}=\begin{bmatrix}3&3&4\\6&10&12\\0&0&1\end{bmatrix}$$

是可逆矩阵，故 $r(A+AB)=r(A)=2$.

对矩阵 A 作初等变换，有

$$A=\begin{bmatrix}2&3&4\\6&t&2\\4&6&3\end{bmatrix}\to\begin{bmatrix}2&3&4\\0&t-9&-10\\0&0&-5\end{bmatrix},$$

那么，$r(A)=2\Leftrightarrow t=9$.

【例 2.35】 n 阶矩阵 $A=\begin{bmatrix}a&1&1&\cdots&1\\1&a&1&\cdots&1\\1&1&a&\cdots&1\\\vdots&\vdots&\vdots&&\vdots\\1&1&1&\cdots&a\end{bmatrix}$ 的秩 $=$ ______.

分析 (方法一) 经初等变换矩阵的秩不变

$$A=\begin{bmatrix}a&1&1&\cdots&1\\1&a&1&\cdots&1\\1&1&a&\cdots&1\\\vdots&\vdots&\vdots&&\vdots\\1&1&1&\cdots&a\end{bmatrix}\to\begin{bmatrix}a&1&1&\cdots&1\\1-a&a-1&0&\cdots&0\\1-a&0&a-1&\cdots&0\\\vdots&\vdots&\vdots&&\vdots\\1-a&0&0&\cdots&a-1\end{bmatrix}$$

$$\to\begin{bmatrix}a+n-1&1&1&\cdots&1\\0&a-1&0&\cdots&0\\0&0&a-1&\cdots&0\\\vdots&\vdots&\vdots&&\vdots\\0&0&0&\cdots&a-1\end{bmatrix}.$$

若 $a\neq1$ 且 $a\neq1-n$，则 $r(A)=n$.

若 $a=1$，则 $r(A)=1$.

若 $a=1-n$，则 $r(A)=n-1$.

(方法二) 用行列式

学习札记

$$|\boldsymbol{A}|=\begin{vmatrix} a & 1 & 1 & \cdots & 1 \\ 1 & a & 1 & \cdots & 1 \\ 1 & 1 & a & \cdots & 1 \\ \vdots & \vdots & \vdots & & \vdots \\ 1 & 1 & 1 & \cdots & a \end{vmatrix}=(a+n-1)(a-1)^{n-1}.$$

若 $a\neq 1$ 且 $a\neq 1-n$,则 $|\boldsymbol{A}|\neq 0$,故 $r(\boldsymbol{A})=n$.

若 $a=1$,易见 $r(\boldsymbol{A})=1$.

若 $a=1-n$,知 $n-1$ 阶子式

$$A_{11}=\begin{vmatrix} a & 1 & \cdots & 1 \\ 1 & a & \cdots & 1 \\ \vdots & \vdots & & \vdots \\ 1 & 1 & \cdots & a \end{vmatrix}=(a+n-2)(a-1)^{n-2}\neq 0,\ |\boldsymbol{A}|=0,$$

故 $r(\boldsymbol{A})=n-1$.

(方法三)　用相似

因为 $\boldsymbol{A}$ 是实对称矩阵,$\boldsymbol{A}\sim\boldsymbol{\Lambda}$. 只要求出 $r(\boldsymbol{\Lambda})$ 就知 $r(\boldsymbol{A})$,为此由 $\boldsymbol{A}$ 的特征值入手. 因为

$$\boldsymbol{A}=\begin{bmatrix} a-1 & & & & \\ & a-1 & & & \\ & & a-1 & & \\ & & & \ddots & \\ & & & & a-1 \end{bmatrix}+\begin{bmatrix} 1 & 1 & 1 & \cdots & 1 \\ 1 & 1 & 1 & \cdots & 1 \\ 1 & 1 & 1 & \cdots & 1 \\ \vdots & \vdots & \vdots & & \vdots \\ 1 & 1 & 1 & \cdots & 1 \end{bmatrix}$$

$$=(a-1)\boldsymbol{E}+\boldsymbol{B},$$

而矩阵 $\boldsymbol{B}$ 的秩为 1,有

$$|\lambda\boldsymbol{E}-\boldsymbol{B}|=\lambda^n-n\lambda^{n-1},$$

得到矩阵 $\boldsymbol{B}$ 的特征值是 $n,0,0,\cdots,0$($n-1$ 个),因此矩阵 $\boldsymbol{A}$ 的特征值是 $n+a-1,a-1,a-1,\cdots,a-1$.

又因 $\boldsymbol{A}$ 是实对称矩阵,故

$$\boldsymbol{A}\sim\boldsymbol{\Lambda}=\begin{bmatrix} n+a-1 & & & \\ & a-1 & & \\ & & \ddots & \\ & & & a-1 \end{bmatrix},$$

那么

$$r(\boldsymbol{A})=\begin{cases} n, & 若\ a\neq 1\ 且\ a\neq 1-n, \\ n-1, & 若\ a=1-n, \\ 1, & 若\ a=1. \end{cases}$$

学习札记

【例 2.36】 已知 $\boldsymbol{A}=\begin{bmatrix}1 & 2 & -2\\ 3 & a-2 & 1\\ 2 & -1 & a\end{bmatrix}$，$\boldsymbol{B}$ 是三阶非零矩阵，且 $\boldsymbol{AB}=\boldsymbol{O}$，证明 $r(\boldsymbol{A})=2$.

证明 因为 $\boldsymbol{A}$ 中有二阶子式 $\begin{vmatrix}1 & -2\\ 3 & 1\end{vmatrix}\neq 0$，所以

$$r(\boldsymbol{A})\geqslant 2. \tag{1}$$

又 $\boldsymbol{AB}=\boldsymbol{O},\boldsymbol{B}\neq\boldsymbol{O}$，知 $\boldsymbol{Ax}=\boldsymbol{0}$ 有非零解，有

$$r(\boldsymbol{A})<3. \tag{2}$$

由(1)(2) 得必有 $r(\boldsymbol{A})=2$.

矩阵方程

对于矩阵方程，经恒等变形之后有三种可能的形式：

$$\boldsymbol{AX}=\boldsymbol{B};\boldsymbol{XA}=\boldsymbol{B};\boldsymbol{AXC}=\boldsymbol{B}.$$

如果矩阵 $\boldsymbol{A},\boldsymbol{C}$ 是可逆的，则依次有

$$\boldsymbol{X}=\boldsymbol{A}^{-1}\boldsymbol{B};\quad \boldsymbol{X}=\boldsymbol{BA}^{-1};\quad \boldsymbol{X}=\boldsymbol{A}^{-1}\boldsymbol{BC}^{-1}.$$

然后经计算就可求出 $\boldsymbol{X}$.

注意：$\boldsymbol{A}^{-1}\boldsymbol{B}$ 可以由 $[\boldsymbol{A}\mid\boldsymbol{B}]\rightarrow[\boldsymbol{E}\mid\boldsymbol{A}^{-1}\boldsymbol{B}]$ 来求.

因为矩阵乘法没有交换律，所以在恒等变形时，运算法则一定要正确.

【例 2.37】 已知 $\boldsymbol{A},\boldsymbol{B}$ 均是三阶矩阵，矩阵 $\boldsymbol{X}$ 满足

$$\boldsymbol{AXA}-\boldsymbol{BXB}=\boldsymbol{BXA}-\boldsymbol{AXB}+\boldsymbol{E},$$

其中 $\boldsymbol{E}$ 是三阶单位矩阵，则 $\boldsymbol{X}=$

(A) $(\boldsymbol{A}^2-\boldsymbol{B}^2)^{-1}$. (B) $(\boldsymbol{A}-\boldsymbol{B})^{-1}(\boldsymbol{A}+\boldsymbol{B})^{-1}$.

(C) $(\boldsymbol{A}+\boldsymbol{B})^{-1}(\boldsymbol{A}-\boldsymbol{B})^{-1}$. (D) 条件不足，不能确定.

分析 据已知，有

$$\boldsymbol{AXA}-\boldsymbol{BXA}+\boldsymbol{AXB}-\boldsymbol{BXB}=\boldsymbol{E},$$

即
$$(\boldsymbol{A}-\boldsymbol{B})\boldsymbol{XA}+(\boldsymbol{A}-\boldsymbol{B})\boldsymbol{XB}=\boldsymbol{E},$$

亦即
$$(\boldsymbol{A}-\boldsymbol{B})\boldsymbol{X}(\boldsymbol{A}+\boldsymbol{B})=\boldsymbol{E}.$$

上式右端是单位矩阵，说明矩阵 $\boldsymbol{A}-\boldsymbol{B},\boldsymbol{A}+\boldsymbol{B}$ 均可逆，那么左乘 $(\boldsymbol{A}-\boldsymbol{B})^{-1}$，右乘 $(\boldsymbol{A}+\boldsymbol{B})^{-1}$，即知 $\boldsymbol{X}=(\boldsymbol{A}-\boldsymbol{B})^{-1}(\boldsymbol{A}+\boldsymbol{B})^{-1}$，故应选(B).

【例 2.38】 (2000,1) 设矩阵 $\boldsymbol{A}$ 的伴随矩阵

$$\boldsymbol{A}^*=\begin{bmatrix}1 & 0 & 0 & 0\\ 0 & 1 & 0 & 0\\ 1 & 0 & 1 & 0\\ 0 & -3 & 0 & 8\end{bmatrix},$$

学习札记

且 $\boldsymbol{ABA}^{-1}=\boldsymbol{BA}^{-1}+3\boldsymbol{E}$,其中 $\boldsymbol{E}$ 为四阶单位矩阵,求矩阵 $\boldsymbol{B}$.

解 由 $|\boldsymbol{A}^*|=|\boldsymbol{A}|^{n-1}$,有 $|\boldsymbol{A}|^3=8$,得 $|\boldsymbol{A}|=2$. 用 $\boldsymbol{A}$ 右乘矩阵方程的两端,得

$$\boldsymbol{AB}-\boldsymbol{B}=3\boldsymbol{A}.$$

因为 $\boldsymbol{A}^*\boldsymbol{A}=\boldsymbol{AA}^*=|\boldsymbol{A}|\boldsymbol{E}$,用 $\boldsymbol{A}^*$ 左乘上式的两端,并将 $|\boldsymbol{A}|=2$ 代入,得

$$(2\boldsymbol{E}-\boldsymbol{A}^*)\boldsymbol{B}=6\boldsymbol{E}.$$

于是 $2\boldsymbol{E}-\boldsymbol{A}^*$ 是可逆矩阵,从而

$$\boldsymbol{B}=6(2\boldsymbol{E}-\boldsymbol{A}^*)^{-1}$$

$$=6\begin{bmatrix}1&0&0&0\\0&1&0&0\\-1&0&1&0\\0&3&0&-6\end{bmatrix}^{-1}=6\begin{bmatrix}1&0&0&0\\0&1&0&0\\1&0&1&0\\0&\frac{1}{2}&0&-\frac{1}{6}\end{bmatrix}=\begin{bmatrix}6&0&0&0\\0&6&0&0\\6&0&6&0\\0&3&0&-1\end{bmatrix}.$$

练习　(2015,$\frac{2}{3}$) 设矩阵 $\boldsymbol{A}=\begin{bmatrix}a&1&0\\1&a&-1\\0&1&a\end{bmatrix}$,且 $\boldsymbol{A}^3=\boldsymbol{O}$.

(Ⅰ) 求 a 的值.

(Ⅱ) 若矩阵 $\boldsymbol{X}$ 满足 $\boldsymbol{X}-\boldsymbol{XA}^2-\boldsymbol{AX}+\boldsymbol{AXA}^2=\boldsymbol{E}$,其中 $\boldsymbol{E}$ 为三阶单位矩阵,求 $\boldsymbol{X}$.

解题笔记

学习札记

四、练习题精选

1. 填空题

(1) 已知 $\boldsymbol{A}$ 是三阶矩阵，且所有元素都是 -1，则 $\boldsymbol{A}^4+2\boldsymbol{A}^3=$ ______.

(2) 求逆

(A) $\begin{bmatrix}0&0&0&1\\2&0&0&0\\0&3&0&0\\0&0&4&0\end{bmatrix}^{-1}=$ ______. (B) $\begin{bmatrix}1&2&0&0\\3&5&0&0\\0&0&2&-5\\0&0&-1&3\end{bmatrix}^{-1}=$ ______.

(C) $\begin{bmatrix}1&1&-1\\0&1&1\\0&0&-1\end{bmatrix}^{-1}=$ ______. (D) $\begin{bmatrix}1&1&1\\1&0&0\\1&-1&1\end{bmatrix}^{-1}=$ ______.

(3) 设 $\boldsymbol{A}$ 是 n 阶矩阵，满足 $(\boldsymbol{A}-\boldsymbol{E})^3=(\boldsymbol{A}+\boldsymbol{E})^3$，则 $(\boldsymbol{A}-2\boldsymbol{E})^{-1}=$ ______.

(4) 已知 $\boldsymbol{A}=\begin{bmatrix}-3&2&-2\\2&a&3\\3&-1&1\end{bmatrix}$，$\boldsymbol{B}$ 是三阶非零矩阵，且 $\boldsymbol{AB}=\boldsymbol{O}$，则 $a=$ ______.

(5) 设矩阵 $\boldsymbol{A}=\begin{bmatrix}2&1\\-1&2\end{bmatrix}$，$\boldsymbol{E}$ 为二阶单位矩阵，矩阵 $\boldsymbol{B}$ 满足 $\boldsymbol{BA}=\boldsymbol{B}+2\boldsymbol{E}$，则 $\boldsymbol{B}=$ ______.

(6) 设 $\boldsymbol{A}$ 是三阶矩阵，$\boldsymbol{A}^*$ 是 $\boldsymbol{A}$ 的伴随矩阵，若 $|\boldsymbol{A}|=4$，则 $\left|\boldsymbol{A}^*-\left(\frac{1}{2}\boldsymbol{A}\right)^{-1}\right|=$ ______.

(7) 设 $\boldsymbol{A}$ 为三阶矩阵，$\boldsymbol{P}=[\boldsymbol{\alpha}_1,\boldsymbol{\alpha}_2,\boldsymbol{\alpha}_3]$ 是三阶可逆矩阵，$\boldsymbol{Q}=[\boldsymbol{\alpha}_1,2\boldsymbol{\alpha}_1+\boldsymbol{\alpha}_2,\boldsymbol{\alpha}_3]$，如 $\boldsymbol{P}^{-1}\boldsymbol{AP}=\begin{bmatrix}1&1&0\\1&-1&0\\0&0&2\end{bmatrix}$，则 $\boldsymbol{Q}^{-1}\boldsymbol{AQ}=$ ______.

(8) 已知 $\boldsymbol{AX}=\boldsymbol{B}$，其中

$$\boldsymbol{A}=\begin{bmatrix}1&2\\2&4\\3&5\end{bmatrix},\boldsymbol{B}=\begin{bmatrix}2&5&-1\\4&10&-2\\7&9&3\end{bmatrix},$$

则 $\boldsymbol{X}=$ ______.

学习札记

2. 选择题

(1) 设 $\boldsymbol{A},\boldsymbol{B}$ 均为 n 阶矩阵,正确命题是

(A) 若 $\boldsymbol{AB}=\boldsymbol{O}$,则 $(\boldsymbol{A}+\boldsymbol{B})^2=\boldsymbol{A}^2+\boldsymbol{B}^2$.

(B) 若 $\boldsymbol{AB}\neq\boldsymbol{O}$,则 $|\boldsymbol{B}|\neq 0$.

(C) 若 $\boldsymbol{AB}\neq\boldsymbol{O}$,则 $\boldsymbol{B}\neq\boldsymbol{O}$.

(D) 若 $\boldsymbol{A}^2=\boldsymbol{O}$,则 $\boldsymbol{A}=\boldsymbol{O}$.

(2)(1996,3) 设 n 阶矩阵 $\boldsymbol{A}$ 非奇异($n\geqslant 2$),$\boldsymbol{A}^*$ 是 $\boldsymbol{A}$ 的伴随矩阵,则

(A) $(\boldsymbol{A}^*)^*=|\boldsymbol{A}|^{n-1}\boldsymbol{A}$.　　(B) $(\boldsymbol{A}^*)^*=|\boldsymbol{A}|^{n+1}\boldsymbol{A}$.

(C) $(\boldsymbol{A}^*)^*=|\boldsymbol{A}|^{n-2}\boldsymbol{A}$.　　(D) $(\boldsymbol{A}^*)^*=|\boldsymbol{A}|^{n+2}\boldsymbol{A}$.

(3) 设 $\boldsymbol{A}=\boldsymbol{E}-2\boldsymbol{\alpha\alpha}^{\mathrm{T}}$,其中 $\boldsymbol{\alpha}=(a_1,a_2,\cdots,a_n)^{\mathrm{T}}$ 且 $\boldsymbol{\alpha}^{\mathrm{T}}\boldsymbol{\alpha}=1$,则错误的结论是

(A) $\boldsymbol{A}^{\mathrm{T}}=\boldsymbol{A}$.　　(B) $\boldsymbol{A}^2=\boldsymbol{A}$.

(C) $\boldsymbol{AA}^{\mathrm{T}}=\boldsymbol{E}$.　　(D) $\boldsymbol{\alpha}$ 是 $\boldsymbol{A}$ 的特征向量.

(4) 设矩阵 $\boldsymbol{A},\boldsymbol{B}$ 满足 $\boldsymbol{A}^*\boldsymbol{BA}=2\boldsymbol{BA}-8\boldsymbol{E}$,若 $\boldsymbol{A}=\begin{bmatrix}1&0&0\\3&-2&0\\0&3&1\end{bmatrix}$,则 $|\boldsymbol{B}|=$

(A) -16.　　(B) -1.　　(C) 8.　　(D) 16.

(5) 设 $\boldsymbol{A}=\begin{bmatrix}1&a&a&a\\a&1&a&a\\a&a&1&a\\a&a&a&1\end{bmatrix}$,若 $\boldsymbol{A}$ 的伴随矩阵 $\boldsymbol{A}^*$ 的秩为 1,则 $a=$

(A) 1.　　(B) -1.　　(C) $-\dfrac{1}{3}$.　　(D) 3.

3. 解答题

(1) 设 $\boldsymbol{A}$ 是 n 阶矩阵,若 $(\boldsymbol{A}+\boldsymbol{E})^3=\boldsymbol{O}$,证明矩阵 $\boldsymbol{A}$ 可逆.

(2) $\boldsymbol{A}$ 是三阶矩阵,交换 $\boldsymbol{A}$ 的 1,2 两行得到矩阵 $\boldsymbol{B}$,交换 $\boldsymbol{B}$ 的 1,2 两列得 $\boldsymbol{A}=\begin{bmatrix}1&&\\&2&\\&&3\end{bmatrix}$,求 $\boldsymbol{A}^n$ 和 $\boldsymbol{BA}^*$.

(3) 设 $\boldsymbol{B}$ 是 $m\times n$ 矩阵,$\boldsymbol{BB}^{\mathrm{T}}$ 可逆,$\boldsymbol{A}=\boldsymbol{E}-\boldsymbol{B}^{\mathrm{T}}(\boldsymbol{BB}^{\mathrm{T}})^{-1}\boldsymbol{B}$,其中 $\boldsymbol{E}$ 是 n 阶单位矩阵.

证明:(Ⅰ) $\boldsymbol{A}^{\mathrm{T}}=\boldsymbol{A}$.

(Ⅱ) $\boldsymbol{A}^2=\boldsymbol{A}$.

学习札记

参考答案与提示

1. (1) $\begin{bmatrix}9&9&9\\9&9&9\\9&9&9\end{bmatrix}$. (2)(A) $\begin{bmatrix}0&\frac{1}{2}&0&0\\0&0&\frac{1}{3}&0\\0&0&0&\frac{1}{4}\\1&0&0&0\end{bmatrix}$. (B) $\begin{bmatrix}-5&2&0&0\\3&-1&0&0\\0&0&3&5\\0&0&1&2\end{bmatrix}$.

(C) $\begin{bmatrix}1&-1&-2\\0&1&1\\0&0&-1\end{bmatrix}$. (D) $\begin{bmatrix}0&1&0\\\frac{1}{2}&0&-\frac{1}{2}\\\frac{1}{2}&-1&\frac{1}{2}\end{bmatrix}$. (3) $-\dfrac{3\boldsymbol{A}+6\boldsymbol{E}}{13}$.

(4) -3. (5) $\begin{bmatrix}1&-1\\1&1\end{bmatrix}$. (6) 2. (7) $\begin{bmatrix}-1&1&0\\1&1&0\\0&0&2\end{bmatrix}$.

(8) $\begin{bmatrix}4&-7&11\\-1&6&-6\end{bmatrix}$.

【提示】 (1) 秩 $r(\boldsymbol{A})=1$,有 $\boldsymbol{A}^2=l\boldsymbol{A}$,其中 $l=\sum a_{ii}=-3$.

(2)(A)(B) 用分块求逆;(C)(D) 用初等行变换.

(3) 由 $(\boldsymbol{A}+\boldsymbol{E})^3=(\boldsymbol{A}-\boldsymbol{E})^3$ 得 $3\boldsymbol{A}^2+\boldsymbol{E}=\boldsymbol{O}$,进而有

$$(\boldsymbol{A}-2\boldsymbol{E})(3\boldsymbol{A}+6\boldsymbol{E})+13\boldsymbol{E}=\boldsymbol{O}.$$

(4) $\boldsymbol{AB}=\boldsymbol{O},\boldsymbol{B}\neq\boldsymbol{O}$,说明齐次方程组 $\boldsymbol{Ax}=\boldsymbol{0}$ 有非零解,故 $|\boldsymbol{A}|=0$. 可将第 3 列加至第 2 列来求 a.

(5) $\boldsymbol{B}=2(\boldsymbol{A}-\boldsymbol{E})^{-1}$,要会求二阶逆.

(6) 根据 $(k\boldsymbol{A})^{-1}=\frac{1}{k}\boldsymbol{A}^{-1}$,$\boldsymbol{A}^*=|\boldsymbol{A}|\boldsymbol{A}^{-1}$ 及 $|\boldsymbol{A}^{-1}|=\dfrac{1}{|\boldsymbol{A}|}$,有

$$\left|\boldsymbol{A}^*-\left(\frac{1}{2}\boldsymbol{A}\right)^{-1}\right|=|\boldsymbol{A}^*-2\boldsymbol{A}^{-1}|=|4\boldsymbol{A}^{-1}-2\boldsymbol{A}^{-1}|=8|\boldsymbol{A}^{-1}|.$$

(7) 由下标,$\boldsymbol{P}$ 到 $\boldsymbol{Q}$ 是列变换 $\boldsymbol{Q}=\boldsymbol{P}\begin{bmatrix}1&2&0\\0&1&0\\0&0&1\end{bmatrix}$.

(8) $\boldsymbol{X}=\begin{bmatrix}x_1&y_1&z_1\\x_2&y_2&z_2\end{bmatrix}$,$\boldsymbol{AX}=\boldsymbol{B}$ 解三个方程组,系数矩阵都是 $\boldsymbol{A}$,常数项依次是 $\boldsymbol{B}$ 的 3 列.

2. (1)C. (2)C. (3)B. (4)A. (5)C.

【提示】 (1) 反证. 若 $\boldsymbol{B}=\boldsymbol{O}$,则 $\boldsymbol{AB}=\boldsymbol{AO}=\boldsymbol{O}$ 与 $\boldsymbol{AB}\neq\boldsymbol{O}$ 相矛盾. 而

学习札记

$AB=O\nRightarrow BA=O$,于是$(A+B)^2=A^2+BA+B^2$.故(A)不正确.

若$A=\begin{bmatrix}0&1\\0&0\end{bmatrix}$,$B=\begin{bmatrix}0&0\\1&0\end{bmatrix}$,可知(B)(D)均不正确.

(2)$(A^*)^*=|A^*|(A^*)^{-1}$.

(3)$A^2=(E-2\alpha\alpha^T)(E-2\alpha\alpha^T)=E-4\alpha\alpha^T+4\alpha\alpha^T\alpha\alpha^T$,

又$\alpha^T\alpha=1$,于是$A^2=E$.

$$A\alpha=(E-2\alpha\alpha^T)\alpha=\alpha-2\alpha\alpha^T\alpha=\alpha-2\alpha=-\alpha,$$

即-1是A的特征值,α是-1的特征向量.

(4) 左乘A,右乘A^{-1},又$|A|=-2$,有$(A+E)B=4E$.

(5) 由于$r(A^*)=\begin{cases}n, & 若\ r(A)=n,\\1, & 若\ r(A)=n-1,\\0, & 若\ r(A)<n-1.\end{cases}$

本题$r(A^*)=1$而$n=4$,说明$r(A)=3$,故$|A|=0$.

因为$|A|=\begin{vmatrix}3a+1&3a+1&3a+1&3a+1\\a&1&a&a\\a&a&1&a\\a&a&a&1\end{vmatrix}=(3a+1)(1-a)^3$,

显然$a=1$时,$r(A)=1$,那么只有$a=-\dfrac{1}{3}$.

3.(1)(用定义法) 因为$(A+E)^3=O$,即

$$A^3+3A^2+3A+E=O,$$

那么
$$A(-A^2-3A-3E)=E.$$

(2)$B=\begin{bmatrix}0&1&0\\1&0&0\\0&0&1\end{bmatrix}A$,$\Lambda=B\begin{bmatrix}0&1&0\\1&0&0\\0&0&1\end{bmatrix}=BP$,

$$PAP=\Lambda\ 亦\ P^{-1}AP=\Lambda,$$

$$A^n=\begin{bmatrix}2^n&&\\&1&\\&&3^n\end{bmatrix},BA^*=\begin{bmatrix}0&6&0\\6&0&0\\0&0&6\end{bmatrix}.$$

(3)(Ⅰ)$A^T=[E-B^T(BB^T)^{-1}B]^T=E^T-[B^T(BB^T)^{-1}B]^T$

$=E-B^T[(BB^T)^{-1}]^T(B^T)^T=E-B^T[(BB^T)^T]^{-1}B$

$=E-B^T(BB^T)^{-1}B=A$.

(Ⅱ)$A^2=[E-B^T(BB^T)^{-1}B][E-B^T(BB^T)^{-1}B]$

$=E-2B^T(BB^T)^{-1}B+B^T(BB^T)^{-1}BB^T(BB^T)^{-1}B$

$=E-2B^T(BB^T)^{-1}B+B^T(BB^T)^{-1}B=A$.

注意B是$m\times n$矩阵,$(BB^T)^{-1}\neq(B^T)^{-1}B^{-1}$.

第三章　n 维向量——难点，加油

一、知识结构网络图

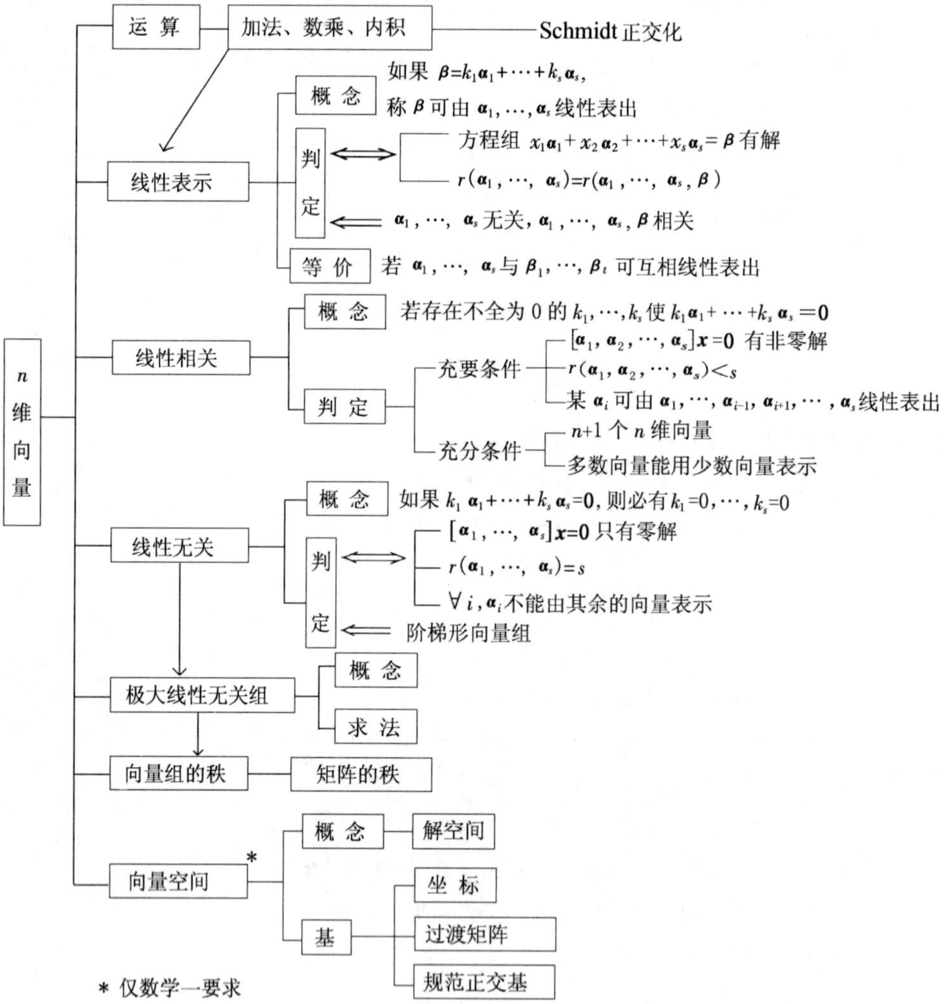

学习札记

【评注】　n 维向量概念抽象，对逻辑推理能力要求高，是线性代数的难点之一，复习时要注意.

(1) 理解向量的线性组合、线性表示、线性相关与线性无关等概念，掌握向量线性相关、线性无关的有关性质及判别法.

(2) 理解向量组的极大线性无关组的概念，掌握求向量组的极大线性无关组的方法.

(3) 了解向量组等价的概念，理解向量组的秩的概念，了解矩阵的秩与其行(列)向量组的秩之间的关系，会求向量组的秩.

(4) 了解向量内积的概念，掌握线性无关向量组正交规范化的施密特(Schmidt)方法.

今年考题

(2024，1) 设向量 $\boldsymbol{\alpha}_1=\begin{pmatrix}a\\1\\-1\\1\end{pmatrix}$，$\boldsymbol{\alpha}_2=\begin{pmatrix}1\\1\\b\\a\end{pmatrix}$，$\boldsymbol{\alpha}_3=\begin{pmatrix}1\\a\\-1\\1\end{pmatrix}$，若 $\boldsymbol{\alpha}_1,\boldsymbol{\alpha}_2,\boldsymbol{\alpha}_3$ 线性相关，且其中任意两个向量均线性无关，则

(A) $a=1,b\neq-1$.　　(B) $a=1,b=-1$.

(C) $a\neq-2,b=2$.　　(D) $a=-2,b=2$.

(2024，2) 设向量 $\boldsymbol{\alpha}_1=\begin{pmatrix}a\\1\\-1\\1\end{pmatrix}$，$\boldsymbol{\alpha}_2=\begin{pmatrix}1\\1\\b\\a\end{pmatrix}$，$\boldsymbol{\alpha}_3=\begin{pmatrix}1\\a\\-1\\1\end{pmatrix}$. 若 $\boldsymbol{\alpha}_1,\boldsymbol{\alpha}_2,\boldsymbol{\alpha}_3$ 线性相关，且其中任意两个向量均线性无关，则 $ab=$ ________.

学习札记

二、基本内容与重要结论

基础知识

n 个数 $a_1,a_2,\cdots,a_n$ 所组成的有序数组

$$\boldsymbol{\alpha}=(a_1,a_2,\cdots,a_n)^{\mathrm{T}} \text{ 或 } \boldsymbol{\alpha}=(a_1,a_2,\cdots,a_n)$$

称为 n 维向量,其中 $a_1,a_2,\cdots,a_n$ 称为向量 $\boldsymbol{\alpha}$ 的分量(或坐标),前一个表示式称为列向量,后者称为行向量.

设 n 维向量 $\boldsymbol{\alpha}=(a_1,a_2,\cdots,a_n)^{\mathrm{T}},\boldsymbol{\beta}=(b_1,b_2,\cdots,b_n)^{\mathrm{T}}$,则

向量加法　　$\boldsymbol{\alpha}+\boldsymbol{\beta}=(a_1+b_1,a_2+b_2,\cdots,a_n+b_n)^{\mathrm{T}}$;

数乘向量　　$k\boldsymbol{\alpha}=(ka_1,ka_2,\cdots,ka_n)^{\mathrm{T}}$;

定义 3.1　设 $\boldsymbol{\alpha}_1,\boldsymbol{\alpha}_2,\cdots,\boldsymbol{\alpha}_s$ 是 n 维向量,$k_1,k_2,\cdots,k_s$ 是一组实数,称

$$k_1\boldsymbol{\alpha}_1+k_2\boldsymbol{\alpha}_2+\cdots+k_s\boldsymbol{\alpha}_s$$

是 $\boldsymbol{\alpha}_1,\boldsymbol{\alpha}_2,\cdots,\boldsymbol{\alpha}_s$ 的线性组合.

定义 3.2　对 n 维向量 $\boldsymbol{\alpha}_1,\boldsymbol{\alpha}_2,\cdots,\boldsymbol{\alpha}_s$ 和 $\boldsymbol{\beta}$,若存在实数 $k_1,k_2,\cdots,k_s$ 使得

$$k_1\boldsymbol{\alpha}_1+k_2\boldsymbol{\alpha}_2+\cdots+k_s\boldsymbol{\alpha}_s=\boldsymbol{\beta},$$

则称 $\boldsymbol{\beta}$ 是 $\boldsymbol{\alpha}_1,\boldsymbol{\alpha}_2,\cdots,\boldsymbol{\alpha}_s$ 的线性组合,或者说 $\boldsymbol{\beta}$ 可由 $\boldsymbol{\alpha}_1,\boldsymbol{\alpha}_2,\cdots,\boldsymbol{\alpha}_s$ 线性表出(示).

例如,$\boldsymbol{\alpha}_1=(1,0)^{\mathrm{T}},\boldsymbol{\alpha}_2=(2,1)^{\mathrm{T}},\boldsymbol{\alpha}_3=(1,-1)^{\mathrm{T}},\boldsymbol{\beta}=(3,2)^{\mathrm{T}}$,则

$$\boldsymbol{\beta}=-\boldsymbol{\alpha}_1+2\boldsymbol{\alpha}_2+0\boldsymbol{\alpha}_3=2\boldsymbol{\alpha}_1+\boldsymbol{\alpha}_2-\boldsymbol{\alpha}_3=5\boldsymbol{\alpha}_1+0\boldsymbol{\alpha}_2-2\boldsymbol{\alpha}_3=\cdots,$$

即 $\boldsymbol{\beta}$ 可由 $\boldsymbol{\alpha}_1,\boldsymbol{\alpha}_2,\boldsymbol{\alpha}_3$ 线性表出,且表示法不唯一.

又如 $\boldsymbol{\alpha}_1=(1,0)^{\mathrm{T}},\boldsymbol{\alpha}_2=(2,0)^{\mathrm{T}},\boldsymbol{\beta}=(0,3)^{\mathrm{T}}$,那么无论 k_1,k_2 取何值,恒有 $k_1\boldsymbol{\alpha}_1+k_2\boldsymbol{\alpha}_2\neq\boldsymbol{\beta}$,即 $\boldsymbol{\beta}$ 不能由 $\boldsymbol{\alpha}_1,\boldsymbol{\alpha}_2$ 线性表出.

定义 3.3　对 n 维向量 $\boldsymbol{\alpha}_1,\boldsymbol{\alpha}_2,\cdots,\boldsymbol{\alpha}_s$,如果存在不全为零的数使得

$$k_1\boldsymbol{\alpha}_1+k_2\boldsymbol{\alpha}_2+\cdots+k_s\boldsymbol{\alpha}_s=\mathbf{0},$$

则称向量组 $\boldsymbol{\alpha}_1,\boldsymbol{\alpha}_2,\cdots,\boldsymbol{\alpha}_s$ 线性相关. 否则,称向量组 $\boldsymbol{\alpha}_1,\boldsymbol{\alpha}_2,\cdots,\boldsymbol{\alpha}_s$ 线性无关(也就是说,当且仅当 $k_1=k_2=\cdots=k_s=0$ 时,$k_1\boldsymbol{\alpha}_1+k_2\boldsymbol{\alpha}_2+\cdots+k_s\boldsymbol{\alpha}_s=\mathbf{0}$ 才能成立. 或者说,只要 $k_1,k_2,\cdots,k_s$ 不全为零,那么 $k_1\boldsymbol{\alpha}_1+k_2\boldsymbol{\alpha}_2+\cdots+k_s\boldsymbol{\alpha}_s$ 必不为零).

例如,对于下列向量组的线性相关性是容易判断的:

(1)$\boldsymbol{\alpha}_1=(1,2,3)^{\mathrm{T}},\boldsymbol{\alpha}_2=(2,3,4)^{\mathrm{T}},\boldsymbol{\alpha}_3=(0,0,0)^{\mathrm{T}}$;

因为
$$0\boldsymbol{\alpha}_1+0\boldsymbol{\alpha}_2+\boldsymbol{\alpha}_3=\mathbf{0},$$
组合系数 0,0,1,不全为 0. 故向量组 $\boldsymbol{\alpha}_1,\boldsymbol{\alpha}_2,\boldsymbol{\alpha}_3$ 线性相关.

(2)$\boldsymbol{\alpha}_1=(1,2,3)^{\mathrm{T}},\boldsymbol{\alpha}_2=(2,4,6)^{\mathrm{T}},\boldsymbol{\alpha}_3=(3,0,5)^{\mathrm{T}}$;

因为
$$2\boldsymbol{\alpha}_1-\boldsymbol{\alpha}_2+0\boldsymbol{\alpha}_3=\mathbf{0},$$
组合系数 2,−1,0 不全为 0,故向量组 $\boldsymbol{\alpha}_1,\boldsymbol{\alpha}_2,\boldsymbol{\alpha}_3$ 线性相关.

(3) $\boldsymbol{\alpha}_1=(1,2,3)^{\mathrm{T}},\boldsymbol{\alpha}_2=(2,3,4)^{\mathrm{T}},\boldsymbol{\alpha}_3=(3,5,7)^{\mathrm{T}}$；

因为
$$\boldsymbol{\alpha}_1+\boldsymbol{\alpha}_2-\boldsymbol{\alpha}_3=\mathbf{0},$$
组合系数 1，1，－1 不全为 0，故向量组 $\boldsymbol{\alpha}_1,\boldsymbol{\alpha}_2,\boldsymbol{\alpha}_3$ 线性相关.

(4) $\boldsymbol{\alpha}_1=(1,2,3)^{\mathrm{T}},\boldsymbol{\alpha}_2=(0,4,5)^{\mathrm{T}},\boldsymbol{\alpha}_3=(0,0,6)^{\mathrm{T}}$.

如果 $k_1\boldsymbol{\alpha}_1+k_2\boldsymbol{\alpha}_2+k_3\boldsymbol{\alpha}_3=\mathbf{0}$，按分量写出，有
$$\begin{cases} k_1 & =0, \\ 2k_1+4k_2 & =0, \\ 3k_1+5k_2+6k_3 & =0. \end{cases}$$

可见 $k_1\boldsymbol{\alpha}_1+k_2\boldsymbol{\alpha}_2+k_3\boldsymbol{\alpha}_3=\mathbf{0}\Leftrightarrow k_1=0,k_2=0,k_3=0$，

故 $\boldsymbol{\alpha}_1,\boldsymbol{\alpha}_2,\boldsymbol{\alpha}_3$ 线性无关.

定义 3.4　设有两个 n 维向量组（Ⅰ）$\boldsymbol{\alpha}_1,\boldsymbol{\alpha}_2,\cdots,\boldsymbol{\alpha}_s$；（Ⅱ）$\boldsymbol{\beta}_1,\boldsymbol{\beta}_2,\cdots,\boldsymbol{\beta}_t$；

如果（Ⅰ）中每个向量 $\boldsymbol{\alpha}_i(i=1,2,\cdots,s)$ 都可由（Ⅱ）中的向量 $\boldsymbol{\beta}_1,\boldsymbol{\beta}_2,\cdots,\boldsymbol{\beta}_t$ 线性表出，则称向量组（Ⅰ）可由向量组（Ⅱ）线性表出.

如果（Ⅰ）（Ⅱ）这两个向量组可以互相线性表出，则称这两个向量组等价.

例如，已知向量组

(1) $\boldsymbol{\alpha}_1=(1,0,0)^{\mathrm{T}},\boldsymbol{\alpha}_2=(0,1,0)^{\mathrm{T}},\boldsymbol{\alpha}_3=(0,0,1)^{\mathrm{T}}$ 与 $\boldsymbol{\beta}_1=(1,1,1)^{\mathrm{T}},\boldsymbol{\beta}_2=(1,1,0)^{\mathrm{T}},\boldsymbol{\beta}_3=(1,0,0)^{\mathrm{T}}$；

由
$$\boldsymbol{\beta}_1=\boldsymbol{\alpha}_1+\boldsymbol{\alpha}_2+\boldsymbol{\alpha}_3,\boldsymbol{\beta}_2=\boldsymbol{\alpha}_1+\boldsymbol{\alpha}_2,\boldsymbol{\beta}_3=\boldsymbol{\alpha}_1,$$
$$\boldsymbol{\alpha}_1=\boldsymbol{\beta}_3,\boldsymbol{\alpha}_2=\boldsymbol{\beta}_2-\boldsymbol{\beta}_3,\boldsymbol{\alpha}_3=\boldsymbol{\beta}_1-\boldsymbol{\beta}_2,$$
知向量组 $\boldsymbol{\alpha}_1,\boldsymbol{\alpha}_2,\boldsymbol{\alpha}_3$ 与 $\boldsymbol{\beta}_1,\boldsymbol{\beta}_2,\boldsymbol{\beta}_3$ 可互相线性表出，所以 $\boldsymbol{\alpha}_1,\boldsymbol{\alpha}_2,\boldsymbol{\alpha}_3$ 与 $\boldsymbol{\beta}_1,\boldsymbol{\beta}_2,\boldsymbol{\beta}_3$ 是等价向量组.

(2) $\boldsymbol{\alpha}_1=(1,0,0)^{\mathrm{T}},\boldsymbol{\alpha}_2=(1,2,0)^{\mathrm{T}}$ 与 $\boldsymbol{\beta}_1=(2,1,1)^{\mathrm{T}},\boldsymbol{\beta}_2=(0,1,1)^{\mathrm{T}},\boldsymbol{\beta}_3=(3,1,0)^{\mathrm{T}}$.

由
$$\boldsymbol{\alpha}_1=\frac{1}{2}\boldsymbol{\beta}_1-\frac{1}{2}\boldsymbol{\beta}_2,\boldsymbol{\alpha}_2=-\frac{5}{2}\boldsymbol{\beta}_1+\frac{5}{2}\boldsymbol{\beta}_2+2\boldsymbol{\beta}_3$$
知向量组 $\boldsymbol{\alpha}_1,\boldsymbol{\alpha}_2$ 可由向量组 $\boldsymbol{\beta}_1,\boldsymbol{\beta}_2,\boldsymbol{\beta}_3$ 线性表出，但向量组 $\boldsymbol{\beta}_1,\boldsymbol{\beta}_2$ 不能由 $\boldsymbol{\alpha}_1,\boldsymbol{\alpha}_2$ 线性表出，所以向量组 $\boldsymbol{\beta}_1,\boldsymbol{\beta}_2,\boldsymbol{\beta}_3$ 不能由向量组 $\boldsymbol{\alpha}_1,\boldsymbol{\alpha}_2$ 线性表出. 这两个向量组不等价.

定义 3.5　在向量组 $\boldsymbol{\alpha}_1,\boldsymbol{\alpha}_2,\cdots,\boldsymbol{\alpha}_s$ 中，若存在 r 个向量 $\boldsymbol{\alpha}_{i_1},\boldsymbol{\alpha}_{i_2},\cdots,\boldsymbol{\alpha}_{i_r}$ 线性无关，再加进任一个向量 $\boldsymbol{\alpha}_j(j=1,2,\cdots,s)$，向量组 $\boldsymbol{\alpha}_{i_1},\boldsymbol{\alpha}_{i_2},\cdots,\boldsymbol{\alpha}_{i_r},\boldsymbol{\alpha}_j$ 就线性相关，则称 $\boldsymbol{\alpha}_{i_1},\boldsymbol{\alpha}_{i_2},\cdots,\boldsymbol{\alpha}_{i_r}$ 是向量组 $\boldsymbol{\alpha}_1,\boldsymbol{\alpha}_2\cdots,\boldsymbol{\alpha}_s$ 的一个极大线性无关组.

定义 3.6　向量组 $\boldsymbol{\alpha}_1,\boldsymbol{\alpha}_2,\cdots,\boldsymbol{\alpha}_s$ 的极大线性无关组中所含向量的个数 r 称为这个向量组的秩.

例如，向量组 $\boldsymbol{\alpha}_1=\begin{bmatrix}1\\0\end{bmatrix},\boldsymbol{\alpha}_2=\begin{bmatrix}0\\0\end{bmatrix},\boldsymbol{\alpha}_3=\begin{bmatrix}1\\1\end{bmatrix},\boldsymbol{\alpha}_4=\begin{bmatrix}2\\0\end{bmatrix},\boldsymbol{\alpha}_5=\begin{bmatrix}0\\1\end{bmatrix},\boldsymbol{\alpha}_6=\begin{bmatrix}3\\5\end{bmatrix}$ 中，$\boldsymbol{\alpha}_1,\boldsymbol{\alpha}_3$ 线性无关，再添加向量组中的任一个向量 $\boldsymbol{\alpha}_j$，向量组 $\boldsymbol{\alpha}_1,\boldsymbol{\alpha}_3,\boldsymbol{\alpha}_j$ 必线性相关，所以 $\boldsymbol{\alpha}_1,\boldsymbol{\alpha}_3$ 是向量组 $\boldsymbol{\alpha}_1,\boldsymbol{\alpha}_2,\cdots,\boldsymbol{\alpha}_6$ 的一个极大线性无关

学习札记

组. 因此,向量组的秩 $r(\boldsymbol{\alpha}_1,\boldsymbol{\alpha}_2,\cdots,\boldsymbol{\alpha}_6)=2$.

注意向量组的极大线性无关组一般情况下不唯一. 例如 $\boldsymbol{\alpha}_1,\boldsymbol{\alpha}_5$ 也是极大线性无关组.

重要定理

定理 3.1 向量 $\boldsymbol{\beta}$ 可由向量组 $\boldsymbol{\alpha}_1,\boldsymbol{\alpha}_2,\cdots,\boldsymbol{\alpha}_s$ 线性表出

$$\Leftrightarrow \text{非齐次线性方程组}[\boldsymbol{\alpha}_1,\boldsymbol{\alpha}_2,\cdots,\boldsymbol{\alpha}_s]\begin{bmatrix}x_1\\x_2\\\vdots\\x_s\end{bmatrix}=\boldsymbol{\beta}\text{ 有解}$$

$$\Leftrightarrow \text{秩 } r[\boldsymbol{\alpha}_1,\boldsymbol{\alpha}_2,\cdots,\boldsymbol{\alpha}_s]=r[\boldsymbol{\alpha}_1,\boldsymbol{\alpha}_2,\cdots,\boldsymbol{\alpha}_s,\boldsymbol{\beta}].$$

定理 3.2 向量组 $\boldsymbol{\alpha}_1,\boldsymbol{\alpha}_2,\cdots,\boldsymbol{\alpha}_s$ 线性相关

$$\Leftrightarrow \text{齐次线性方程组}[\boldsymbol{\alpha}_1,\boldsymbol{\alpha}_2,\cdots,\boldsymbol{\alpha}_s]\begin{bmatrix}x_1\\x_2\\\vdots\\x_s\end{bmatrix}=\boldsymbol{0}\text{ 有非零解}$$

$$\Leftrightarrow \text{向量组的秩 } r(\boldsymbol{\alpha}_1,\boldsymbol{\alpha}_2,\cdots,\boldsymbol{\alpha}_s)<s.$$

推论 1 n 个 n 维向量 $\boldsymbol{\alpha}_1,\boldsymbol{\alpha}_2,\cdots,\boldsymbol{\alpha}_n$ 线性相关的充分必要条件是行列式

$$|\boldsymbol{\alpha}_1,\boldsymbol{\alpha}_2,\cdots,\boldsymbol{\alpha}_n|=0.$$

推论 2 $n+1$ 个 n 维向量一定线性相关.

定理 3.3 任何部分组 $\boldsymbol{\alpha}_1,\boldsymbol{\alpha}_2,\cdots,\boldsymbol{\alpha}_r$ 相关 $\Rightarrow$ 整体组 $\boldsymbol{\alpha}_1,\boldsymbol{\alpha}_2,\cdots,\boldsymbol{\alpha}_r,\cdots,\boldsymbol{\alpha}_s$ 相关;整体组 $\boldsymbol{\alpha}_1,\boldsymbol{\alpha}_2,\cdots,\boldsymbol{\alpha}_r,\cdots,\boldsymbol{\alpha}_s$ 无关 $\Rightarrow$ 任何部分组 $\boldsymbol{\alpha}_1,\boldsymbol{\alpha}_2,\cdots,\boldsymbol{\alpha}_r$ 无关,反之都不成立.

[$\boldsymbol{\alpha}_1,\boldsymbol{\alpha}_2,\cdots,\boldsymbol{\alpha}_r$ 及 $\boldsymbol{\alpha}_1,\boldsymbol{\alpha}_2,\cdots,\boldsymbol{\alpha}_r,\cdots,\boldsymbol{\alpha}_s$(其中 $s>r$),称 $\boldsymbol{\alpha}_1,\boldsymbol{\alpha}_2,\cdots,\boldsymbol{\alpha}_r$ 是 $\boldsymbol{\alpha}_1,\boldsymbol{\alpha}_2,\cdots,\boldsymbol{\alpha}_s$ 的部分组,$\boldsymbol{\alpha}_1,\boldsymbol{\alpha}_2,\cdots,\boldsymbol{\alpha}_s$ 是整体组.]

定理 3.4 $\boldsymbol{\alpha}_1,\boldsymbol{\alpha}_2,\cdots,\boldsymbol{\alpha}_m$ 线性无关 $\Rightarrow$ 延伸组 $\tilde{\boldsymbol{\alpha}}_1,\tilde{\boldsymbol{\alpha}}_2,\cdots,\tilde{\boldsymbol{\alpha}}_m$ 线性无关;$\tilde{\boldsymbol{\alpha}}_1,\tilde{\boldsymbol{\alpha}}_2,\cdots,\tilde{\boldsymbol{\alpha}}_m$ 线性相关 $\Rightarrow$ 缩短组 $\boldsymbol{\alpha}_1,\boldsymbol{\alpha}_2,\cdots,\boldsymbol{\alpha}_m$ 线性相关,反之均不成立.

[向量组 $\boldsymbol{\alpha}_1=(a_{11},a_{21},\cdots,a_{r1})^{\mathrm{T}},\boldsymbol{\alpha}_2=(a_{12},a_{22},\cdots,a_{r2})^{\mathrm{T}},\cdots,\boldsymbol{\alpha}_m=(a_{1m},a_{2m},\cdots,a_{rm})^{\mathrm{T}}$ 及 $\tilde{\boldsymbol{\alpha}}_1=(a_{11},a_{21},\cdots,a_{r1},\cdots,a_{s1})^{\mathrm{T}},\tilde{\boldsymbol{\alpha}}_2=(a_{12},a_{22},\cdots,a_{r2},\cdots,a_{s2})^{\mathrm{T}},\cdots,\tilde{\boldsymbol{\alpha}}_m=(a_{1m},a_{2m},\cdots,a_{rm},\cdots,a_{sm})^{\mathrm{T}}$,其中 $s\geqslant r$,则称 $\tilde{\boldsymbol{\alpha}}_1,\tilde{\boldsymbol{\alpha}}_2,\cdots,\tilde{\boldsymbol{\alpha}}_m$ 为向量组 $\boldsymbol{\alpha}_1,\boldsymbol{\alpha}_2,\cdots,\boldsymbol{\alpha}_m$ 的延伸组(或称 $\boldsymbol{\alpha}_1,\boldsymbol{\alpha}_2,\cdots,\boldsymbol{\alpha}_m$ 是 $\tilde{\boldsymbol{\alpha}}_1,\tilde{\boldsymbol{\alpha}}_2,\cdots,\tilde{\boldsymbol{\alpha}}_m$ 的缩短组).]

定理 3.5 如果 $\boldsymbol{\alpha}_1,\boldsymbol{\alpha}_2,\cdots,\boldsymbol{\alpha}_s(s\geqslant 2)$ 线性相关,则其中必有一个向量可用其余的向量线性表出;反之,若有一个向量可用其余的 $s-1$ 个向量线性表出,则这 s 个向量必线性相关.

学习札记

定理 3.6　如果 $\boldsymbol{\alpha}_1,\boldsymbol{\alpha}_2,\cdots,\boldsymbol{\alpha}_s$ 线性无关，$\boldsymbol{\alpha}_1,\boldsymbol{\alpha}_2,\cdots,\boldsymbol{\alpha}_s,\boldsymbol{\beta}$ 线性相关，则 $\boldsymbol{\beta}$ 可由 $\boldsymbol{\alpha}_1,\boldsymbol{\alpha}_2,\cdots,\boldsymbol{\alpha}_s$ 线性表出，且表示法唯一.

定理 3.7　如果向量组 $\boldsymbol{\alpha}_1,\boldsymbol{\alpha}_2,\cdots,\boldsymbol{\alpha}_s$ 可由向量组 $\boldsymbol{\beta}_1,\boldsymbol{\beta}_2,\cdots,\boldsymbol{\beta}_t$ 线性表出，而且 $s>t$，那么 $\boldsymbol{\alpha}_1,\boldsymbol{\alpha}_2,\cdots,\boldsymbol{\alpha}_s$ 线性相关. 即如果多数向量能用少数向量线性表出，那么多数向量一定线性相关.

推论　如果 $\boldsymbol{\alpha}_1,\boldsymbol{\alpha}_2,\cdots,\boldsymbol{\alpha}_s$ 线性无关，且它可由 $\boldsymbol{\beta}_1,\boldsymbol{\beta}_2,\cdots,\boldsymbol{\beta}_t$ 线性表出，则 $s\leqslant t$.

定理 3.8　设 $\boldsymbol{\alpha}_1,\boldsymbol{\alpha}_2,\cdots,\boldsymbol{\alpha}_s$ 可由 $\boldsymbol{\beta}_1,\boldsymbol{\beta}_2,\cdots,\boldsymbol{\beta}_t$ 线性表出，则 $r(\boldsymbol{\alpha}_1,\boldsymbol{\alpha}_2,\cdots,\boldsymbol{\alpha}_s)\leqslant r(\boldsymbol{\beta}_1,\boldsymbol{\beta}_2,\cdots,\boldsymbol{\beta}_t)$.

推论　如果(Ⅰ)，(Ⅱ)是两个等价的向量组，则 $r(\text{Ⅰ})=r(\text{Ⅱ})$.

定理 3.9　如果 $r(\boldsymbol{A})=r$，则 $\boldsymbol{A}$ 中有 r 个线性无关的列向量，而其他列向量都是这 r 个线性无关列向量的线性组合，也就是 $r(\boldsymbol{A})=\boldsymbol{A}$ 的列秩.

一般地，$r(\boldsymbol{A})=\boldsymbol{A}$ 的行秩 $=\boldsymbol{A}$ 的列秩.

【评注】　(1) 向量组的线性相关(无关)是一抽象概念，在理解时要仔细分辨“有一组”与“任一组”，许多错误往往发生在此.

对于向量组 $\boldsymbol{\alpha}_1,\boldsymbol{\alpha}_2,\cdots,\boldsymbol{\alpha}_s$，恒有 $0\boldsymbol{\alpha}_1+0\boldsymbol{\alpha}_2+\cdots+0\boldsymbol{\alpha}_s=\boldsymbol{0}$，向量组 $\boldsymbol{\alpha}_1,\boldsymbol{\alpha}_2,\cdots,\boldsymbol{\alpha}_s$ 是否线性相关，其实就是问除上述情况外，还能否再找到一组数，使得 $k_1\boldsymbol{\alpha}_1+k_2\boldsymbol{\alpha}_2+\cdots+k_s\boldsymbol{\alpha}_s=\boldsymbol{0}$ 仍能成立？如若可以(即有一组不全为零的 $k_1,k_2,\cdots,k_s$)，则向量组线性相关，如若不行(即对任一组不全为 0 的数恒有 $k_1\boldsymbol{\alpha}_1+k_2\boldsymbol{\alpha}_2+\cdots+k_s\boldsymbol{\alpha}_s\neq\boldsymbol{0}$)，则向量组线性无关.

(2) 要知道 3 维向量组线性相关(无关)的几何意义，这有助于对概念的理解.

1°　$\boldsymbol{\alpha}_1,\boldsymbol{\alpha}_2$ 线性相关 $\Leftrightarrow\boldsymbol{\alpha}_1,\boldsymbol{\alpha}_2$ 坐标成比例

若 $\boldsymbol{\alpha}_1,\boldsymbol{\alpha}_2$ 线性相关，则存在不全为 0 的 k_1,k_2，使 $k_1\boldsymbol{\alpha}_1+k_2\boldsymbol{\alpha}_2=\boldsymbol{0}$.

不妨设 $k_1\neq 0$，于是 $\boldsymbol{\alpha}_1=-\dfrac{k_2}{k_1}\boldsymbol{\alpha}_2$，即 $\boldsymbol{\alpha}_1,\boldsymbol{\alpha}_2$ 共线，其坐标成比例.

反过来亦对，略.

2°　$\boldsymbol{\alpha}_1,\boldsymbol{\alpha}_2,\boldsymbol{\alpha}_3$ 线性相关 $\Leftrightarrow\boldsymbol{\alpha}_1,\boldsymbol{\alpha}_2,\boldsymbol{\alpha}_3$ 共面

若 $\boldsymbol{\alpha}_1,\boldsymbol{\alpha}_2,\boldsymbol{\alpha}_3$ 线性相关，则存在不全为 0 的 k_1,k_2,k_3 使得

$$k_1\boldsymbol{\alpha}_1+k_2\boldsymbol{\alpha}_2+k_3\boldsymbol{\alpha}_3=\boldsymbol{0}.$$

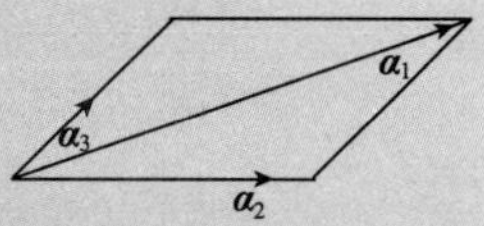

不妨设 $k_1\neq 0$，于是

$$\boldsymbol{\alpha}_1=-\frac{k_2}{k_1}\boldsymbol{\alpha}_2-\frac{k_3}{k_1}\boldsymbol{\alpha}_3.$$

说明向量 $\boldsymbol{\alpha}_1$ 在以 $\boldsymbol{\alpha}_2,\boldsymbol{\alpha}_3$ 为边的平行四边形上，故 $\boldsymbol{\alpha}_1,\boldsymbol{\alpha}_2,\boldsymbol{\alpha}_3$ 共面.

反过来亦对，略.

(3) 要搞清向量组的线性相关、齐次方程组有非零解、向量组的秩等知识点的联系与转换，要搞清线性相关、线性表出之间的联系与转换，要掌握性质与判断方法.

学习札记

例如，若 n 维向量组 $\boldsymbol{\alpha}_1,\boldsymbol{\alpha}_2,\cdots,\boldsymbol{\alpha}_s$ 线性相关，判断下列向量组的线性相关性：

(1) $\boldsymbol{\alpha}_1,\boldsymbol{\alpha}_2,\cdots,\boldsymbol{\alpha}_s,\boldsymbol{\alpha}_{s+1}$；　　(2) $\boldsymbol{\alpha}_1,\boldsymbol{\alpha}_2,\cdots,\boldsymbol{\alpha}_{s-1}$.

分析 (1) 因为 $\boldsymbol{\alpha}_1,\boldsymbol{\alpha}_2,\cdots,\boldsymbol{\alpha}_s$ 线性相关，故存在不全为0的 $k_1,k_2,\cdots,k_s$ 使得

$$k_1\boldsymbol{\alpha}_1+k_2\boldsymbol{\alpha}_2+\cdots+k_s\boldsymbol{\alpha}_s=\mathbf{0},$$

那么有 $k_1\boldsymbol{\alpha}_1+k_2\boldsymbol{\alpha}_2+\cdots+k_s\boldsymbol{\alpha}_s+0\boldsymbol{\alpha}_{s+1}=\mathbf{0}$，而 $k_1,k_2,\cdots,k_s,0$ 不全为零，所以 $\boldsymbol{\alpha}_1,\boldsymbol{\alpha}_2,\cdots,\boldsymbol{\alpha}_s,\boldsymbol{\alpha}_{s+1}$ 必线性相关.

(2) $\boldsymbol{\alpha}_1,\boldsymbol{\alpha}_2,\cdots,\boldsymbol{\alpha}_{s-1}$ 的线性相关性不确定.

从几何上看

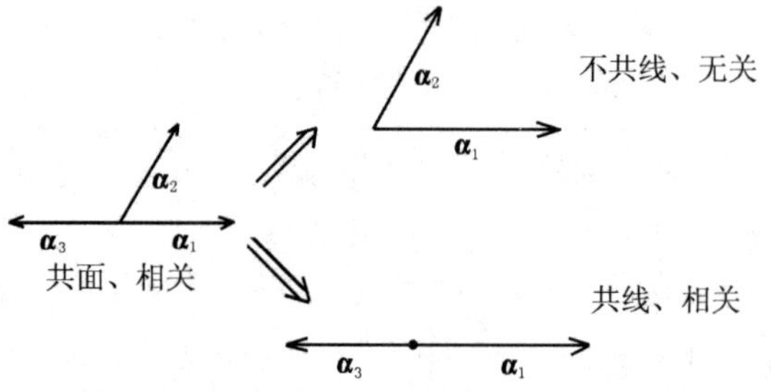

从坐标上看 $\begin{bmatrix}1\\1\end{bmatrix},\begin{bmatrix}1\\2\end{bmatrix},\begin{bmatrix}2\\2\end{bmatrix}$ 线性相关 $\nearrow$ $\begin{bmatrix}1\\1\end{bmatrix},\begin{bmatrix}1\\2\end{bmatrix}$ 线性无关；$\searrow$ $\begin{bmatrix}1\\1\end{bmatrix},\begin{bmatrix}2\\2\end{bmatrix}$ 线性相关

【评注】 本题(1)实际上是给出定理3.3的一个证明，而(2)表明向量个数的增减对线性相关性的影响是单向的.

学习札记

三、典型例题分析选讲

线性相关、无关

【例 3.1】 下列向量组中,线性无关的是

(A) $(1,2,3,4)^T,(2,3,4,5)^T,(0,0,0,0)^T$.

(B) $(1,2,-1)^T,(3,5,6)^T,(0,7,9)^T,(1,0,2)^T$.

(C) $(a,1,2,3)^T,(b,1,2,3)^T,(c,3,4,5)^T,(d,0,0,0)^T$.

(D) $(a,1,b,0,0)^T,(c,0,d,6,0)^T,(a,0,c,5,6)^T$.

分析 (A) 中有零向量必线性相关. 因为

$$0\boldsymbol{\alpha}_1+0\boldsymbol{\alpha}_2+\boldsymbol{\alpha}_3=\mathbf{0},$$

系数 0,0,1 不全为 0.

(B) 是 4 个三维向量必线性相关. 定理 3.2 推论 2:$n+1$ 个 n 维向量必线性相关.

(C) 是 4 个四维向量可用行列式(定理 3.2 推论 1). 由于

$$\begin{vmatrix} a & b & c & d \\ 1 & 1 & 3 & 0 \\ 2 & 2 & 4 & 0 \\ 3 & 3 & 5 & 0 \end{vmatrix}=-d\begin{vmatrix} 1 & 1 & 3 \\ 2 & 2 & 4 \\ 3 & 3 & 5 \end{vmatrix}=0,$$

从而线性相关.

(D) 中,因为 $\begin{vmatrix} 1 & 0 & 0 \\ 0 & 6 & 5 \\ 0 & 0 & 6 \end{vmatrix}\neq 0$,知 $(1,0,0)^T,(0,6,0)^T,(0,5,6)^T$ 线性无关,那么其延伸组 $(a,1,b,0,0)^T,(c,0,d,6,0)^T,(a,0,c,5,6)^T$ 必线性无关.

【例 3.2】 若 $\boldsymbol{\alpha}_1=(1,3,4,-2)^T,\boldsymbol{\alpha}_2=(2,1,3,t)^T,\boldsymbol{\alpha}_3=(3,-1,2,0)^T$ 线性相关,则 $t=$ ______.

分析 设 $x_1\boldsymbol{\alpha}_1+x_2\boldsymbol{\alpha}_2+x_3\boldsymbol{\alpha}_3=\mathbf{0}$,按分量写出,即有

$$\begin{cases} x_1+2x_2+3x_3=0, \\ 3x_1+x_2-x_3=0, \\ 4x_1+3x_2+2x_3=0, \\ -2x_1+tx_2=0. \end{cases}$$

对系数矩阵 $[\boldsymbol{\alpha}_1,\boldsymbol{\alpha}_2,\boldsymbol{\alpha}_3]$ 作初等行变换,有

$$\begin{bmatrix} 1 & 2 & 3 \\ 3 & 1 & -1 \\ 4 & 3 & 2 \\ -2 & t & 0 \end{bmatrix}\rightarrow\begin{bmatrix} 1 & 2 & 3 \\ 0 & 1 & 2 \\ 0 & 0 & 6-2(t+4) \\ 0 & 0 & 0 \end{bmatrix}.$$

学习札记

$$\boldsymbol{\alpha}_1,\boldsymbol{\alpha}_2,\boldsymbol{\alpha}_3 \text{ 线性相关} \Leftrightarrow [\boldsymbol{\alpha}_1,\boldsymbol{\alpha}_2,\boldsymbol{\alpha}_3]\begin{bmatrix} x_1 \\ x_2 \\ x_3 \end{bmatrix} = \boldsymbol{0} \text{ 有非零解}$$

$$\Leftrightarrow \text{秩 } r(\boldsymbol{\alpha}_1,\boldsymbol{\alpha}_2,\boldsymbol{\alpha}_3) < 3,$$

故 $6-2(t+4)=0$,即 $t=-1$.

【例 3.3】 若 $\boldsymbol{\alpha}_1=(1,2,3,1)^{\mathrm{T}},\boldsymbol{\alpha}_2=(1,1,2,-1)^{\mathrm{T}},\boldsymbol{\alpha}_3=(2,6,a,5)^{\mathrm{T}},\boldsymbol{\alpha}_4=(3,4,7,-1)^{\mathrm{T}}$ 线性相关,则 $a=$ ______.

分析 4 个四维向量计算行列式,有

$$|\boldsymbol{\alpha}_1,\boldsymbol{\alpha}_2,\boldsymbol{\alpha}_3,\boldsymbol{\alpha}_4| = \begin{vmatrix} 1 & 1 & 2 & 3 \\ 2 & 1 & 6 & 4 \\ 3 & 2 & a & 7 \\ 1 & -1 & 5 & -1 \end{vmatrix} = \begin{vmatrix} 1 & 1 & 2 & 3 \\ 0 & -1 & 2 & -2 \\ 0 & -1 & a-6 & -2 \\ 0 & -2 & 3 & -4 \end{vmatrix}$$

$$= \begin{vmatrix} -1 & 2 & -2 \\ -1 & a-6 & -2 \\ -2 & 3 & -4 \end{vmatrix} = 0.$$

说明 $\forall a,\boldsymbol{\alpha}_1,\boldsymbol{\alpha}_2,\boldsymbol{\alpha}_3,\boldsymbol{\alpha}_4$ 恒线性相关.

注意 例3.2和例3.3处理手法的差异,前者 s 个 n 维向量适合转换为齐次方程组来分析,后者 n 个 n 维向量利用行列式简便.

【例 3.4】 已知 $\boldsymbol{\alpha}_1,\boldsymbol{\alpha}_2,\cdots,\boldsymbol{\alpha}_s,\boldsymbol{\beta}_1,\boldsymbol{\beta}_2,\cdots,\boldsymbol{\beta}_{s-1}$ 都是 n 维向量,下列命题中错误的是

(A) 如果 $\begin{bmatrix} \boldsymbol{\alpha}_1 \\ \boldsymbol{\beta}_1 \end{bmatrix},\begin{bmatrix} \boldsymbol{\alpha}_2 \\ \boldsymbol{\beta}_2 \end{bmatrix},\cdots,\begin{bmatrix} \boldsymbol{\alpha}_{s-1} \\ \boldsymbol{\beta}_{s-1} \end{bmatrix}$ 线性相关,则 $\boldsymbol{\alpha}_1,\boldsymbol{\alpha}_2,\cdots,\boldsymbol{\alpha}_{s-1},\boldsymbol{\alpha}_s$ 线性相关.

(B) 如果秩 $r(\boldsymbol{\alpha}_1,\boldsymbol{\alpha}_2,\cdots,\boldsymbol{\alpha}_s,\boldsymbol{\beta}_1,\boldsymbol{\beta}_2,\cdots,\boldsymbol{\beta}_{s-1})=r(\boldsymbol{\beta}_1,\boldsymbol{\beta}_2,\cdots,\boldsymbol{\beta}_{s-1})$,则 $\boldsymbol{\alpha}_1,\boldsymbol{\alpha}_2,\cdots,\boldsymbol{\alpha}_s$ 线性相关.

(C) 如果 $\boldsymbol{\alpha}_1,\boldsymbol{\alpha}_2,\cdots,\boldsymbol{\alpha}_s$ 线性相关,且 $\boldsymbol{\alpha}_s$ 不能由 $\boldsymbol{\alpha}_1,\boldsymbol{\alpha}_2,\cdots,\boldsymbol{\alpha}_{s-1}$ 线性表出,则 $\boldsymbol{\alpha}_1,\boldsymbol{\alpha}_2,\cdots,\boldsymbol{\alpha}_{s-1}$ 线性相关.

(D) 如果 $\boldsymbol{\alpha}_s$ 不能由 $\boldsymbol{\alpha}_1,\boldsymbol{\alpha}_2,\cdots,\boldsymbol{\alpha}_{s-1}$ 线性表出,则 $\boldsymbol{\alpha}_1,\boldsymbol{\alpha}_2,\cdots,\boldsymbol{\alpha}_s$ 线性无关.

分析 当 $\boldsymbol{\alpha}_s$ 不能由 $\boldsymbol{\alpha}_1,\boldsymbol{\alpha}_2,\cdots,\boldsymbol{\alpha}_{s-1}$ 线性表出时,并不能保证每一个向量 $\boldsymbol{\alpha}_i(i=1,2,\cdots,s-1)$ 都不能用其余的向量线性表出. 例如,$\boldsymbol{\alpha}_1=(1,0,0)^{\mathrm{T}},\boldsymbol{\alpha}_2=(2,0,0)^{\mathrm{T}},\boldsymbol{\alpha}_3=(0,0,3)^{\mathrm{T}}$,虽然 $\boldsymbol{\alpha}_3$ 不能由 $\boldsymbol{\alpha}_1,\boldsymbol{\alpha}_2$ 线性表出,但 $\boldsymbol{\alpha}_1,\boldsymbol{\alpha}_2,\boldsymbol{\alpha}_3$ 是线性相关的. 所以(D) 不正确.

关于(A),由 $\begin{bmatrix} \boldsymbol{\alpha}_1 \\ \boldsymbol{\beta}_1 \end{bmatrix},\begin{bmatrix} \boldsymbol{\alpha}_2 \\ \boldsymbol{\beta}_2 \end{bmatrix},\cdots,\begin{bmatrix} \boldsymbol{\alpha}_{s-1} \\ \boldsymbol{\beta}_{s-1} \end{bmatrix}$ 线性相关 $\xrightarrow{\text{定理 3.4}} \boldsymbol{\alpha}_1,\boldsymbol{\alpha}_2,\cdots,\boldsymbol{\alpha}_{s-1}$ 线性相关 $\xrightarrow{\text{定理 3.3}} \boldsymbol{\alpha}_1,\boldsymbol{\alpha}_2,\cdots,\boldsymbol{\alpha}_{s-1},\boldsymbol{\alpha}_s$ 线性相关.

关于(B),$r(\boldsymbol{\alpha}_1,\boldsymbol{\alpha}_2,\cdots,\boldsymbol{\alpha}_s) \leqslant r(\boldsymbol{\alpha}_1,\boldsymbol{\alpha}_2,\cdots,\boldsymbol{\alpha}_s,\boldsymbol{\beta}_1,\boldsymbol{\beta}_2,\cdots,\boldsymbol{\beta}_{s-1})$

$$= r(\boldsymbol{\beta}_1,\boldsymbol{\beta}_2,\cdots,\boldsymbol{\beta}_{s-1}) \leqslant s-1 < s.$$

或者,由 $r(\boldsymbol{\alpha}_1,\boldsymbol{\alpha}_2,\cdots,\boldsymbol{\alpha}_s,\boldsymbol{\beta}_1,\boldsymbol{\beta}_2,\cdots,\boldsymbol{\beta}_{s-1})=r(\boldsymbol{\beta}_1,\boldsymbol{\beta}_2,\cdots,\boldsymbol{\beta}_{s-1})$ 知 $\boldsymbol{\alpha}_1,\boldsymbol{\alpha}_2,\cdots,\boldsymbol{\alpha}_s$

可由 $\boldsymbol{\beta}_1,\boldsymbol{\beta}_2,\cdots,\boldsymbol{\beta}_{s-1}$ 线性表出,据定理 3.7 亦知 $\boldsymbol{\alpha}_1,\boldsymbol{\alpha}_2,\cdots,\boldsymbol{\alpha}_s$ 线性相关.

对于(C),由于 $\boldsymbol{\alpha}_1,\boldsymbol{\alpha}_2,\cdots,\boldsymbol{\alpha}_s$ 线性相关,故存在不全为 0 的 $k_1,k_2,\cdots,k_s$ 使得 $k_1\boldsymbol{\alpha}_1+k_2\boldsymbol{\alpha}_2+\cdots+k_s\boldsymbol{\alpha}_s=\mathbf{0}$. 此时必有 $k_s=0$,否则 $\boldsymbol{\alpha}_s$ 可由 $\boldsymbol{\alpha}_1,\cdots,\boldsymbol{\alpha}_{s-1}$ 线性表出. 于是 $k_1,k_2,\cdots,k_{s-1}$ 不全为 0,而 $k_1\boldsymbol{\alpha}_1+k_2\boldsymbol{\alpha}_2+\cdots+k_{s-1}\boldsymbol{\alpha}_{s-1}=\mathbf{0}$,即 $\boldsymbol{\alpha}_1,\boldsymbol{\alpha}_2,\cdots,\boldsymbol{\alpha}_{s-1}$ 必线性相关.

学习札记

【评注】　线性无关的判定

若向量的坐标没有给出,通常用定义法或用秩的理论来分析判断论证,也要有反证法的构思.

(1) 用定义法证 $\boldsymbol{\alpha}_1,\boldsymbol{\alpha}_2,\cdots,\boldsymbol{\alpha}_s$ 线性无关的框图是:

设 $k_1\boldsymbol{\alpha}_1+k_2\boldsymbol{\alpha}_2+\cdots+k_s\boldsymbol{\alpha}_s=\mathbf{0}$

⇓ 恒等变形（同乘 / 重组）

$k_1=0,k_2=0,\cdots,k_s=0$.

(2) 用秩　$\boldsymbol{\alpha}_1,\boldsymbol{\alpha}_2,\cdots,\boldsymbol{\alpha}_s$ 线性无关

$$\Leftrightarrow[\boldsymbol{\alpha}_1,\boldsymbol{\alpha}_2,\cdots,\boldsymbol{\alpha}_s]\begin{bmatrix}x_1\\x_2\\\vdots\\x_s\end{bmatrix}=\mathbf{0}\text{ 只有零解}$$

$\Leftrightarrow$ 秩 $r(\boldsymbol{\alpha}_1,\boldsymbol{\alpha}_2,\cdots,\boldsymbol{\alpha}_s)=s$.

要注意公式:$r(\boldsymbol{A})=\boldsymbol{A}$ 的列秩 $=\boldsymbol{A}$ 的行秩,$r(\boldsymbol{AB})\leqslant\min(r(\boldsymbol{A}),r(\boldsymbol{B}))$.

若 $\boldsymbol{A}$ 可逆,则 $r(\boldsymbol{AB})=r(\boldsymbol{B}),r(\boldsymbol{BA})=r(\boldsymbol{B})$.

若 $\boldsymbol{A}$ 是 $m\times n$ 矩阵,且 $r(\boldsymbol{A})=n$,则 $r(\boldsymbol{AB})=r(\boldsymbol{B})$.

若 $\boldsymbol{A}$ 是 $m\times n$ 矩阵,$\boldsymbol{B}$ 是 $n\times s$ 矩阵且 $\boldsymbol{AB}=\boldsymbol{O}$,则 $r(\boldsymbol{A})+r(\boldsymbol{B})\leqslant n$.

(3) 反证法.

【例 3.5】　已知 n 维向量 $\boldsymbol{\alpha}_1,\boldsymbol{\alpha}_2,\boldsymbol{\alpha}_3$ 线性无关,证明 $3\boldsymbol{\alpha}_1+2\boldsymbol{\alpha}_2,\boldsymbol{\alpha}_2-\boldsymbol{\alpha}_3,4\boldsymbol{\alpha}_3-5\boldsymbol{\alpha}_1$ 线性无关.

证明　(方法一)　(用定义,重组)

设　$k_1(3\boldsymbol{\alpha}_1+2\boldsymbol{\alpha}_2)+k_2(\boldsymbol{\alpha}_2-\boldsymbol{\alpha}_3)+k_3(4\boldsymbol{\alpha}_3-5\boldsymbol{\alpha}_1)=\mathbf{0}$,　(1)

即　$(3k_1-5k_3)\boldsymbol{\alpha}_1+(2k_1+k_2)\boldsymbol{\alpha}_2+(-k_2+4k_3)\boldsymbol{\alpha}_3=\mathbf{0}$.　(2)

由于 $\boldsymbol{\alpha}_1,\boldsymbol{\alpha}_2,\boldsymbol{\alpha}_3$ 线性无关,故

$$\begin{cases}3k_1-5k_3=0,\\2k_1+k_2=0,\\-k_2+4k_3=0.\end{cases}\tag{3}$$

因为 $\begin{vmatrix}3&0&-5\\2&1&0\\0&-1&4\end{vmatrix}=22\neq0$,齐次方程组(3) 只有零解

学习札记

$$k_1=0,k_2=0,k_3=0.$$

故向量组 $3\boldsymbol{\alpha}_1+2\boldsymbol{\alpha}_2,\boldsymbol{\alpha}_2-\boldsymbol{\alpha}_3,4\boldsymbol{\alpha}_3-5\boldsymbol{\alpha}_1$ 线性无关.

(方法二) (用秩) 令 $\boldsymbol{\beta}_1=3\boldsymbol{\alpha}_1+2\boldsymbol{\alpha}_2,\boldsymbol{\beta}_2=\boldsymbol{\alpha}_2-\boldsymbol{\alpha}_3,\boldsymbol{\beta}_3=4\boldsymbol{\alpha}_3-5\boldsymbol{\alpha}_1$,则

$$[\boldsymbol{\beta}_1,\boldsymbol{\beta}_2,\boldsymbol{\beta}_3]=[\boldsymbol{\alpha}_1,\boldsymbol{\alpha}_2,\boldsymbol{\alpha}_3]\begin{bmatrix}3&0&-5\\2&1&0\\0&-1&4\end{bmatrix}.$$

因为矩阵 $\begin{bmatrix}3&0&-5\\2&1&0\\0&-1&4\end{bmatrix}$ 可逆,所以 $r(\boldsymbol{\beta}_1,\boldsymbol{\beta}_2,\boldsymbol{\beta}_3)=r(\boldsymbol{\alpha}_1,\boldsymbol{\alpha}_2,\boldsymbol{\alpha}_3)=3$,即 $\boldsymbol{\beta}_1$,$\boldsymbol{\beta}_2,\boldsymbol{\beta}_3$ 线性无关,亦即 $3\boldsymbol{\alpha}_1+2\boldsymbol{\alpha}_2,\boldsymbol{\alpha}_2-\boldsymbol{\alpha}_3,4\boldsymbol{\alpha}_3-5\boldsymbol{\alpha}_1$ 线性无关.

【例 3.6】 设 $\boldsymbol{A}$ 是 n 阶矩阵,$\boldsymbol{\alpha}$ 是 n 维列向量,若 $\boldsymbol{A}^{m-1}\boldsymbol{\alpha}\neq\boldsymbol{0},\boldsymbol{A}^m\boldsymbol{\alpha}=\boldsymbol{0}$,证明向量组 $\boldsymbol{\alpha},\boldsymbol{A\alpha},\boldsymbol{A}^2\boldsymbol{\alpha},\cdots,\boldsymbol{A}^{m-1}\boldsymbol{\alpha}$ 线性无关.

证明 (方法一) (用定义、同乘) 设

$$k_1\boldsymbol{\alpha}+k_2\boldsymbol{A\alpha}+k_3\boldsymbol{A}^2\boldsymbol{\alpha}+\cdots+k_m\boldsymbol{A}^{m-1}\boldsymbol{\alpha}=\boldsymbol{0},\tag{1}$$

由 $\boldsymbol{A}^m\boldsymbol{\alpha}=\boldsymbol{0}$ 知 $\boldsymbol{A}^{m+1}\boldsymbol{\alpha}=\boldsymbol{0},\boldsymbol{A}^{m+2}\boldsymbol{\alpha}=\boldsymbol{0},\cdots$,用 $\boldsymbol{A}^{m-1}$ 左乘(1) 式两端,并把 $\boldsymbol{A}^m\boldsymbol{\alpha}=\boldsymbol{0},\boldsymbol{A}^{m+1}\boldsymbol{\alpha}=\boldsymbol{0},\boldsymbol{A}^{m+2}\boldsymbol{\alpha}=\boldsymbol{0},\cdots$ 代入,有

$$k_1\boldsymbol{A}^{m-1}\boldsymbol{\alpha}=\boldsymbol{0}.\tag{2}$$

因为 $\boldsymbol{A}^{m-1}\boldsymbol{\alpha}\neq\boldsymbol{0}$,故 $k_1=0$.

把 $k_1=0$ 代入(1) 式,有

$$k_2\boldsymbol{A\alpha}+k_3\boldsymbol{A}^2\boldsymbol{\alpha}+\cdots+k_m\boldsymbol{A}^{m-1}\boldsymbol{\alpha}=\boldsymbol{0}.$$

同理用 $\boldsymbol{A}^{m-2}$ 左乘上式,可知

$$k_2\boldsymbol{A}^{m-1}\boldsymbol{\alpha}=\boldsymbol{0},$$

从而 $k_2=0$.

类似可得 $k_3=0,\cdots,k_m=0$,所以 $\boldsymbol{\alpha},\boldsymbol{A\alpha},\boldsymbol{A}^2\boldsymbol{\alpha},\cdots,\boldsymbol{A}^{m-1}\boldsymbol{\alpha}$ 线性无关.

(方法二) (反证法) 如果 $\boldsymbol{\alpha},\boldsymbol{A\alpha},\cdots,\boldsymbol{A}^{m-1}\boldsymbol{\alpha}$ 线性相关,则有不全为 0 的 $k_1,k_2,\cdots,k_m$ 使得

$$k_1\boldsymbol{\alpha}+k_2\boldsymbol{A\alpha}+\cdots+k_m\boldsymbol{A}^{m-1}\boldsymbol{\alpha}=\boldsymbol{0}.\tag{1}$$

设 $k_1,k_2,\cdots,k_m$ 中第一个不为 0 的是 k_p(即 $k_1=k_2=\cdots=k_{p-1}=0$,$k_p\neq0,p\geqslant1$),于是(1) 式化为

$$k_p\boldsymbol{A}^{p-1}\boldsymbol{\alpha}+\cdots+k_m\boldsymbol{A}^{m-1}\boldsymbol{\alpha}=\boldsymbol{0}.\tag{2}$$

用 $\boldsymbol{A}^{m-p}$ 乘(2) 并把 $\boldsymbol{A}^m\boldsymbol{\alpha}=\boldsymbol{0},\boldsymbol{A}^{m+1}\boldsymbol{\alpha}=\boldsymbol{0},\cdots$ 代入,就有 $k_p\boldsymbol{A}^{m-1}\boldsymbol{\alpha}=\boldsymbol{0}$.又因 $\boldsymbol{A}^{m-1}\boldsymbol{\alpha}\neq\boldsymbol{0}$,那么 $k_p=0$,与假设矛盾.故 $\boldsymbol{\alpha},\boldsymbol{A\alpha},\boldsymbol{A}^2\boldsymbol{\alpha},\cdots,\boldsymbol{A}^{m-1}\boldsymbol{\alpha}$ 线性无关.

【例 3.7】 设 $\boldsymbol{A}$ 是 n 阶矩阵,$\boldsymbol{\alpha}_1,\boldsymbol{\alpha}_2,\boldsymbol{\alpha}_3$ 是 n 维列向量,若 $\boldsymbol{A\alpha}_1=\boldsymbol{\alpha}_1\neq\boldsymbol{0}$,$\boldsymbol{A\alpha}_2=\boldsymbol{\alpha}_1+\boldsymbol{\alpha}_2,\boldsymbol{A\alpha}_3=\boldsymbol{\alpha}_2+\boldsymbol{\alpha}_3$,证明向量组 $\boldsymbol{\alpha}_1,\boldsymbol{\alpha}_2,\boldsymbol{\alpha}_3$ 线性无关.

证明 (用定义,同乘) 设

$$k_1\boldsymbol{\alpha}_1+k_2\boldsymbol{\alpha}_2+k_3\boldsymbol{\alpha}_3=\boldsymbol{0},\tag{1}$$

由于 $(\boldsymbol{A}-\boldsymbol{E})\boldsymbol{\alpha}_1=\boldsymbol{0},(\boldsymbol{A}-\boldsymbol{E})\boldsymbol{\alpha}_2=\boldsymbol{\alpha}_1,(\boldsymbol{A}-\boldsymbol{E})\boldsymbol{\alpha}_3=\boldsymbol{\alpha}_2$,用 $\boldsymbol{A}-\boldsymbol{E}$ 左乘(1) 式

两端,得

$$k_2\boldsymbol{\alpha}_1 + k_3\boldsymbol{\alpha}_2 = \mathbf{0}. \tag{2}$$

再用 $\boldsymbol{A}-\boldsymbol{E}$ 左乘(2) 式两端,有

$$k_3\boldsymbol{\alpha}_1 = \mathbf{0}.$$

因为 $\boldsymbol{\alpha}_1 \neq \mathbf{0}$,故 $k_3 = 0$. 把 $k_3 = 0$ 代入(2) 得 $k_2 = 0$,再把 $k_2 = 0, k_3 = 0$ 代入(1) 得 $k_1 = 0$.

因此,向量组 $\boldsymbol{\alpha}_1,\boldsymbol{\alpha}_2,\boldsymbol{\alpha}_3$ 线性无关.

【例 3.8】 $(2008, \frac{2}{3,4})$ 设 $\boldsymbol{A}$ 为三阶矩阵,$\boldsymbol{\alpha}_1,\boldsymbol{\alpha}_2$ 为 $\boldsymbol{A}$ 的分别属于特征值 $-1,1$ 的特征向量,向量 $\boldsymbol{\alpha}_3$ 满足 $\boldsymbol{A\alpha}_3 = \boldsymbol{\alpha}_2 + \boldsymbol{\alpha}_3$,证明 $\boldsymbol{\alpha}_1,\boldsymbol{\alpha}_2,\boldsymbol{\alpha}_3$ 线性无关.

证明 (方法一) (用定义,同乘)由特征值、特征向量的定义,有

$$\boldsymbol{A\alpha}_1 = -\boldsymbol{\alpha}_1, \boldsymbol{A\alpha}_2 = \boldsymbol{\alpha}_2.$$

设

$$k_1\boldsymbol{\alpha}_1 + k_2\boldsymbol{\alpha}_2 + k_3\boldsymbol{\alpha}_3 = \mathbf{0}, \tag{1}$$

用 $\boldsymbol{A}$ 左乘(1) 得

$$-k_1\boldsymbol{\alpha}_1 + k_2\boldsymbol{\alpha}_2 + k_3(\boldsymbol{\alpha}_2 + \boldsymbol{\alpha}_3) = \mathbf{0}, \tag{2}$$

(1) − (2) 得

$$2k_1\boldsymbol{\alpha}_1 - k_3\boldsymbol{\alpha}_2 = \mathbf{0}.$$

因为 $\boldsymbol{\alpha}_1,\boldsymbol{\alpha}_2$ 是不同特征值的特征向量,$\boldsymbol{\alpha}_1,\boldsymbol{\alpha}_2$ 线性无关,故 $k_1 = 0, k_3 = 0$. 代入(1) 得 $k_2\boldsymbol{\alpha}_2 = \mathbf{0}$. 又因 $\boldsymbol{\alpha}_2$ 是特征向量,$\boldsymbol{\alpha}_2 \neq \mathbf{0}$,从而 $k_2 = 0$. 因此,$\boldsymbol{\alpha}_1,\boldsymbol{\alpha}_2,\boldsymbol{\alpha}_3$ 线性无关.

(方法二) (反证法)因为 $\boldsymbol{\alpha}_1,\boldsymbol{\alpha}_2$ 是矩阵 $\boldsymbol{A}$ 不同特征值的特征向量,所以它们线性无关. 那么如果 $\boldsymbol{\alpha}_1,\boldsymbol{\alpha}_2,\boldsymbol{\alpha}_3$ 线性相关,则

$$\boldsymbol{\alpha}_3 = k_1\boldsymbol{\alpha}_1 + k_2\boldsymbol{\alpha}_2. \tag{1}$$

用 $\boldsymbol{A}$ 左乘(1) 式两端,并把 $\boldsymbol{A\alpha}_1 = -\boldsymbol{\alpha}_1, \boldsymbol{A\alpha}_2 = \boldsymbol{\alpha}_2, \boldsymbol{A\alpha}_3 = \boldsymbol{\alpha}_2 + \boldsymbol{\alpha}_3$ 代入得

$$\boldsymbol{\alpha}_2 + \boldsymbol{\alpha}_3 = -k_1\boldsymbol{\alpha}_1 + k_2\boldsymbol{\alpha}_2. \tag{2}$$

(2) − (1) 得 $\boldsymbol{\alpha}_2 = -2k_1\boldsymbol{\alpha}_1$,与 $\boldsymbol{\alpha}_1,\boldsymbol{\alpha}_2$ 线性无关相矛盾.

【例 3.9】 设 $\boldsymbol{A}$ 是 $m \times n$ 矩阵,秩 $r(\boldsymbol{A}) = n$,$\boldsymbol{\alpha}_1,\boldsymbol{\alpha}_2,\boldsymbol{\alpha}_3$ 是 n 维线性无关的列向量. 证明 $\boldsymbol{A\alpha}_1,\boldsymbol{A\alpha}_2,\boldsymbol{A\alpha}_3$ 线性无关.

证明 (方法一) (定义法)

设

$$k_1\boldsymbol{A\alpha}_1 + k_2\boldsymbol{A\alpha}_2 + k_3\boldsymbol{A\alpha}_3 = \mathbf{0}, \tag{1}$$

即

$$\boldsymbol{A}(k_1\boldsymbol{\alpha}_1 + k_2\boldsymbol{\alpha}_2 + k_3\boldsymbol{\alpha}_3) = \mathbf{0}.$$

因 $r(\boldsymbol{A}) = n$,$\boldsymbol{Ax} = \mathbf{0}$ 只有零解,故

$$k_1\boldsymbol{\alpha}_1 + k_2\boldsymbol{\alpha}_2 + k_3\boldsymbol{\alpha}_3 = \mathbf{0}. \tag{2}$$

由 $\boldsymbol{\alpha}_1,\boldsymbol{\alpha}_2,\boldsymbol{\alpha}_3$ 线性无关,从而 $k_1 = 0, k_2 = 0, k_3 = 0$,

$\therefore \boldsymbol{A\alpha}_1,\boldsymbol{A\alpha}_2,\boldsymbol{A\alpha}_3$ 线性无关.

(方法二) (秩)

$$(\boldsymbol{A\alpha}_1,\boldsymbol{A\alpha}_2,\boldsymbol{A\alpha}_3) = \boldsymbol{A}(\boldsymbol{\alpha}_1,\boldsymbol{\alpha}_2,\boldsymbol{\alpha}_3).$$

因 $\boldsymbol{A}$ 是 $m \times n$ 矩阵,$r(\boldsymbol{A}) = n$,

学习札记

$$r(\boldsymbol{A\alpha}_1,\boldsymbol{A\alpha}_2,\boldsymbol{A\alpha}_3)=r[\boldsymbol{A}(\boldsymbol{\alpha}_1,\boldsymbol{\alpha}_2,\boldsymbol{\alpha}_3)]=r(\boldsymbol{\alpha}_1,\boldsymbol{\alpha}_2,\boldsymbol{\alpha}_3)=3.$$

$\therefore \boldsymbol{A\alpha}_1,\boldsymbol{A\alpha}_2,\boldsymbol{A\alpha}_3$ 线性无关.

【例 3.10】 设四维列向量 $\boldsymbol{\alpha}_1,\boldsymbol{\alpha}_2,\boldsymbol{\alpha}_3$ 线性无关，且与四维非零列向量 $\boldsymbol{\beta}_1,\boldsymbol{\beta}_2$ 均正交，证明（Ⅰ）$\boldsymbol{\beta}_1,\boldsymbol{\beta}_2$ 线性相关；（Ⅱ）$\boldsymbol{\alpha}_1,\boldsymbol{\alpha}_2,\boldsymbol{\alpha}_3,\boldsymbol{\beta}_1$ 线性无关.

证明 （Ⅰ）（用秩）构造矩阵

$$\boldsymbol{A}=\begin{bmatrix}\boldsymbol{\alpha}_1^{\mathrm{T}}\\ \boldsymbol{\alpha}_2^{\mathrm{T}}\\ \boldsymbol{\alpha}_3^{\mathrm{T}}\end{bmatrix},$$

则矩阵 $\boldsymbol{A}$ 是秩为 3 的 3×4 矩阵. 由于

$$\boldsymbol{A\beta}_i=\begin{bmatrix}\boldsymbol{\alpha}_1^{\mathrm{T}}\\ \boldsymbol{\alpha}_2^{\mathrm{T}}\\ \boldsymbol{\alpha}_3^{\mathrm{T}}\end{bmatrix}\boldsymbol{\beta}_i=\begin{bmatrix}0\\0\\0\end{bmatrix},i=1,2,$$

所以 $\boldsymbol{\beta}_1,\boldsymbol{\beta}_2$ 均是齐次方程组 $\boldsymbol{Ax}=\boldsymbol{0}$ 的解，于是

$$r(\boldsymbol{\beta}_1,\boldsymbol{\beta}_2)\leqslant n-r(\boldsymbol{A})=4-3=1,$$

从而 $\boldsymbol{\beta}_1,\boldsymbol{\beta}_2$ 线性相关.

（Ⅱ）（用定义）设 $$k_1\boldsymbol{\alpha}_1+k_2\boldsymbol{\alpha}_2+k_3\boldsymbol{\alpha}_3+k\boldsymbol{\beta}_1=\boldsymbol{0},\tag{1}$$

用 $\boldsymbol{\beta}_1^{\mathrm{T}}$ 左乘(1)，又 $\boldsymbol{\beta}_1^{\mathrm{T}}\boldsymbol{\alpha}_i=0(i=1,2,3)$，有 $k\boldsymbol{\beta}_1^{\mathrm{T}}\boldsymbol{\beta}_1=0$. 而 $\boldsymbol{\beta}_1^{\mathrm{T}}\boldsymbol{\beta}_1\neq0$，故必有 $k=0$. 把 $k=0$ 代入(1) 得

$$k_1\boldsymbol{\alpha}_1+k_2\boldsymbol{\alpha}_2+k_3\boldsymbol{\alpha}_3=\boldsymbol{0},$$

因 $\boldsymbol{\alpha}_1,\boldsymbol{\alpha}_2,\boldsymbol{\alpha}_3$ 线性无关，故必有

$$k_1=0,k_2=0,k_3=0,$$

所以 $\boldsymbol{\alpha}_1,\boldsymbol{\alpha}_2,\boldsymbol{\alpha}_3,\boldsymbol{\beta}_1$ 必线性无关.

练习 1 已知 λ_1,λ_2 是矩阵 $\boldsymbol{A}$ 不同的特征值，$\boldsymbol{\alpha}_1,\boldsymbol{\alpha}_2$ 是特征值 λ_1 的线性无关的特征向量，$\boldsymbol{\beta}$ 是特征值 λ_2 的特征向量. 证明 $\boldsymbol{\alpha}_1,\boldsymbol{\alpha}_2,\boldsymbol{\beta}$ 线性无关.

解题笔记

学习札记

练习 2 已知 $\boldsymbol{A}=[\boldsymbol{\alpha}_1,\boldsymbol{\alpha}_2,\cdots,\boldsymbol{\alpha}_m]$,$\boldsymbol{B}=[\boldsymbol{\beta}_1,\boldsymbol{\beta}_2,\cdots,\boldsymbol{\beta}_m]$ 且 $\boldsymbol{PA}=\boldsymbol{B}$,其中 $\boldsymbol{P}$ 是可逆矩阵,若 $\boldsymbol{\alpha}_1,\boldsymbol{\alpha}_3,\boldsymbol{\alpha}_5$ 线性相(无)关,则 $\boldsymbol{\beta}_1,\boldsymbol{\beta}_3,\boldsymbol{\beta}_5$ 线性相(无)关.

解题笔记

【例 3.11】 已知 n 维向量 $\boldsymbol{\alpha}_1,\boldsymbol{\alpha}_2,\boldsymbol{\alpha}_3$ 线性无关,若 $\boldsymbol{\beta}_1,\boldsymbol{\beta}_2,\boldsymbol{\beta}_3$ 可用 $\boldsymbol{\alpha}_1,\boldsymbol{\alpha}_2,\boldsymbol{\alpha}_3$ 线性表出,设

$$[\boldsymbol{\beta}_1,\boldsymbol{\beta}_2,\boldsymbol{\beta}_3]=[\boldsymbol{\alpha}_1,\boldsymbol{\alpha}_2,\boldsymbol{\alpha}_3]\boldsymbol{C},$$

证明 $\boldsymbol{\beta}_1,\boldsymbol{\beta}_2,\boldsymbol{\beta}_3$ 线性无关的充分必要条件是 $|\boldsymbol{C}|\neq 0$.

证明 记 $\boldsymbol{A}=[\boldsymbol{\alpha}_1,\boldsymbol{\alpha}_2,\boldsymbol{\alpha}_3]$,$\boldsymbol{B}=[\boldsymbol{\beta}_1,\boldsymbol{\beta}_2,\boldsymbol{\beta}_3]$.

必要性 若 $\boldsymbol{\beta}_1,\boldsymbol{\beta}_2,\boldsymbol{\beta}_3$ 线性无关,则秩 $r(\boldsymbol{B})=r(\boldsymbol{\beta}_1,\boldsymbol{\beta}_2,\boldsymbol{\beta}_3)=3$. 又

$$r(\boldsymbol{B})=r(\boldsymbol{AC})\leqslant r(\boldsymbol{C})\leqslant 3,$$

因此秩 $r(\boldsymbol{C})=3$,即矩阵 $\boldsymbol{C}$ 可逆,$|\boldsymbol{C}|\neq 0$.

充分性 若 $|\boldsymbol{C}|\neq 0$,即矩阵 $\boldsymbol{C}$ 可逆,那么

$$r(\boldsymbol{B})=r(\boldsymbol{AC})=r(\boldsymbol{A})=r(\boldsymbol{\alpha}_1,\boldsymbol{\alpha}_2,\boldsymbol{\alpha}_3)=3,$$

所以 $\boldsymbol{\beta}_1,\boldsymbol{\beta}_2,\boldsymbol{\beta}_3$ 线性无关.

【例 3.12】 已知向量组 $\boldsymbol{\alpha}_1,\boldsymbol{\alpha}_2,\boldsymbol{\alpha}_3$ 线性无关,向量组 $\boldsymbol{\alpha}_1+a\boldsymbol{\alpha}_2,\boldsymbol{\alpha}_1+2\boldsymbol{\alpha}_2+\boldsymbol{\alpha}_3,a\boldsymbol{\alpha}_1-\boldsymbol{\alpha}_3$ 线性相关,则 $a=$______.

分析 由上例,令

$$\boldsymbol{\beta}_1=\boldsymbol{\alpha}_1+a\boldsymbol{\alpha}_2,\boldsymbol{\beta}_2=\boldsymbol{\alpha}_1+2\boldsymbol{\alpha}_2+\boldsymbol{\alpha}_3,\boldsymbol{\beta}_3=a\boldsymbol{\alpha}_1-\boldsymbol{\alpha}_3,$$

有

$$[\boldsymbol{\beta}_1,\boldsymbol{\beta}_2,\boldsymbol{\beta}_3]=[\boldsymbol{\alpha}_1,\boldsymbol{\alpha}_2,\boldsymbol{\alpha}_3]\begin{bmatrix}1&1&a\\a&2&0\\0&1&-1\end{bmatrix},$$

从而

$$\begin{vmatrix}1&1&a\\a&2&0\\0&1&-1\end{vmatrix}=\begin{vmatrix}1&a+1&a\\a&2&0\\0&0&-1\end{vmatrix}=a^2+a-2=0,$$

故 $a=1$ 或 $a=-2$.

或用定义法

如 $$k_1(\boldsymbol{\alpha}_1+a\boldsymbol{\alpha}_2)+k_2(\boldsymbol{\alpha}_1+2\boldsymbol{\alpha}_2+\boldsymbol{\alpha}_3)+k_3(a\boldsymbol{\alpha}_1-\boldsymbol{\alpha}_3)=\boldsymbol{0},\tag{1}$$

即 $$(k_1+k_2+ak_3)\boldsymbol{\alpha}_1+(ak_1+2k_2)\boldsymbol{\alpha}_2+(k_2-k_3)\boldsymbol{\alpha}_3=\boldsymbol{0}.\tag{2}$$

由 $\boldsymbol{\alpha}_1,\boldsymbol{\alpha}_2,\boldsymbol{\alpha}_3$ 线性无关. 从而

$$\begin{cases}k_1+k_2+ak_3=0,\\ak_1+2k_2=0,\\k_2-k_3=0,\end{cases}\tag{3}$$

学习札记

因 k_1,k_2,k_3 不全为 0，即(3) 必有非零解，故

$$\begin{vmatrix} 1 & 1 & a \\ a & 2 & 0 \\ 0 & 1 & -1 \end{vmatrix} = a^2 + a - 2 = 0,$$

故 $a = 1$ 或 $a = -2$.

【例 3.13】 已知向量组 $\boldsymbol{\alpha}_1,\boldsymbol{\alpha}_2,\boldsymbol{\alpha}_3$ 线性无关，则下列向量组中，线性无关的是

(A) $\boldsymbol{\alpha}_1+\boldsymbol{\alpha}_2,\boldsymbol{\alpha}_2+\boldsymbol{\alpha}_3,\boldsymbol{\alpha}_3+\boldsymbol{\alpha}_1$.

(B) $\boldsymbol{\alpha}_1+\boldsymbol{\alpha}_2,\boldsymbol{\alpha}_2+2\boldsymbol{\alpha}_3,\boldsymbol{\alpha}_1+2\boldsymbol{\alpha}_2+\boldsymbol{\alpha}_3,\boldsymbol{\alpha}_1-\boldsymbol{\alpha}_2+5\boldsymbol{\alpha}_3$.

(C) $\boldsymbol{\alpha}_1+2\boldsymbol{\alpha}_2,2\boldsymbol{\alpha}_2+3\boldsymbol{\alpha}_3,3\boldsymbol{\alpha}_3-\boldsymbol{\alpha}_1$.

(D) $\boldsymbol{\alpha}_1+\boldsymbol{\alpha}_2-\boldsymbol{\alpha}_3,2\boldsymbol{\alpha}_1+3\boldsymbol{\alpha}_2+12\boldsymbol{\alpha}_3,3\boldsymbol{\alpha}_1+5\boldsymbol{\alpha}_2+25\boldsymbol{\alpha}_3$.

分析 由秩，(A) $[\boldsymbol{\alpha}_1+\boldsymbol{\alpha}_2,\boldsymbol{\alpha}_2+\boldsymbol{\alpha}_3,\boldsymbol{\alpha}_3+\boldsymbol{\alpha}_1] = [\boldsymbol{\alpha}_1,\boldsymbol{\alpha}_2,\boldsymbol{\alpha}_3]\begin{bmatrix} 1 & 0 & 1 \\ 1 & 1 & 0 \\ 0 & 1 & 1 \end{bmatrix}$,

因 $\begin{vmatrix} 1 & 0 & 1 \\ 1 & 1 & 0 \\ 0 & 1 & 1 \end{vmatrix} \neq 0$，于是

$$r(\boldsymbol{\alpha}_1+\boldsymbol{\alpha}_2,\boldsymbol{\alpha}_2+\boldsymbol{\alpha}_3,\boldsymbol{\alpha}_3+\boldsymbol{\alpha}_1) = r(\boldsymbol{\alpha}_1,\boldsymbol{\alpha}_2,\boldsymbol{\alpha}_3) = 3$$

所以(A) 必线性无关.

利用观察法易见(B) 中是 4 个向量，而 $\boldsymbol{\alpha}_1,\boldsymbol{\alpha}_2,\boldsymbol{\alpha}_3$ 是 3 个向量，由定理3.7 立即知(B) 必线性相关.

观察到

$$(\boldsymbol{\alpha}_1+2\boldsymbol{\alpha}_2)-(2\boldsymbol{\alpha}_2+3\boldsymbol{\alpha}_3)+(3\boldsymbol{\alpha}_3-\boldsymbol{\alpha}_1) = \mathbf{0}$$

按线性相关定义，知(C) 必相关.

关于(D) 请用秩来判断.

线性表出

【例 3.14】 设 $\boldsymbol{\alpha}_1 = (1,2,3,a)^{\mathrm{T}},\boldsymbol{\alpha}_2 = (1,1,2,-a)^{\mathrm{T}},\boldsymbol{\alpha}_3 = (3,5,b+4,2)^{\mathrm{T}},\boldsymbol{\beta} = (3,4,7,-2)^{\mathrm{T}}$. 试讨论当 a,b 为何值时，

(Ⅰ) $\boldsymbol{\beta}$ 不能由 $\boldsymbol{\alpha}_1,\boldsymbol{\alpha}_2,\boldsymbol{\alpha}_3$ 线性表示；

(Ⅱ) $\boldsymbol{\beta}$ 可由 $\boldsymbol{\alpha}_1,\boldsymbol{\alpha}_2,\boldsymbol{\alpha}_3$ 线性表示，并求出表示式.

解 设 $x_1\boldsymbol{\alpha}_1+x_2\boldsymbol{\alpha}_2+x_3\boldsymbol{\alpha}_3 = \boldsymbol{\beta}$，对 $[\boldsymbol{\alpha}_1,\boldsymbol{\alpha}_2,\boldsymbol{\alpha}_3,\boldsymbol{\beta}]$ 作初等行变换，有

$$[\boldsymbol{A},\boldsymbol{\beta}] = \left[\begin{array}{ccc:c} 1 & 1 & 3 & 3 \\ 2 & 1 & 5 & 4 \\ 3 & 2 & b+4 & 7 \\ a & -a & 2 & -2 \end{array}\right] \to \left[\begin{array}{ccc:c} 1 & 0 & 2 & 1 \\ 0 & 1 & 1 & 2 \\ 0 & 0 & b-4 & 0 \\ 0 & 0 & 2-a & a-2 \end{array}\right]$$

(Ⅰ) 当 $a\neq 2$ 且 $b\neq 4$ 时,$r(\boldsymbol{A})=3, r(\boldsymbol{A},\boldsymbol{\beta})=4, r(\boldsymbol{A})\neq r(\boldsymbol{A},\boldsymbol{\beta})$,方程组无解,$\boldsymbol{\beta}$ 不能由 $\boldsymbol{\alpha}_1,\boldsymbol{\alpha}_2,\boldsymbol{\alpha}_3$ 线性表示.

(Ⅱ) ① 当 $a\neq 2, b=4$ 或 $a=2, b\neq 4$ 时,均有 $r(\boldsymbol{A})=r(\boldsymbol{A},\boldsymbol{\beta})=3$,方程组有唯一解.

如 $a\neq 2, b=4$

$$[\boldsymbol{A},\boldsymbol{\beta}]\rightarrow\left[\begin{array}{ccc:c}1&0&0&3\\0&1&0&3\\0&0&1&-1\\0&0&0&0\end{array}\right]$$

解出 $x_1=3, x_2=3, x_3=-1$,于是 $\boldsymbol{\beta}=3\boldsymbol{\alpha}_1+3\boldsymbol{\alpha}_2-\boldsymbol{\alpha}_3$.

如 $a=2, b\neq 4$

$$[\boldsymbol{A},\boldsymbol{\beta}]\rightarrow\left[\begin{array}{ccc:c}1&0&0&1\\0&1&0&2\\0&0&1&0\\0&0&0&0\end{array}\right]$$

解出 $x_1=1, x_2=2, x_3=0$,于是 $\boldsymbol{\beta}=\boldsymbol{\alpha}_1+2\boldsymbol{\alpha}_2$.

② 当 $a=2$ 且 $b=4$ 时,$r(\boldsymbol{A})=r(\boldsymbol{A},\boldsymbol{\beta})=2<3$,方程组有无穷多解.

$$[\boldsymbol{A},\boldsymbol{\beta}]\rightarrow\left[\begin{array}{ccc:c}1&0&2&1\\0&1&1&2\\0&0&0&0\\0&0&0&0\end{array}\right]$$

令 $x_3=t$ 解出 $x_1=1-2t, x_2=2-t$,于是

$$\boldsymbol{\beta}=(1-2t)\boldsymbol{\alpha}_1+(2-t)\boldsymbol{\alpha}_2+t\boldsymbol{\alpha}_3, t \text{ 任意}.$$

【评注】 若已知向量的坐标而要判断能否线性表出的问题,通常是转换为非齐次线性方程组是否有解的讨论. 如果向量的坐标没有给出而问能否线性表出,通常用线性相关及秩的理论分析、推理.

【例 3.15】 (2005,2) 确定常数 a,使向量组 $\boldsymbol{\alpha}_1=(1,1,a)^{\mathrm T}, \boldsymbol{\alpha}_2=(1,a,1)^{\mathrm T}, \boldsymbol{\alpha}_3=(a,1,1)^{\mathrm T}$ 可由向量组 $\boldsymbol{\beta}_1=(1,1,a)^{\mathrm T}, \boldsymbol{\beta}_2=(-2,a,4)^{\mathrm T}, \boldsymbol{\beta}_3=(-2,a,a)^{\mathrm T}$ 线性表示,但向量组 $\boldsymbol{\beta}_1,\boldsymbol{\beta}_2,\boldsymbol{\beta}_3$ 不能由向量组 $\boldsymbol{\alpha}_1,\boldsymbol{\alpha}_2,\boldsymbol{\alpha}_3$ 线性表示.

解 (方法一) 因为 $\boldsymbol{\alpha}_1,\boldsymbol{\alpha}_2,\boldsymbol{\alpha}_3$ 可由 $\boldsymbol{\beta}_1,\boldsymbol{\beta}_2,\boldsymbol{\beta}_3$ 线性表出,有

$$r(\boldsymbol{\alpha}_1,\boldsymbol{\alpha}_2,\boldsymbol{\alpha}_3)\leqslant r(\boldsymbol{\beta}_1,\boldsymbol{\beta}_2,\boldsymbol{\beta}_3).$$

又因为 $\boldsymbol{\beta}_1,\boldsymbol{\beta}_2,\boldsymbol{\beta}_3$ 不能由 $\boldsymbol{\alpha}_1,\boldsymbol{\alpha}_2,\boldsymbol{\alpha}_3$ 线性表出,故必有

$$r(\boldsymbol{\alpha}_1,\boldsymbol{\alpha}_2,\boldsymbol{\alpha}_3)<r(\boldsymbol{\beta}_1,\boldsymbol{\beta}_2,\boldsymbol{\beta}_3).$$

由于 $r(\boldsymbol{\beta}_1,\boldsymbol{\beta}_2,\boldsymbol{\beta}_3)\leqslant 3$,故 $r(\boldsymbol{\alpha}_1,\boldsymbol{\alpha}_2,\boldsymbol{\alpha}_3)<3$,于是

$$|\boldsymbol{\alpha}_1,\boldsymbol{\alpha}_2,\boldsymbol{\alpha}_3|=\begin{vmatrix}1&1&a\\1&a&1\\a&1&1\end{vmatrix}=-(a+2)(a-1)^2=0,$$

学习札记

所以 $a=1$ 或 $a=-2$.

若 $a=1$,有 $\boldsymbol{\alpha}_1=\boldsymbol{\alpha}_2=\boldsymbol{\alpha}_3=\boldsymbol{\beta}_1$,即 $\boldsymbol{\alpha}_1,\boldsymbol{\alpha}_2,\boldsymbol{\alpha}_3$ 可由 $\boldsymbol{\beta}_1,\boldsymbol{\beta}_2,\boldsymbol{\beta}_3$ 线性表出,但 $\boldsymbol{\beta}_2=(-2,1,4)^{\mathrm{T}}$ 不能由 $\boldsymbol{\alpha}_1,\boldsymbol{\alpha}_2,\boldsymbol{\alpha}_3$ 线性表出.

若 $a=-2$,易见

$$r(\boldsymbol{\alpha}_1,\boldsymbol{\alpha}_2,\boldsymbol{\alpha}_3)=r\begin{bmatrix}1&1&-2\\1&-2&1\\-2&1&1\end{bmatrix}=2,$$

$$r(\boldsymbol{\beta}_1,\boldsymbol{\beta}_2,\boldsymbol{\beta}_3)=r\begin{bmatrix}1&-2&-2\\1&-2&-2\\-2&4&-2\end{bmatrix}=2,$$

与 $r(\boldsymbol{\alpha}_1,\boldsymbol{\alpha}_2,\boldsymbol{\alpha}_3)<r(\boldsymbol{\beta}_1,\boldsymbol{\beta}_2,\boldsymbol{\beta}_3)$ 相矛盾.

所以 $a=1$ 为所求.

(方法二) $\boldsymbol{\alpha}_1,\boldsymbol{\alpha}_2,\boldsymbol{\alpha}_3$ 可由 $\boldsymbol{\beta}_1,\boldsymbol{\beta}_2,\boldsymbol{\beta}_3$ 线性表出,即三个方程组

$$x_{1j}\boldsymbol{\beta}_1+x_{2j}\boldsymbol{\beta}_2+x_{3j}\boldsymbol{\beta}_3=\boldsymbol{\alpha}_j,(j=1,2,3)$$

同时有解.

解题笔记

【例 3.16】 (1992,1)设向量组 $\boldsymbol{\alpha}_1,\boldsymbol{\alpha}_2,\boldsymbol{\alpha}_3$ 线性相关,向量组 $\boldsymbol{\alpha}_2,\boldsymbol{\alpha}_3,\boldsymbol{\alpha}_4$ 线性无关,问

(1)$\boldsymbol{\alpha}_1$ 能否由 $\boldsymbol{\alpha}_2,\boldsymbol{\alpha}_3$ 线性表出?证明你的结论;

(2)$\boldsymbol{\alpha}_4$ 能否由 $\boldsymbol{\alpha}_1,\boldsymbol{\alpha}_2,\boldsymbol{\alpha}_3$ 线性表出?证明你的结论.

解 (1)$\boldsymbol{\alpha}_1$ 能由 $\boldsymbol{\alpha}_2,\boldsymbol{\alpha}_3$ 线性表出.

(方法一) 因为已知向量组 $\boldsymbol{\alpha}_2,\boldsymbol{\alpha}_3,\boldsymbol{\alpha}_4$ 线性无关,那么它的部分组 $\boldsymbol{\alpha}_2,\boldsymbol{\alpha}_3$ 线性无关(定理 3.3).又因 $\boldsymbol{\alpha}_1,\boldsymbol{\alpha}_2,\boldsymbol{\alpha}_3$ 线性相关,故 $\boldsymbol{\alpha}_1$ 可以由 $\boldsymbol{\alpha}_2,\boldsymbol{\alpha}_3$ 线性表出(定理 3.6).

(方法二) 因为向量组 $\boldsymbol{\alpha}_1,\boldsymbol{\alpha}_2,\boldsymbol{\alpha}_3$ 线性相关,故存在不全为零的数 k_1,k_2,k_3,使得 $k_1\boldsymbol{\alpha}_1+k_2\boldsymbol{\alpha}_2+k_3\boldsymbol{\alpha}_3=\mathbf{0}$,其中必有 $k_1\neq0$.否则,若 $k_1=0$,则 k_2,k_3 不全为零,使 $k_2\boldsymbol{\alpha}_2+k_3\boldsymbol{\alpha}_3=\mathbf{0}$,即 $\boldsymbol{\alpha}_2,\boldsymbol{\alpha}_3$ 线性相关,进而向量组 $\boldsymbol{\alpha}_2,\boldsymbol{\alpha}_3,\boldsymbol{\alpha}_4$ 线性

学习札记

相关(定理3.3),与已知矛盾.于是$k_1\neq 0$,由此有$\boldsymbol{\alpha}_1=-\frac{k_2}{k_1}\boldsymbol{\alpha}_2-\frac{k_3}{k_1}\boldsymbol{\alpha}_3$,即$\boldsymbol{\alpha}_1$可由$\boldsymbol{\alpha}_2,\boldsymbol{\alpha}_3$线性表出.

(2)$\boldsymbol{\alpha}_4$不能由$\boldsymbol{\alpha}_1,\boldsymbol{\alpha}_2,\boldsymbol{\alpha}_3$线性表出.

(方法一) (反证法)若$\boldsymbol{\alpha}_4$能由$\boldsymbol{\alpha}_1,\boldsymbol{\alpha}_2,\boldsymbol{\alpha}_3$线性表出,设

$$\boldsymbol{\alpha}_4=k_1\boldsymbol{\alpha}_1+k_2\boldsymbol{\alpha}_2+k_3\boldsymbol{\alpha}_3.$$

由(1)知,$\boldsymbol{\alpha}_1=l_2\boldsymbol{\alpha}_2+l_3\boldsymbol{\alpha}_3$,代入上式整理,得到

$$\boldsymbol{\alpha}_4=(k_1l_2+k_2)\boldsymbol{\alpha}_2+(k_1l_3+k_3)\boldsymbol{\alpha}_3,$$

即$\boldsymbol{\alpha}_4$可由$\boldsymbol{\alpha}_2,\boldsymbol{\alpha}_3$线性表出,从而$\boldsymbol{\alpha}_2,\boldsymbol{\alpha}_3,\boldsymbol{\alpha}_4$线性相关(定理3.5),与已知矛盾.因此,$\boldsymbol{\alpha}_4$不能由$\boldsymbol{\alpha}_1,\boldsymbol{\alpha}_2,\boldsymbol{\alpha}_3$线性表出.

(方法二) 考查方程组$x_1\boldsymbol{\alpha}_1+x_2\boldsymbol{\alpha}_2+x_3\boldsymbol{\alpha}_3=\boldsymbol{\alpha}_4$,因为$\boldsymbol{\alpha}_1,\boldsymbol{\alpha}_2,\boldsymbol{\alpha}_3$线性相关,故系数矩阵的秩$r(\boldsymbol{A})=r(\boldsymbol{\alpha}_1,\boldsymbol{\alpha}_2,\boldsymbol{\alpha}_3)<3$.又因$\boldsymbol{\alpha}_2,\boldsymbol{\alpha}_3,\boldsymbol{\alpha}_4$线性无关,故增广矩阵的秩$r(\boldsymbol{\alpha}_1,\boldsymbol{\alpha}_2,\boldsymbol{\alpha}_3,\boldsymbol{\alpha}_4)\geqslant 3$.于是$r(\boldsymbol{A})\neq r(\overline{\boldsymbol{A}})$,方程组无解,因此,$\boldsymbol{\alpha}_4$不能由$\boldsymbol{\alpha}_1,\boldsymbol{\alpha}_2,\boldsymbol{\alpha}_3$线性表出.

【例3.17】 设向量$\boldsymbol{\beta}$可以由向量组$\boldsymbol{\alpha}_1,\boldsymbol{\alpha}_2,\cdots,\boldsymbol{\alpha}_m$线性表出,但$\boldsymbol{\beta}$不能由向量组$\boldsymbol{\alpha}_1,\boldsymbol{\alpha}_2,\cdots,\boldsymbol{\alpha}_{m-1}$线性表出.判断

(1)$\boldsymbol{\alpha}_m$能否由$\boldsymbol{\alpha}_1,\cdots,\boldsymbol{\alpha}_{m-1},\boldsymbol{\beta}$线性表出,为什么?

(2)$\boldsymbol{\alpha}_m$能否由$\boldsymbol{\alpha}_1,\cdots,\boldsymbol{\alpha}_{m-1}$线性表出,为什么?

解 (1)$\boldsymbol{\alpha}_m$可以由$\boldsymbol{\alpha}_1,\cdots,\boldsymbol{\alpha}_{m-1},\boldsymbol{\beta}$线性表出.

因为$\boldsymbol{\beta}$可以由$\boldsymbol{\alpha}_1,\cdots,\boldsymbol{\alpha}_m$线性表出,故可设

$$\boldsymbol{\beta}=l_1\boldsymbol{\alpha}_1+\cdots+l_{m-1}\boldsymbol{\alpha}_{m-1}+l_m\boldsymbol{\alpha}_m. \quad ①$$

此时必有$l_m\neq 0$,否则$\boldsymbol{\beta}$可以由$\boldsymbol{\alpha}_1,\cdots,\boldsymbol{\alpha}_{m-1}$线性表出,与已知矛盾.那么

$$\boldsymbol{\alpha}_m=\frac{1}{l_m}(\boldsymbol{\beta}-l_1\boldsymbol{\alpha}_1-\cdots-l_{m-1}\boldsymbol{\alpha}_{m-1}),$$

即$\boldsymbol{\alpha}_m$可以由$\boldsymbol{\alpha}_1,\cdots,\boldsymbol{\alpha}_{m-1},\boldsymbol{\beta}$线性表出.

(2)$\boldsymbol{\alpha}_m$不能由$\boldsymbol{\alpha}_1,\cdots,\boldsymbol{\alpha}_{m-1}$线性表出.

如果$\boldsymbol{\alpha}_m$可以由$\boldsymbol{\alpha}_1,\cdots,\boldsymbol{\alpha}_{m-1}$线性表出,可设

$$\boldsymbol{\alpha}_m=k_1\boldsymbol{\alpha}_1+k_2\boldsymbol{\alpha}_2+\cdots+k_{m-1}\boldsymbol{\alpha}_{m-1}. \quad ②$$

将②代入①,整理得

$$\boldsymbol{\beta}=(l_1+l_mk_1)\boldsymbol{\alpha}_1+(l_2+l_mk_2)\boldsymbol{\alpha}_2+\cdots+(l_{m-1}+l_mk_{m-1})\boldsymbol{\alpha}_{m-1}.$$

说明$\boldsymbol{\beta}$可以由$\boldsymbol{\alpha}_1,\boldsymbol{\alpha}_2,\cdots,\boldsymbol{\alpha}_{m-1}$线性表出,与已知矛盾.故$\boldsymbol{\alpha}_m$不能由$\boldsymbol{\alpha}_1,\cdots,\boldsymbol{\alpha}_{m-1}$线性表出.

或者 由$\boldsymbol{\beta}$可由$\boldsymbol{\alpha}_1,\boldsymbol{\alpha}_2,\cdots,\boldsymbol{\alpha}_m$线性表出,有

$$r(\boldsymbol{\alpha}_1,\boldsymbol{\alpha}_2,\cdots,\boldsymbol{\alpha}_m)=r(\boldsymbol{\alpha}_1,\boldsymbol{\alpha}_2,\cdots,\boldsymbol{\alpha}_m,\boldsymbol{\beta}) \quad ③$$

而$\boldsymbol{\beta}$不能由$\boldsymbol{\alpha}_1,\boldsymbol{\alpha}_2,\cdots,\boldsymbol{\alpha}_{m-1}$线性表出,有

$$r(\boldsymbol{\alpha}_1,\boldsymbol{\alpha}_2,\cdots,\boldsymbol{\alpha}_{m-1})+1=r(\boldsymbol{\alpha}_1,\boldsymbol{\alpha}_2,\cdots,\boldsymbol{\alpha}_{m-1},\boldsymbol{\beta}) \quad ④$$

那么$r(\boldsymbol{\alpha}_1,\boldsymbol{\alpha}_2,\cdots,\boldsymbol{\alpha}_m)\leqslant r(\boldsymbol{\alpha}_1,\boldsymbol{\alpha}_2,\cdots,\boldsymbol{\alpha}_{m-1})+1$

$$=\cdots$$

学习札记

练习　(2013, $_{2,3}^{1}$) 设 $\boldsymbol{A},\boldsymbol{B},\boldsymbol{C}$ 均为 n 阶矩阵，若 $\boldsymbol{AB}=\boldsymbol{C}$ 且 $\boldsymbol{B}$ 可逆，则

(A) 矩阵 $\boldsymbol{C}$ 的行向量与矩阵 $\boldsymbol{A}$ 的行向量等价.

(B) 矩阵 $\boldsymbol{C}$ 的列向量与矩阵 $\boldsymbol{A}$ 的列向量等价.

(C) 矩阵 $\boldsymbol{C}$ 的行向量与矩阵 $\boldsymbol{B}$ 的行向量等价.

(D) 矩阵 $\boldsymbol{C}$ 的列向量与矩阵 $\boldsymbol{B}$ 的列向量等价.

解题笔记

向量组的秩

【例 3.18】 已知 $\boldsymbol{\alpha}_1=(1,1,4,2)^{\mathrm{T}},\boldsymbol{\alpha}_2=(1,-1,-2,4)^{\mathrm{T}},\boldsymbol{\alpha}_3=(-3,1,a,-10)^{\mathrm{T}},\boldsymbol{\alpha}_4=(1,3,10,0)^{\mathrm{T}}$，求向量组 $\boldsymbol{\alpha}_1,\boldsymbol{\alpha}_2,\boldsymbol{\alpha}_3,\boldsymbol{\alpha}_4$ 的秩，求其一个极大线性无关组，并将其余向量用该极大线性无关组线性表出.

解 对 $[\boldsymbol{\alpha}_1,\boldsymbol{\alpha}_2,\boldsymbol{\alpha}_3,\boldsymbol{\alpha}_4]$ 作初等行变换，

$$[\boldsymbol{\alpha}_1,\boldsymbol{\alpha}_2,\boldsymbol{\alpha}_3,\boldsymbol{\alpha}_4]=\begin{bmatrix}1&1&-3&1\\1&-1&1&3\\4&-2&a&10\\2&4&-10&0\end{bmatrix}\to\begin{bmatrix}1&1&-3&1\\0&-2&4&2\\0&-6&a+12&6\\0&2&-4&-2\end{bmatrix}$$

$$\to\begin{bmatrix}1&0&-1&2\\0&1&-2&-1\\0&0&a&0\\0&0&0&0\end{bmatrix}=[\boldsymbol{\beta}_1,\boldsymbol{\beta}_2,\boldsymbol{\beta}_3,\boldsymbol{\beta}_4].$$

当 $a\neq 0$ 时，$r(\boldsymbol{\alpha}_1,\boldsymbol{\alpha}_2,\boldsymbol{\alpha}_3,\boldsymbol{\alpha}_4)=3$，极大无关组：$\boldsymbol{\alpha}_1,\boldsymbol{\alpha}_2,\boldsymbol{\alpha}_3$.

$$\boldsymbol{\alpha}_4=2\boldsymbol{\alpha}_1-\boldsymbol{\alpha}_2.$$

当 $a=0$ 时，$r(\boldsymbol{\alpha}_1,\boldsymbol{\alpha}_2,\boldsymbol{\alpha}_3,\boldsymbol{\alpha}_4)=2$，极大无关组：$\boldsymbol{\alpha}_1,\boldsymbol{\alpha}_2$.

$$\boldsymbol{\alpha}_3=-\boldsymbol{\alpha}_1-2\boldsymbol{\alpha}_2,\boldsymbol{\alpha}_4=2\boldsymbol{\alpha}_1-\boldsymbol{\alpha}_2.$$

【注】 $a\neq 0$ 时，

$$\boldsymbol{\beta}_4=\begin{bmatrix}2\\-1\\0\\0\end{bmatrix}=2\begin{bmatrix}1\\0\\0\\0\end{bmatrix}-\begin{bmatrix}0\\1\\0\\0\end{bmatrix}=2\boldsymbol{\beta}_1-\boldsymbol{\beta}_2，于是\ \boldsymbol{\alpha}_4=2\boldsymbol{\alpha}_1-\boldsymbol{\alpha}_2.$$

学习札记

【例 3.19】 已知 n 维向量 $\boldsymbol{\alpha}_1,\boldsymbol{\alpha}_2,\boldsymbol{\alpha}_3$ 线性无关，若

$$\boldsymbol{\beta}_1=(k+1)\boldsymbol{\alpha}_1+\boldsymbol{\alpha}_2+\boldsymbol{\alpha}_3,$$
$$\boldsymbol{\beta}_2=3\boldsymbol{\alpha}_1+(k+3)\boldsymbol{\alpha}_2+3\boldsymbol{\alpha}_3,$$
$$\boldsymbol{\beta}_3=5\boldsymbol{\alpha}_1+5\boldsymbol{\alpha}_2+(k+5)\boldsymbol{\alpha}_3.$$

若 $\boldsymbol{\beta}_1,\boldsymbol{\beta}_2,\boldsymbol{\beta}_3$ 线性相关，求向量组 $\boldsymbol{\beta}_1,\boldsymbol{\beta}_2,\boldsymbol{\beta}_3$ 的一个极大线性无关组，并将其余向量用该极大线性无关组线性表出.

解 记 $\boldsymbol{A}=[\boldsymbol{\alpha}_1,\boldsymbol{\alpha}_2,\boldsymbol{\alpha}_3]$. 因 $\boldsymbol{\alpha}_1,\boldsymbol{\alpha}_2,\boldsymbol{\alpha}_3$ 线性无关，有

$$r(\boldsymbol{A})=r(\boldsymbol{\alpha}_1,\boldsymbol{\alpha}_2,\boldsymbol{\alpha}_3)=3,$$

于是 $\boldsymbol{A}$ 列满秩. 由 $[\boldsymbol{\beta}_1,\boldsymbol{\beta}_2,\boldsymbol{\beta}_3]=[\boldsymbol{\alpha}_1,\boldsymbol{\alpha}_2,\boldsymbol{\alpha}_3]\begin{bmatrix}k+1&3&5\\1&k+3&5\\1&3&k+5\end{bmatrix}$，且 $\boldsymbol{\beta}_1,\boldsymbol{\beta}_2,\boldsymbol{\beta}_3$ 线性相关. 从而

$$r(\boldsymbol{\beta}_1,\boldsymbol{\beta}_2,\boldsymbol{\beta}_3)=r\begin{bmatrix}k+1&3&5\\1&k+3&5\\1&3&k+5\end{bmatrix}<3,$$

$$\boldsymbol{C}=\begin{bmatrix}k+1&3&5\\1&k+3&5\\1&3&k+5\end{bmatrix}\to\begin{bmatrix}k+1&3&5\\-k&k&0\\-k&0&k\end{bmatrix}.$$

当 $k=0$ 时，$r(\boldsymbol{\beta}_1,\boldsymbol{\beta}_2,\boldsymbol{\beta}_3)=1$，极大无关组：$\boldsymbol{\beta}_1$，而 $\boldsymbol{\beta}_2=3\boldsymbol{\beta}_1,\boldsymbol{\beta}_3=5\boldsymbol{\beta}_1$.

当 $k\neq 0$ 时，

$$\boldsymbol{C}\to\begin{bmatrix}k+1&3&5\\-1&1&0\\-1&0&1\end{bmatrix}\to\begin{bmatrix}k+9&0&0\\-1&1&0\\-1&0&1\end{bmatrix}$$

若 $k=-9$，则 $r(\boldsymbol{\beta}_1,\boldsymbol{\beta}_2,\boldsymbol{\beta}_3)=2$，极大无关组：$\boldsymbol{\beta}_2,\boldsymbol{\beta}_3$，而 $\boldsymbol{\beta}_1=-\boldsymbol{\beta}_2-\boldsymbol{\beta}_3$.

【例 3.20】 已知向量组(Ⅰ)$\boldsymbol{\alpha}_1=(1,1,a)^{\mathrm{T}},\boldsymbol{\alpha}_2=(1,a,1)^{\mathrm{T}}$ 和(Ⅱ)$\boldsymbol{\beta}_1=(a,1,1)^{\mathrm{T}},\boldsymbol{\beta}_2=(4,1,-5)^{\mathrm{T}}$ 等价，则 $a=$ ________.

分析 明显地 $\boldsymbol{\beta}_1,\boldsymbol{\beta}_2$ 线性无关. 于是 $r(\text{Ⅱ})=2$.

又因(Ⅰ)与(Ⅱ)等价，有 $r(\text{Ⅰ})=r(\text{Ⅱ})=r(\text{Ⅰ},\text{Ⅱ})=2$.

$$[\boldsymbol{\alpha}_1,\boldsymbol{\alpha}_2,\boldsymbol{\beta}_1,\boldsymbol{\beta}_2]=\begin{bmatrix}1&1&a&4\\1&a&1&1\\a&1&1&-5\end{bmatrix}\to\begin{bmatrix}1&1&a&4\\0&a-1&1-a&-3\\0&0&a^2+a-2&4a+8\end{bmatrix},$$

$$\text{那么}\begin{cases}a-1\neq 0,\\a^2+a-2=0,\\4a+8=0,\end{cases}\quad\therefore a=-2.$$

【例 3.21】 设向量组(Ⅰ)可由向量组(Ⅱ)线性表出，且秩 $r(\text{Ⅰ})=r(\text{Ⅱ})$，证明向量组(Ⅰ)与(Ⅱ)等价.

分析 要证向量组(Ⅰ)与(Ⅱ)等价，也就是要证(Ⅰ)与(Ⅱ)可以互

学习札记

相线性表出，现已知(Ⅰ)可由(Ⅱ)线性表出，故只需证(Ⅱ)可由(Ⅰ)线性表出，出发点就是秩 $r(\text{Ⅰ}) = r(\text{Ⅱ})$.

证明 设秩 $r(\text{Ⅰ}) = r(\text{Ⅱ}) = r$，且 $\boldsymbol{\alpha}_1,\boldsymbol{\alpha}_2,\cdots,\boldsymbol{\alpha}_r$ 与 $\boldsymbol{\beta}_1,\boldsymbol{\beta}_2,\cdots,\boldsymbol{\beta}_r$ 分别是向量组(Ⅰ)与(Ⅱ)的极大线性无关组. 由于(Ⅰ)可由(Ⅱ)线性表出，故 $\boldsymbol{\alpha}_1,\boldsymbol{\alpha}_2,\cdots,\boldsymbol{\alpha}_r$ 可由 $\boldsymbol{\beta}_1,\boldsymbol{\beta}_2,\cdots,\boldsymbol{\beta}_r$ 线性表出，那么

$$r(\boldsymbol{\alpha}_1,\boldsymbol{\alpha}_2,\cdots,\boldsymbol{\alpha}_r,\boldsymbol{\beta}_1,\boldsymbol{\beta}_2,\cdots,\boldsymbol{\beta}_r) = r(\boldsymbol{\beta}_1,\boldsymbol{\beta}_2,\cdots,\boldsymbol{\beta}_r) = r.$$

又因 $\boldsymbol{\alpha}_1,\boldsymbol{\alpha}_2,\cdots,\boldsymbol{\alpha}_r$ 线性无关，于是 $\boldsymbol{\alpha}_1,\boldsymbol{\alpha}_2,\cdots,\boldsymbol{\alpha}_r$ 是向量组 $\boldsymbol{\alpha}_1,\boldsymbol{\alpha}_2,\cdots,\boldsymbol{\alpha}_r,\boldsymbol{\beta}_1,\boldsymbol{\beta}_2,\cdots,\boldsymbol{\beta}_r$ 的极大线性无关组，从而 $\boldsymbol{\beta}_1,\boldsymbol{\beta}_2,\cdots,\boldsymbol{\beta}_r$ 可由 $\boldsymbol{\alpha}_1,\boldsymbol{\alpha}_2,\cdots,\boldsymbol{\alpha}_r$ 线性表出，进而向量组(Ⅱ)可由 $\boldsymbol{\alpha}_1,\boldsymbol{\alpha}_2,\cdots,\boldsymbol{\alpha}_r$ 线性表出，也就是(Ⅱ)可由(Ⅰ)线性表出. 又已知(Ⅰ)可由(Ⅱ)线性表出，所以(Ⅰ)与(Ⅱ)等价.

【评注】 注意，若向量组(Ⅰ)与(Ⅱ)等价，则秩 $r(\text{Ⅰ}) = r(\text{Ⅱ})$. 但 $r(\text{Ⅰ}) = r(\text{Ⅱ})$ 时，向量组(Ⅰ)与(Ⅱ)不一定等价. 请思考下例：

$$\boldsymbol{\alpha}_1 = \begin{bmatrix}1\\0\\0\end{bmatrix},\boldsymbol{\alpha}_2 = \begin{bmatrix}0\\1\\0\end{bmatrix} \text{与} \boldsymbol{\beta}_1 = \begin{bmatrix}1\\0\\0\end{bmatrix},\boldsymbol{\beta}_2 = \begin{bmatrix}0\\0\\1\end{bmatrix}.$$

矩阵秩的证明

【例 3.22】 设 $\boldsymbol{A}$ 是 $m\times n$ 矩阵，$\boldsymbol{B}$ 是 $n\times s$ 矩阵，证明秩

$$r(\boldsymbol{AB}) \leqslant \min(r(\boldsymbol{A}),r(\boldsymbol{B})).$$

证明 (方法一) 对于齐次方程组

$$(\text{Ⅰ})\boldsymbol{ABx} = \boldsymbol{0} \text{与}(\text{Ⅱ})\boldsymbol{Bx} = \boldsymbol{0},$$

若 $\boldsymbol{\alpha}$ 是方程组(Ⅱ)的任一个解，则由

$$(\boldsymbol{AB})\boldsymbol{\alpha} = \boldsymbol{A}(\boldsymbol{B\alpha}) = \boldsymbol{A0} = \boldsymbol{0}$$

知 $\boldsymbol{\alpha}$ 是方程组(Ⅰ)的解. 因此方程组(Ⅱ)的解集合是方程组(Ⅰ)的解集合的子集合. 又因(Ⅰ)的解向量的秩为 $s-r(\boldsymbol{AB})$，(Ⅱ)的解向量的秩为 $s-r(\boldsymbol{B})$，故有

$$s-r(\boldsymbol{B}) \leqslant s-r(\boldsymbol{AB}),$$

即 $r(\boldsymbol{AB}) \leqslant r(\boldsymbol{B})$.

另一方面，$r(\boldsymbol{AB}) = r((\boldsymbol{AB})^{\mathrm{T}}) = r(\boldsymbol{B}^{\mathrm{T}}\boldsymbol{A}^{\mathrm{T}}) \leqslant r(\boldsymbol{A}^{\mathrm{T}}) = r(\boldsymbol{A})$.

命题得证.

(方法二) 记 $\boldsymbol{AB} = \boldsymbol{C}$，并对 $\boldsymbol{A},\boldsymbol{C}$ 按列分块，有

$$[\boldsymbol{\alpha}_1,\boldsymbol{\alpha}_2,\cdots,\boldsymbol{\alpha}_n]\begin{bmatrix}b_{11} & b_{12} & \cdots & b_{1s}\\ b_{21} & b_{22} & \cdots & b_{2s}\\ \vdots & \vdots & & \vdots\\ b_{n1} & b_{n2} & \cdots & b_{ns}\end{bmatrix} = [\boldsymbol{\gamma}_1,\boldsymbol{\gamma}_2,\cdots,\boldsymbol{\gamma}_s],$$

学习札记

说明 $\boldsymbol{AB}$ 的列向量 $\boldsymbol{\gamma}_i(i=1,2,\cdots,s)$ 可由 $\boldsymbol{A}$ 的列向量 $\boldsymbol{\alpha}_1,\boldsymbol{\alpha}_2,\cdots,\boldsymbol{\alpha}_s$ 线性表出,因此据定理 3.8 与 3.9 有

$$r(\boldsymbol{AB})=r(\boldsymbol{\gamma}_1,\boldsymbol{\gamma}_2,\cdots,\boldsymbol{\gamma}_s)\leqslant r(\boldsymbol{\alpha}_1,\boldsymbol{\alpha}_2,\cdots,\boldsymbol{\alpha}_n)=r(\boldsymbol{A}).$$

类似地,对 $\boldsymbol{B}$ 与 $\boldsymbol{C}$ 分别按行分块,有

$$\begin{bmatrix} a_{11} & a_{12} & \cdots & a_{1n} \\ a_{21} & a_{22} & \cdots & a_{2n} \\ \vdots & \vdots & & \vdots \\ a_{m1} & a_{m2} & \cdots & a_{mn} \end{bmatrix}\begin{bmatrix} \boldsymbol{\beta}_1 \\ \boldsymbol{\beta}_2 \\ \vdots \\ \boldsymbol{\beta}_n \end{bmatrix}=\begin{bmatrix} \boldsymbol{\delta}_1 \\ \boldsymbol{\delta}_2 \\ \vdots \\ \boldsymbol{\delta}_m \end{bmatrix},$$

说明 $\boldsymbol{AB}$ 的行向量 $\boldsymbol{\delta}_j(j=1,2,\cdots,m)$ 可由 $\boldsymbol{B}$ 的行向量 $\boldsymbol{\beta}_1,\boldsymbol{\beta}_2,\cdots,\boldsymbol{\beta}_n$ 线性表出,因此

$$r(\boldsymbol{AB})=r(\boldsymbol{\delta}_1,\boldsymbol{\delta}_2,\cdots,\boldsymbol{\delta}_m)\leqslant r(\boldsymbol{\beta}_1,\boldsymbol{\beta}_2,\cdots,\boldsymbol{\beta}_n)=r(\boldsymbol{B}).$$

特别地,若 $\boldsymbol{A}$ 可逆,则 $r(\boldsymbol{AB})=r(\boldsymbol{B})$.

【例 3.23】 证明:(1) $r(\boldsymbol{A}+\boldsymbol{B})\leqslant r(\boldsymbol{A},\boldsymbol{B})\leqslant r(\boldsymbol{A})+r(\boldsymbol{B})$;

(2) $r\begin{bmatrix} \boldsymbol{A} & \boldsymbol{B} \\ \boldsymbol{O} & \boldsymbol{B} \end{bmatrix}=r(\boldsymbol{A})+r(\boldsymbol{B})$.

证明 (1) 设 $r(\boldsymbol{A})=t$, $r(\boldsymbol{B})=s$, $\boldsymbol{\alpha}_{i1},\boldsymbol{\alpha}_{i2},\cdots,\boldsymbol{\alpha}_{it}$ 与 $\boldsymbol{\beta}_{j1},\boldsymbol{\beta}_{j2},\cdots,\boldsymbol{\beta}_{js}$ 分别是 $\boldsymbol{A}$ 与 $\boldsymbol{B}$ 的列向量的极大线性无关组.

$\boldsymbol{\alpha}_1+\boldsymbol{\beta}_1,\boldsymbol{\alpha}_2+\boldsymbol{\beta}_2,\cdots,\boldsymbol{\alpha}_n+\boldsymbol{\beta}_n$ 可由 $\boldsymbol{\alpha}_1,\boldsymbol{\alpha}_2,\cdots,\boldsymbol{\alpha}_n,\boldsymbol{\beta}_1,\boldsymbol{\beta}_2,\cdots,\boldsymbol{\beta}_n$ 线性表出,

则 $r(\boldsymbol{\alpha}_1+\boldsymbol{\beta}_1,\boldsymbol{\alpha}_2+\boldsymbol{\beta}_2,\cdots,\boldsymbol{\alpha}_n+\boldsymbol{\beta}_n)\leqslant r(\boldsymbol{\alpha}_1,\boldsymbol{\alpha}_2,\cdots,\boldsymbol{\alpha}_n,\boldsymbol{\beta}_1,\boldsymbol{\beta}_2,\cdots,\boldsymbol{\beta}_n)$,

即 $r(\boldsymbol{A}+\boldsymbol{B})\leqslant r(\boldsymbol{A},\boldsymbol{B})$.

又 $\boldsymbol{\alpha}_1,\boldsymbol{\alpha}_2,\cdots,\boldsymbol{\alpha}_n,\boldsymbol{\beta}_1,\boldsymbol{\beta}_2,\cdots,\boldsymbol{\beta}_n$ 可由 $\boldsymbol{\alpha}_{i1},\boldsymbol{\alpha}_{i2},\cdots,\boldsymbol{\alpha}_{it},\boldsymbol{\beta}_{j1},\boldsymbol{\beta}_{j2},\cdots,\boldsymbol{\beta}_{js}$ 线性表出,

$$\begin{aligned} r(\boldsymbol{\alpha}_1,\boldsymbol{\alpha}_2,\cdots,\boldsymbol{\alpha}_n,\boldsymbol{\beta}_1,\boldsymbol{\beta}_2,\cdots,\boldsymbol{\beta}_n) &\leqslant r(\boldsymbol{\alpha}_{i1},\boldsymbol{\alpha}_{i2},\cdots,\boldsymbol{\alpha}_{it},\boldsymbol{\beta}_{j1},\boldsymbol{\beta}_{j2},\cdots,\boldsymbol{\beta}_{js}) \\ &\leqslant t+s, \end{aligned}$$

即 $r(\boldsymbol{A},\boldsymbol{B})\leqslant r(\boldsymbol{A})+r(\boldsymbol{B})$.

或由 $(\boldsymbol{A},\boldsymbol{B})\begin{bmatrix} \boldsymbol{E} \\ \boldsymbol{E} \end{bmatrix}=\boldsymbol{A}+\boldsymbol{B}$,于是

$$r(\boldsymbol{A}+\boldsymbol{B})\leqslant r(\boldsymbol{A},\boldsymbol{B}).$$

又 $(\boldsymbol{E},\boldsymbol{E})\begin{bmatrix} \boldsymbol{A} & \boldsymbol{O} \\ \boldsymbol{O} & \boldsymbol{B} \end{bmatrix}=(\boldsymbol{A},\boldsymbol{B})$,于是

$$r(\boldsymbol{A},\boldsymbol{B})\leqslant r\begin{bmatrix} \boldsymbol{A} & \boldsymbol{O} \\ \boldsymbol{O} & \boldsymbol{B} \end{bmatrix}=r(\boldsymbol{A})+r(\boldsymbol{B}).$$

(2) 因 $\begin{bmatrix} \boldsymbol{E} & -\boldsymbol{E} \\ \boldsymbol{O} & \boldsymbol{E} \end{bmatrix}\begin{bmatrix} \boldsymbol{A} & \boldsymbol{B} \\ \boldsymbol{O} & \boldsymbol{B} \end{bmatrix}=\begin{bmatrix} \boldsymbol{A} & \boldsymbol{O} \\ \boldsymbol{O} & \boldsymbol{B} \end{bmatrix}$,又 $\begin{bmatrix} \boldsymbol{E} & -\boldsymbol{E} \\ \boldsymbol{O} & \boldsymbol{E} \end{bmatrix}$ 可逆,

$\therefore r\begin{bmatrix} \boldsymbol{A} & \boldsymbol{B} \\ \boldsymbol{O} & \boldsymbol{B} \end{bmatrix}=r\begin{bmatrix} \boldsymbol{A} & \boldsymbol{O} \\ \boldsymbol{O} & \boldsymbol{B} \end{bmatrix}=r(\boldsymbol{A})+r(\boldsymbol{B})$.

【例 3.24】 (2008,1) 设 $\boldsymbol{A}=\boldsymbol{\alpha\alpha}^{\mathrm{T}}+\boldsymbol{\beta\beta}^{\mathrm{T}}$, $\boldsymbol{\alpha},\boldsymbol{\beta}$ 是三维列向量, $\boldsymbol{\alpha}^{\mathrm{T}}$ 为 $\boldsymbol{\alpha}$ 的转置, $\boldsymbol{\beta}^{\mathrm{T}}$ 为 $\boldsymbol{\beta}$ 的转置.

(1) 证明秩 $r(\boldsymbol{A})\leqslant 2$;

学习札记

(2) 若 $\boldsymbol{\alpha},\boldsymbol{\beta}$ 线性相关，则 $r(\boldsymbol{A})<2$.

证明 (1) 由于 $\boldsymbol{\alpha},\boldsymbol{\beta}$ 均是列向量，故 $\boldsymbol{\alpha}\boldsymbol{\alpha}^{\mathrm{T}},\boldsymbol{\beta}\boldsymbol{\beta}^{\mathrm{T}}$ 是三阶矩阵，且有 $r(\boldsymbol{\alpha}\boldsymbol{\alpha}^{\mathrm{T}})\leqslant r(\boldsymbol{\alpha})\leqslant 1, r(\boldsymbol{\beta}\boldsymbol{\beta}^{\mathrm{T}})\leqslant r(\boldsymbol{\beta})\leqslant 1$，从而

$$r(\boldsymbol{A})=r(\boldsymbol{\alpha}\boldsymbol{\alpha}^{\mathrm{T}}+\boldsymbol{\beta}\boldsymbol{\beta}^{\mathrm{T}})\leqslant r(\boldsymbol{\alpha}\boldsymbol{\alpha}^{\mathrm{T}})+r(\boldsymbol{\beta}\boldsymbol{\beta}^{\mathrm{T}})\leqslant 2.$$

(2) 若 $\boldsymbol{\alpha},\boldsymbol{\beta}$ 线性相关，不妨设 $\boldsymbol{\beta}=k\boldsymbol{\alpha}$，则

$$\begin{aligned}r(\boldsymbol{A})&=r[\boldsymbol{\alpha}\boldsymbol{\alpha}^{\mathrm{T}}+(k\boldsymbol{\alpha})(k\boldsymbol{\alpha})^{\mathrm{T}}]=r[(1+k^2)\boldsymbol{\alpha}\boldsymbol{\alpha}^{\mathrm{T}}]\\&=r(\boldsymbol{\alpha}\boldsymbol{\alpha}^{\mathrm{T}})\leqslant 1<2.\end{aligned}$$

练习 1 (2018, $\frac{1}{2,3}$) 设 $\boldsymbol{A},\boldsymbol{B}$ 为 n 阶矩阵，记 $r(\boldsymbol{X})$ 为矩阵 $\boldsymbol{X}$ 的秩，$(\boldsymbol{X}\quad\boldsymbol{Y})$ 表示分块矩阵，则

(A) $r(\boldsymbol{A}\quad\boldsymbol{AB})=r(\boldsymbol{A})$.　　(B) $r(\boldsymbol{A}\quad\boldsymbol{BA})=r(\boldsymbol{A})$.

(C) $r(\boldsymbol{A}\quad\boldsymbol{B})=\max\{r(\boldsymbol{A}),r(\boldsymbol{B})\}$.　　(D) $r(\boldsymbol{A}\quad\boldsymbol{B})=r(\boldsymbol{A}^{\mathrm{T}}\quad\boldsymbol{B}^{\mathrm{T}})$.

解题笔记

练习 2 (2021,1) 证明 $r\begin{bmatrix}\boldsymbol{A}&\boldsymbol{O}\\\boldsymbol{BA}&\boldsymbol{A}^{\mathrm{T}}\end{bmatrix}=2r(\boldsymbol{A})$.

解题笔记

学习札记

向量空间*

定义 3.7 全体 n 维向量连同向量的加法和数乘运算合称为 n 维向量空间.

定义 3.8 设 W 是 n 维向量的非空集合,如果满足

(1) $\forall \boldsymbol{\alpha},\boldsymbol{\beta} \in W$,必有 $\boldsymbol{\alpha}+\boldsymbol{\beta} \in W$;

(2) $\forall \boldsymbol{\alpha} \in W$ 及任一实数 k,必有 $k\boldsymbol{\alpha} \in W$,

则称 W 是 n 维向量空间的子空间.

定义 3.9 如果向量空间 V 中的 m 个向量 $\boldsymbol{\alpha}_1,\boldsymbol{\alpha}_2,\cdots,\boldsymbol{\alpha}_m$ 满足

(1) $\boldsymbol{\alpha}_1,\boldsymbol{\alpha}_2,\cdots,\boldsymbol{\alpha}_m$ 线性无关;

(2) V 中任意向量 $\boldsymbol{\beta}$ 均可由向量组 $\boldsymbol{\alpha}_1,\boldsymbol{\alpha}_2,\cdots,\boldsymbol{\alpha}_m$ 线性表出,即

$$x_1\boldsymbol{\alpha}_1+x_2\boldsymbol{\alpha}_2+\cdots+x_m\boldsymbol{\alpha}_m=\boldsymbol{\beta},$$

则称 $\boldsymbol{\alpha}_1,\boldsymbol{\alpha}_2,\cdots,\boldsymbol{\alpha}_m$ 为向量空间 V 的一个基底(或基).基中所含向量的个数 m 称为向量空间 V 的维数,记作 $\dim V=m$,并称 V 是 m 维向量空间.向量 $\boldsymbol{\beta}$ 的表示系数 $x_1,x_2,\cdots,x_m$ 称为向量 $\boldsymbol{\beta}$ 在基底 $\boldsymbol{\alpha}_1,\boldsymbol{\alpha}_2,\cdots,\boldsymbol{\alpha}_m$ 下的坐标.

定义 3.10 设 $\boldsymbol{e}_1,\boldsymbol{e}_2,\cdots,\boldsymbol{e}_n$ 是向量空间的一组基,如果它们满足

$$(\boldsymbol{e}_i,\boldsymbol{e}_j)=\begin{cases}1, & i=j,\\ 0, & i\neq j,\end{cases}$$

则称 $\boldsymbol{e}_1,\boldsymbol{e}_2,\cdots,\boldsymbol{e}_n$ 为规范正交基.

设齐次方程组 $\boldsymbol{Ax}=\boldsymbol{0}$ 的解向量的集合为 W,由解的性质知:

若 $\boldsymbol{\alpha},\boldsymbol{\beta}$ 是 $\boldsymbol{Ax}=\boldsymbol{0}$ 的解,则 $\boldsymbol{\alpha}+\boldsymbol{\beta},k\boldsymbol{\alpha}$ 仍是 $\boldsymbol{Ax}=\boldsymbol{0}$ 的解,所以 W 是 n 维向量空间的子空间,通常称为解空间.

例如,$\boldsymbol{A}=\begin{bmatrix}1 & 1 & 0 & -1\\ 0 & 1 & 0 & 1\end{bmatrix}$,则齐次方程组 $\boldsymbol{Ax}=\boldsymbol{0}$ 的基础解系

$$\boldsymbol{\eta}_1=(0,0,1,0)^{\mathrm{T}},\boldsymbol{\eta}_2=(2,-1,0,1)^{\mathrm{T}}$$

是解空间的基,解空间的维数是 $n-r(\boldsymbol{A})=4-2=2$.

本题中,$\boldsymbol{\eta}_1$ 与 $\boldsymbol{\eta}_2$ 已经正交,将其单位化,

$$\boldsymbol{\gamma}_1=(0,0,1,0)^{\mathrm{T}},\boldsymbol{\gamma}_2=\frac{1}{\sqrt{6}}(2,-1,0,1)^{\mathrm{T}}$$

就是解空间的规范正交基.

定义 3.11 在 n 维向量空间给定两组基

(Ⅰ) $\boldsymbol{\alpha}_1,\boldsymbol{\alpha}_2,\cdots,\boldsymbol{\alpha}_n$;　　(Ⅱ) $\boldsymbol{\beta}_1,\boldsymbol{\beta}_2,\cdots,\boldsymbol{\beta}_n$,

若

* 本节仅数学一要求

学习札记

$$\begin{cases}\boldsymbol{\beta}_1 = c_{11}\boldsymbol{\alpha}_1 + c_{21}\boldsymbol{\alpha}_2 + \cdots + c_{n1}\boldsymbol{\alpha}_n, \\ \boldsymbol{\beta}_2 = c_{12}\boldsymbol{\alpha}_1 + c_{22}\boldsymbol{\alpha}_2 + \cdots + c_{n2}\boldsymbol{\alpha}_n, \\ \cdots\cdots \\ \boldsymbol{\beta}_n = c_{1n}\boldsymbol{\alpha}_1 + c_{2n}\boldsymbol{\alpha}_2 + \cdots + c_{nn}\boldsymbol{\alpha}_n,\end{cases} \tag{3.1}$$

即
$$[\boldsymbol{\beta}_1, \boldsymbol{\beta}_2, \cdots, \boldsymbol{\beta}_n] = [\boldsymbol{\alpha}_1, \boldsymbol{\alpha}_2, \cdots, \boldsymbol{\alpha}_n]\boldsymbol{C}, \tag{3.2}$$

其中
$$\boldsymbol{C} = \begin{bmatrix} c_{11} & c_{12} & \cdots & c_{1n} \\ c_{21} & c_{22} & \cdots & c_{2n} \\ \vdots & \vdots & & \vdots \\ c_{n1} & c_{n2} & \cdots & c_{nn} \end{bmatrix},$$

则称矩阵 $\boldsymbol{C}$ 为由基 $\boldsymbol{\alpha}_1,\boldsymbol{\alpha}_2,\cdots,\boldsymbol{\alpha}_n$ 到基 $\boldsymbol{\beta}_1,\boldsymbol{\beta}_2,\cdots,\boldsymbol{\beta}_n$ 的过渡矩阵.

定理 3.10 如果 $\boldsymbol{\alpha}_1,\boldsymbol{\alpha}_2,\cdots,\boldsymbol{\alpha}_n$ 与 $\boldsymbol{\beta}_1,\boldsymbol{\beta}_2,\cdots,\boldsymbol{\beta}_n$ 是 n 维向量空间的两个基底,则由基 $\boldsymbol{\alpha}_1,\boldsymbol{\alpha}_2,\cdots,\boldsymbol{\alpha}_n$ 到基 $\boldsymbol{\beta}_1,\boldsymbol{\beta}_2,\cdots,\boldsymbol{\beta}_n$ 的过渡矩阵 $\boldsymbol{C}$ 是可逆矩阵.

定理 3.11 如果向量 $\boldsymbol{\gamma}$ 在基底 $\boldsymbol{\alpha}_1,\boldsymbol{\alpha}_2,\cdots,\boldsymbol{\alpha}_n$ 的坐标为 $x_1,x_2,\cdots,x_n$,向量 $\boldsymbol{\gamma}$ 在基底 $\boldsymbol{\beta}_1,\boldsymbol{\beta}_2,\cdots,\boldsymbol{\beta}_n$ 的坐标为 $y_1,y_2,\cdots,y_n$,则坐标变换公式为

$$\begin{bmatrix} x_1 \\ x_2 \\ \vdots \\ x_n \end{bmatrix} = \boldsymbol{C}\begin{bmatrix} y_1 \\ y_2 \\ \vdots \\ y_n \end{bmatrix} \quad 或 \quad \boldsymbol{x} = \boldsymbol{C}\boldsymbol{y},$$

其中 n 阶矩阵 $\boldsymbol{C}$ 是由基底 $\boldsymbol{\alpha}_1,\boldsymbol{\alpha}_2,\cdots,\boldsymbol{\alpha}_n$ 到基底 $\boldsymbol{\beta}_1,\boldsymbol{\beta}_2,\cdots,\boldsymbol{\beta}_n$ 的过渡矩阵.

定理 3.12 若 n 维向量 $\boldsymbol{\alpha}_1,\boldsymbol{\alpha}_2,\cdots,\boldsymbol{\alpha}_s$ 非零且两两正交,则 $\boldsymbol{\alpha}_1,\boldsymbol{\alpha}_2,\cdots,\boldsymbol{\alpha}_s$ 线性无关.

定理 3.13 若 $\boldsymbol{e}_1,\boldsymbol{e}_2,\cdots,\boldsymbol{e}_n$ 是规范正交基,设

$$[\boldsymbol{\varepsilon}_1,\boldsymbol{\varepsilon}_2,\cdots,\boldsymbol{\varepsilon}_n] = [\boldsymbol{e}_1,\boldsymbol{e}_2,\cdots,\boldsymbol{e}_n]\boldsymbol{C},$$

则 $\boldsymbol{\varepsilon}_1,\boldsymbol{\varepsilon}_2,\cdots,\boldsymbol{\varepsilon}_n$ 是规范正交基的充分必要条件是 $\boldsymbol{C}$ 为正交矩阵.

【例 3.25】 (2003,1) 从 $\mathbf{R}^2$ 的基 $\boldsymbol{\alpha}_1 = \begin{bmatrix}1\\0\end{bmatrix},\boldsymbol{\alpha}_2 = \begin{bmatrix}1\\-1\end{bmatrix}$到基 $\boldsymbol{\beta}_1 = \begin{bmatrix}1\\1\end{bmatrix}$,$\boldsymbol{\beta}_2 = \begin{bmatrix}1\\2\end{bmatrix}$的过渡矩阵为________.

分析 据已知,有$\begin{cases}\boldsymbol{\beta}_1 = 2\boldsymbol{\alpha}_1 - \boldsymbol{\alpha}_2, \\ \boldsymbol{\beta}_2 = 3\boldsymbol{\alpha}_1 - 2\boldsymbol{\alpha}_2,\end{cases}$那么,按式(3.1)知,过渡矩阵为

$$\boldsymbol{C} = \begin{bmatrix} 2 & 3 \\ -1 & -2 \end{bmatrix}.$$

或由式(3.2)有$[\boldsymbol{\beta}_1,\boldsymbol{\beta}_2] = [\boldsymbol{\alpha}_1,\boldsymbol{\alpha}_2]\boldsymbol{C}$,即 $\boldsymbol{C} = [\boldsymbol{\alpha}_1,\boldsymbol{\alpha}_2]^{-1}[\boldsymbol{\beta}_1,\boldsymbol{\beta}_2]$,所以

$$\boldsymbol{C} = \begin{bmatrix} 1 & 1 \\ 0 & -1 \end{bmatrix}^{-1}\begin{bmatrix} 1 & 1 \\ 1 & 2 \end{bmatrix} = \begin{bmatrix} 1 & 1 \\ 0 & -1 \end{bmatrix}\begin{bmatrix} 1 & 1 \\ 1 & 2 \end{bmatrix} = \begin{bmatrix} 2 & 3 \\ -1 & -2 \end{bmatrix}.$$

【例 3.26】 已知 $\boldsymbol{\alpha}_1 = (1,2,1)^{\mathrm{T}},\boldsymbol{\alpha}_2 = (2,3,3)^{\mathrm{T}},\boldsymbol{\alpha}_3 = (3,7,1)^{\mathrm{T}}$ 与 $\boldsymbol{\beta}_1 = (2,1,1)^{\mathrm{T}},\boldsymbol{\beta}_2 = (5,2,2)^{\mathrm{T}},\boldsymbol{\beta}_3 = (1,3,4)^{\mathrm{T}}$ 是 $\mathbf{R}^3$ 的两组基,那么,在这两组基下有相同坐标的向量是________.

学习札记

分析 设向量 $\boldsymbol{\gamma}$ 在这两组基下有相同的坐标 $(x_1,x_2,x_3)^{\mathrm{T}}$，即

$$\boldsymbol{\gamma}=x_1\boldsymbol{\alpha}_1+x_2\boldsymbol{\alpha}_2+x_3\boldsymbol{\alpha}_3=x_1\boldsymbol{\beta}_1+x_2\boldsymbol{\beta}_2+x_3\boldsymbol{\beta}_3,$$

$$x_1(\boldsymbol{\alpha}_1-\boldsymbol{\beta}_1)+x_2(\boldsymbol{\alpha}_2-\boldsymbol{\beta}_2)+x_3(\boldsymbol{\alpha}_3-\boldsymbol{\beta}_3)=\mathbf{0}.$$

把坐标代入，并整理得

$$\begin{cases}-x_1-3x_2+2x_3=0,\\ x_1+\ x_2+4x_3=0,\\ \qquad x_2-3x_3=0,\end{cases}$$

解出 $x_1=-7t,x_2=3t,x_3=t$，所以

$$\boldsymbol{\gamma}=-7t(1,2,1)^{\mathrm{T}}+3t(2,3,3)^{\mathrm{T}}+t(3,7,1)^{\mathrm{T}}=(2t,2t,3t)^{\mathrm{T}},t\text{ 为任意常数}.$$

【例 3.27】 已知 $\boldsymbol{\alpha}_1,\boldsymbol{\alpha}_2,\boldsymbol{\alpha}_3$ 和 $\boldsymbol{\beta}_1,\boldsymbol{\beta}_2,\boldsymbol{\beta}_3$ 是 $\mathbf{R}^3$ 的两组基，由基 $\boldsymbol{\alpha}_1,\boldsymbol{\alpha}_2,\boldsymbol{\alpha}_3$ 到基 $\boldsymbol{\beta}_1,\boldsymbol{\beta}_2,\boldsymbol{\beta}_3$ 的过渡矩阵是 $\boldsymbol{C}$. 其中 $\boldsymbol{C}=\begin{bmatrix}0&1&1\\-1&-3&-2\\2&4&4\end{bmatrix}$，而 $\boldsymbol{\beta}_1=(0,1,1)^{\mathrm{T}},\boldsymbol{\beta}_2=(-1,1,0)^{\mathrm{T}},\boldsymbol{\beta}_3=(1,2,1)^{\mathrm{T}}$.

(1) 求基 $\boldsymbol{\alpha}_1,\boldsymbol{\alpha}_2,\boldsymbol{\alpha}_3$.

(2) 求向量 $\boldsymbol{\gamma}=(9,6,5)^{\mathrm{T}}$ 在基 $\boldsymbol{\alpha}_1,\boldsymbol{\alpha}_2,\boldsymbol{\alpha}_3$ 下的坐标.

(3) 若向量 $\boldsymbol{\delta}$ 在基 $\boldsymbol{\beta}_1,\boldsymbol{\beta}_2,\boldsymbol{\beta}_3$ 下的坐标是 $(1,-3,5)^{\mathrm{T}}$，求 $\boldsymbol{\delta}$ 在基 $\boldsymbol{\alpha}_1,\boldsymbol{\alpha}_2,\boldsymbol{\alpha}_3$ 下的坐标.

解 (1) 按定义，$[\boldsymbol{\beta}_1,\boldsymbol{\beta}_2,\boldsymbol{\beta}_3]=[\boldsymbol{\alpha}_1,\boldsymbol{\alpha}_2,\boldsymbol{\alpha}_3]\boldsymbol{C}$，于是

$$[\boldsymbol{\alpha}_1,\boldsymbol{\alpha}_2,\boldsymbol{\alpha}_3]=[\boldsymbol{\beta}_1,\boldsymbol{\beta}_2,\boldsymbol{\beta}_3]\boldsymbol{C}^{-1}$$

$$=\begin{bmatrix}0&-1&1\\1&1&2\\1&0&1\end{bmatrix}\begin{bmatrix}0&1&1\\-1&-3&-2\\2&4&4\end{bmatrix}^{-1}=\begin{bmatrix}1&2&1\\0&1&1\\-1&1&1\end{bmatrix},$$

所以 $\boldsymbol{\alpha}_1=(1,0,-1)^{\mathrm{T}},\boldsymbol{\alpha}_2=(2,1,1)^{\mathrm{T}},\boldsymbol{\alpha}_3=(1,1,1)^{\mathrm{T}}$.

(2) 设 $x_1\boldsymbol{\alpha}_1+x_2\boldsymbol{\alpha}_2+x_3\boldsymbol{\alpha}_3=\boldsymbol{\gamma}$，

$$\left[\begin{array}{ccc:c}1&2&1&9\\0&1&1&6\\-1&1&1&5\end{array}\right]\to\left[\begin{array}{ccc:c}1&0&0&1\\0&1&0&2\\0&0&1&4\end{array}\right],$$

故向量 $\boldsymbol{\gamma}$ 在基 $\boldsymbol{\alpha}_1,\boldsymbol{\alpha}_2,\boldsymbol{\alpha}_3$ 下的坐标是 $(1,2,4)^{\mathrm{T}}$.

(3) 由基 $\boldsymbol{\alpha}_1,\boldsymbol{\alpha}_2,\boldsymbol{\alpha}_3$ 到基 $\boldsymbol{\beta}_1,\boldsymbol{\beta}_2,\boldsymbol{\beta}_3$ 的坐标变换公式为 $\boldsymbol{x}=\boldsymbol{C}\boldsymbol{y}$，有

$$\begin{bmatrix}x_1\\x_2\\x_3\end{bmatrix}=\begin{bmatrix}0&1&1\\-1&-3&-2\\2&4&4\end{bmatrix}\begin{bmatrix}1\\-3\\5\end{bmatrix}=\begin{bmatrix}2\\-2\\10\end{bmatrix},$$

即向量 $\boldsymbol{\delta}$ 在基 $\boldsymbol{\alpha}_1,\boldsymbol{\alpha}_2,\boldsymbol{\alpha}_3$ 下的坐标为 $(2,-2,10)^{\mathrm{T}}$.

【例 3.28】 设 $\boldsymbol{\alpha}_1=(1,2,-a)^{\mathrm{T}},\boldsymbol{\alpha}_2=(1,1,2)^{\mathrm{T}},\boldsymbol{\beta}_1=(a,5,10)^{\mathrm{T}},\boldsymbol{\beta}_2=(4,a,1)^{\mathrm{T}}$. 若 $\boldsymbol{\alpha}_1,\boldsymbol{\alpha}_2,\boldsymbol{\beta}_1,\boldsymbol{\beta}_2$ 生成的向量空间 $L(\boldsymbol{\alpha}_1,\boldsymbol{\alpha}_2,\boldsymbol{\beta}_1,\boldsymbol{\beta}_2)$，维数是二.

(1) 求 a.

(2) 证明 $\boldsymbol{\alpha}_1,\boldsymbol{\alpha}_2$ 和 $\boldsymbol{\beta}_1,\boldsymbol{\beta}_2$ 都是 $L(\boldsymbol{\alpha}_1,\boldsymbol{\alpha}_2,\boldsymbol{\beta}_1,\boldsymbol{\beta}_2)$ 的基,并求由基 $\boldsymbol{\alpha}_1,\boldsymbol{\alpha}_2$ 到 $\boldsymbol{\beta}_1,\boldsymbol{\beta}_2$ 的过渡矩阵.

解 $L(\boldsymbol{\alpha}_1,\boldsymbol{\alpha}_2,\boldsymbol{\beta}_1,\boldsymbol{\beta}_2)$ 是 2 维向量空间 $\Leftrightarrow$ 秩 $r(\boldsymbol{\alpha}_1,\boldsymbol{\alpha}_2,\boldsymbol{\beta}_1,\boldsymbol{\beta}_2)=2$.

(1) 对$(\boldsymbol{\alpha}_1,\boldsymbol{\alpha}_2,\boldsymbol{\beta}_1,\boldsymbol{\beta}_2)$作初等行变换

$$\begin{bmatrix}1 & 1 & a & 4\\ 2 & 1 & 5 & a\\ -a & 2 & 10 & 1\end{bmatrix}\to\begin{bmatrix}1 & 0 & 5-a & a-4\\ 0 & 1 & 2a-5 & 8-a\\ 0 & 0 & -(a+4)(a-5) & (a+3)(a-5)\end{bmatrix}$$

由$\begin{cases}(a+4)(a-5)=0\\(a+3)(a-5)=0\end{cases}$,故 $a=5$.

(2) 因 $\boldsymbol{\alpha}_1=(1,2,-5)^{\mathrm{T}},\boldsymbol{\alpha}_2=(1,1,2)^{\mathrm{T}}$ 线性无关. 又 $r(\boldsymbol{\alpha}_1,\boldsymbol{\alpha}_2,\boldsymbol{\beta}_1,\boldsymbol{\beta}_2)=2$,那么 $\boldsymbol{\beta}_1,\boldsymbol{\beta}_2$ 必可由 $\boldsymbol{\alpha}_1,\boldsymbol{\alpha}_2$ 线性表出.

那么 $\forall\boldsymbol{\gamma}=k_1\boldsymbol{\alpha}_1+k_2\boldsymbol{\alpha}_2+l_1\boldsymbol{\beta}_1+l_2\boldsymbol{\beta}_2\in L(\boldsymbol{\alpha}_1,\boldsymbol{\alpha}_2,\boldsymbol{\beta}_1,\boldsymbol{\beta}_2)$ 必可由 $\boldsymbol{\alpha}_1,\boldsymbol{\alpha}_2$ 线性表出.

$\therefore\boldsymbol{\alpha}_1,\boldsymbol{\alpha}_2$ 是生成的向量空间 $L(\boldsymbol{\alpha}_1,\boldsymbol{\alpha}_2,\boldsymbol{\beta}_1,\boldsymbol{\beta}_2)$ 的基. 类似地 $\boldsymbol{\beta}_1=(5,5,10)^{\mathrm{T}},\boldsymbol{\beta}_2=(4,5,1)^{\mathrm{T}}$ 也是生成的向量空间的基.

将 $a=5$ 代入$(\boldsymbol{\alpha}_1,\boldsymbol{\alpha}_2,\boldsymbol{\beta}_1,\boldsymbol{\beta}_2)$

$$(\boldsymbol{\alpha}_1,\boldsymbol{\alpha}_2,\boldsymbol{\beta}_1,\boldsymbol{\beta}_2)\to\left[\begin{array}{cc:cc}1 & 0 & 0 & 1\\ & 1 & 5 & 3\\ & & & 0\end{array}\right]$$

即 $\boldsymbol{\beta}_1=5\boldsymbol{\alpha}_2,\boldsymbol{\beta}_2=\boldsymbol{\alpha}_1+3\boldsymbol{\alpha}_2$,

$\therefore$ 由基 $\boldsymbol{\alpha}_1,\boldsymbol{\alpha}_2$ 到基 $\boldsymbol{\beta}_1,\boldsymbol{\beta}_2$ 的过渡矩阵

$$\boldsymbol{C}=\begin{bmatrix}0 & 1\\ 5 & 3\end{bmatrix}.$$

学习札记

四、练习题精选

1. 填空题

(1) 向量 $\boldsymbol{\alpha}_1=(1,4,2)^T,\boldsymbol{\alpha}_2=(2,7,3)^T,\boldsymbol{\alpha}_3=(0,1,a)^T$ 可以表示任一个三维向量,则 a 的取值为______.

(2) 已知向量组 $\boldsymbol{\alpha}_1=(1,3,2,a)^T,\boldsymbol{\alpha}_2=(2,7,a,3)^T,\boldsymbol{\alpha}_3=(0,a,5,-5)^T$ 线性相关,则 $a=$______.

(3) 向量组 $\boldsymbol{\alpha}_1=(1,3,6,2)^T,\boldsymbol{\alpha}_2=(2,1,2,-1)^T,\boldsymbol{\alpha}_3=(1,-1,a,-2)^T$ 的秩为 2,则 $a=$______.

(4) 设矩阵 $\boldsymbol{A}=\begin{bmatrix}1&0&1\\1&1&2\\0&1&1\end{bmatrix}$,$\boldsymbol{\alpha}_1,\boldsymbol{\alpha}_2,\boldsymbol{\alpha}_3$ 为线性无关的三维列向量组,则向量组 $\boldsymbol{A}\boldsymbol{\alpha}_1,\boldsymbol{A}\boldsymbol{\alpha}_2,\boldsymbol{A}\boldsymbol{\alpha}_3$ 的秩为________.

(5) 设矩阵 $\boldsymbol{A}=\begin{bmatrix}1&1&1&1\\0&-1&1&b\\2&a&3&4\\3&1&5&7\end{bmatrix}$,若 $r(\boldsymbol{A})=3$,则 a,b 满足条件________.

(6) 已知 $\boldsymbol{A}=\begin{bmatrix}1\\3\\5\end{bmatrix}[-2,0,3]$,$\boldsymbol{B}=\begin{bmatrix}1&2&5\\2&a&7\\1&3&2\end{bmatrix}$,若 $r(\boldsymbol{AB}+2\boldsymbol{B})=2$,则 $a=$________.

2. 选择题

(1) 设向量组 $\boldsymbol{\alpha}_1,\boldsymbol{\alpha}_2,\boldsymbol{\alpha}_3$ 线性无关,则线性无关的向量组是

(A) $\boldsymbol{\alpha}_1-\boldsymbol{\alpha}_2,\boldsymbol{\alpha}_3-\boldsymbol{\alpha}_1,\boldsymbol{\alpha}_2-\boldsymbol{\alpha}_3$.

(B) $\boldsymbol{\alpha}_1-\boldsymbol{\alpha}_2,2\boldsymbol{\alpha}_2+3\boldsymbol{\alpha}_3,\boldsymbol{\alpha}_1+\boldsymbol{\alpha}_3$.

(C) $\boldsymbol{\alpha}_1-\boldsymbol{\alpha}_2,2\boldsymbol{\alpha}_2+\boldsymbol{\alpha}_3,\boldsymbol{\alpha}_1+\boldsymbol{\alpha}_2+\boldsymbol{\alpha}_3$.

(D) $\boldsymbol{\alpha}_1+\boldsymbol{\alpha}_2,2\boldsymbol{\alpha}_1+3\boldsymbol{\alpha}_2,5\boldsymbol{\alpha}_1+8\boldsymbol{\alpha}_2$.

(2) 设 $\boldsymbol{\alpha}_1=\begin{bmatrix}1\\0\\6\\a_1\end{bmatrix}$,$\boldsymbol{\alpha}_2=\begin{bmatrix}1\\-1\\2\\a_2\end{bmatrix}$,$\boldsymbol{\alpha}_3=\begin{bmatrix}2\\0\\7\\a_3\end{bmatrix}$,$\boldsymbol{\alpha}_4=\begin{bmatrix}0\\0\\0\\a_4\end{bmatrix}$,其中 a_1,a_2,a_3,a_4 为任意实数,则

学习札记

(A)$\boldsymbol{\alpha}_1,\boldsymbol{\alpha}_2,\boldsymbol{\alpha}_3$ 必线性相关.

(B)$\boldsymbol{\alpha}_1,\boldsymbol{\alpha}_2,\boldsymbol{\alpha}_3$ 必线性无关.

(C)$\boldsymbol{\alpha}_1,\boldsymbol{\alpha}_2,\boldsymbol{\alpha}_3,\boldsymbol{\alpha}_4$ 必线性相关.

(D)$\boldsymbol{\alpha}_1,\boldsymbol{\alpha}_2,\boldsymbol{\alpha}_3,\boldsymbol{\alpha}_4$ 必线性无关.

(3) 若 $r(\boldsymbol{\alpha}_1,\boldsymbol{\alpha}_2,\cdots,\boldsymbol{\alpha}_s)=r\ (s>r)$,则

(A) 向量组中任意 $r-1$ 个向量都线性无关.

(B) 向量组中任意 r 个向量都线性无关.

(C) 向量组中任意 $r+1$ 个向量都线性相关.

(D) 向量组中任意 r 个向量都线性相关.

(4) 向量组 $\boldsymbol{\alpha}_1,\boldsymbol{\alpha}_2,\cdots,\boldsymbol{\alpha}_s$ 线性无关的充分必要条件是

(A)$\boldsymbol{\alpha}_1,\boldsymbol{\alpha}_2,\cdots,\boldsymbol{\alpha}_s$ 中任意 $s-1$ 个向量都线性无关.

(B) 存在向量 $\boldsymbol{\alpha}_{s+1}$ 使向量组 $\boldsymbol{\alpha}_1,\boldsymbol{\alpha}_2,\cdots,\boldsymbol{\alpha}_s,\boldsymbol{\alpha}_{s+1}$ 仍线性无关.

(C) 存在不全为 0 的一组数 $k_1,k_2,\cdots,k_s$ 使 $k_1\boldsymbol{\alpha}_1+k_2\boldsymbol{\alpha}_2+\cdots+k_s\boldsymbol{\alpha}_s\neq\mathbf{0}$.

(D) 任意不全为 0 的一组数 $k_1,k_2,\cdots,k_s$ 恒有 $k_1\boldsymbol{\alpha}_1+k_2\boldsymbol{\alpha}_2+\cdots+k_s\boldsymbol{\alpha}_s\neq\mathbf{0}$.

3. 解答题

(1) 已知 n 维向量组(Ⅰ)$\boldsymbol{\alpha}_1,\boldsymbol{\alpha}_2,\cdots,\boldsymbol{\alpha}_s$ 与(Ⅱ)$\boldsymbol{\alpha}_1,\boldsymbol{\alpha}_2,\cdots,\boldsymbol{\alpha}_s,\boldsymbol{\beta}$ 有相同的秩,证明 $\boldsymbol{\beta}$ 可以由 $\boldsymbol{\alpha}_1,\boldsymbol{\alpha}_2,\cdots,\boldsymbol{\alpha}_s$ 线性表出.

(2) 已知 n 维向量 $\boldsymbol{\alpha}_1,\boldsymbol{\alpha}_2,\cdots,\boldsymbol{\alpha}_s$ 非零且两两正交,证明 $\boldsymbol{\alpha}_1,\boldsymbol{\alpha}_2,\cdots,\boldsymbol{\alpha}_s$ 线性无关.

(3) 设 $\boldsymbol{\alpha}_1,\boldsymbol{\alpha}_2,\boldsymbol{\beta}_1,\boldsymbol{\beta}_2$ 均是三维列向量,且 $\boldsymbol{\alpha}_1,\boldsymbol{\alpha}_2$ 线性无关,$\boldsymbol{\beta}_1,\boldsymbol{\beta}_2$ 线性无关,证明存在非零向量 $\boldsymbol{\gamma}$,使得 $\boldsymbol{\gamma}$ 既可由 $\boldsymbol{\alpha}_1,\boldsymbol{\alpha}_2$ 线性表出也可由 $\boldsymbol{\beta}_1,\boldsymbol{\beta}_2$ 线性表出.

当 $\boldsymbol{\alpha}_1=\begin{bmatrix}1\\0\\2\end{bmatrix},\boldsymbol{\alpha}_2=\begin{bmatrix}2\\-1\\3\end{bmatrix},\boldsymbol{\beta}_1=\begin{bmatrix}-3\\2\\-5\end{bmatrix},\boldsymbol{\beta}_2=\begin{bmatrix}0\\1\\1\end{bmatrix}$ 时,求出所有的向量 $\boldsymbol{\gamma}$.

参考答案与提示

1. (1)$a\neq1$.　(2)-1.　(3)-2.　(4)2.

(5)$a\neq1,b=2$ 或 $a=1,b\neq2$.　(6)5.

【提示】 (1)n 个 n 维向量 $\boldsymbol{\alpha}_1,\boldsymbol{\alpha}_2,\cdots,\boldsymbol{\alpha}_n$ 可以表示任一个 n 维向量的充分必要条件是 $\boldsymbol{\alpha}_1,\boldsymbol{\alpha}_2,\cdots,\boldsymbol{\alpha}_n$ 线性无关,而 $\boldsymbol{\alpha}_1,\boldsymbol{\alpha}_2,\cdots,\boldsymbol{\alpha}_n$ 线性无关的充分必要条件是行列式 $|\boldsymbol{\alpha}_1,\boldsymbol{\alpha}_2,\cdots,\boldsymbol{\alpha}_n|\neq0$.

(2) 因为 $\boldsymbol{\alpha}_1,\boldsymbol{\alpha}_2,\boldsymbol{\alpha}_3$ 线性相关,由定理 3.2 知齐次方程组 $x_1\boldsymbol{\alpha}_1+x_2\boldsymbol{\alpha}_2+x_3\boldsymbol{\alpha}_3=\mathbf{0}$ 有非零解,对系数矩阵作初等行变换,有

学习札记

$$[\boldsymbol{\alpha}_1,\boldsymbol{\alpha}_2,\boldsymbol{\alpha}_3]=\begin{bmatrix}1&2&0\\3&7&a\\2&a&5\\a&3&-5\end{bmatrix}\to\begin{bmatrix}1&2&0\\0&1&a\\0&0&5+4a-a^2\\0&0&2a^2-3a-5\end{bmatrix}.$$

由于 $5+4a-a^2=(5-a)(1+a)$，$2a^2-3a-5=(2a-5)(a+1)$，可见仅当 $a=-1$ 时，上述两个数才同时为零，否则至少有一个数不为零，从而

$$\boldsymbol{\alpha}_1,\boldsymbol{\alpha}_2,\boldsymbol{\alpha}_3 \text{ 线性相关} \Leftrightarrow \text{秩 } r(\boldsymbol{\alpha}_1,\boldsymbol{\alpha}_2,\boldsymbol{\alpha}_3)<3 \Leftrightarrow a=-1.$$

(3) 经初等变换向量组的秩不变，由

$$[\boldsymbol{\alpha}_1,\boldsymbol{\alpha}_2,\boldsymbol{\alpha}_3]=\begin{bmatrix}1&2&1\\3&1&-1\\6&2&a\\2&-1&-2\end{bmatrix}\to\begin{bmatrix}1&2&1\\0&5&4\\0&0&a+2\\0&0&0\end{bmatrix},$$

可见 $r(\boldsymbol{\alpha}_1,\boldsymbol{\alpha}_2,\boldsymbol{\alpha}_3)=2\Leftrightarrow a+2=0$.

(4) 由于 $[\boldsymbol{A}\boldsymbol{\alpha}_1,\boldsymbol{A}\boldsymbol{\alpha}_2,\boldsymbol{A}\boldsymbol{\alpha}_3]=\boldsymbol{A}[\boldsymbol{\alpha}_1,\boldsymbol{\alpha}_2,\boldsymbol{\alpha}_3]$，注意 $[\boldsymbol{\alpha}_1,\boldsymbol{\alpha}_2,\boldsymbol{\alpha}_3]$ 可逆.

(5) 对矩阵 $\boldsymbol{A}$ 作初等变换，将它化为阶梯形矩阵，有

$$\boldsymbol{A}=\begin{bmatrix}1&1&1&1\\0&-1&1&b\\2&a&3&4\\3&1&5&7\end{bmatrix}\to\begin{bmatrix}1&1&1&1\\0&-1&1&b\\0&0&a-1&ab-2b+2\\0&0&0&4-2b\end{bmatrix}.$$

$r(\boldsymbol{A})=3\Rightarrow a\neq1,b=2$ 或 $a=1,b\neq2$.

(6) 注意 $\boldsymbol{A}+2\boldsymbol{E}$ 可逆，$r(\boldsymbol{AB}+2\boldsymbol{B})=r[(\boldsymbol{A}+2\boldsymbol{E})\boldsymbol{B}]=r(\boldsymbol{B})=2$.

2. (1)B.　(2)B.　(3)C.　(4)D.

【提示】 (1) 由于(A)$(\boldsymbol{\alpha}_1-\boldsymbol{\alpha}_2)+(\boldsymbol{\alpha}_3-\boldsymbol{\alpha}_1)+(\boldsymbol{\alpha}_2-\boldsymbol{\alpha}_3)=\boldsymbol{0}$，

(C)$(\boldsymbol{\alpha}_1-\boldsymbol{\alpha}_2)+(2\boldsymbol{\alpha}_2+\boldsymbol{\alpha}_3)-(\boldsymbol{\alpha}_1+\boldsymbol{\alpha}_2+\boldsymbol{\alpha}_3)=\boldsymbol{0}$，

利用观察法，通过简单地加加减减我们可知(A)(C) 均线性相关，可排除.

至于(D)，令 $\boldsymbol{\beta}_1=\boldsymbol{\alpha}_1+\boldsymbol{\alpha}_2$，$\boldsymbol{\beta}_2=2\boldsymbol{\alpha}_1+3\boldsymbol{\alpha}_2$，$\boldsymbol{\beta}_3=5\boldsymbol{\alpha}_1+8\boldsymbol{\alpha}_2$ 即 $\boldsymbol{\beta}_1,\boldsymbol{\beta}_2,\boldsymbol{\beta}_3$ 可以由 $\boldsymbol{\alpha}_1,\boldsymbol{\alpha}_2$ 线性表出，亦即多数向量可以由少数向量线性表出，故 $\boldsymbol{\beta}_1,\boldsymbol{\beta}_2,\boldsymbol{\beta}_3$ 必线性相关(定理 3.7).

(2) 考察 $\boldsymbol{\alpha}_1,\boldsymbol{\alpha}_2,\boldsymbol{\alpha}_3$ 中的前三个分量所构成的向量，由

$$\begin{vmatrix}1&1&2\\0&-1&0\\6&2&7\end{vmatrix}=5\neq0,$$

知 $(1,0,6)^{\mathrm{T}},(1,-1,2)^{\mathrm{T}},(2,0,7)^{\mathrm{T}}$ 线性无关，从而延伸组 $\boldsymbol{\alpha}_1,\boldsymbol{\alpha}_2,\boldsymbol{\alpha}_3$ 必线性无关.

因为 $|\boldsymbol{\alpha}_1,\boldsymbol{\alpha}_2,\boldsymbol{\alpha}_3,\boldsymbol{\alpha}_4|=\begin{vmatrix}1&1&2&0\\0&-1&0&0\\6&2&7&0\\a_1&a_2&a_3&a_4\end{vmatrix}=5a_4$，所以 $\boldsymbol{\alpha}_1,\boldsymbol{\alpha}_2,\boldsymbol{\alpha}_3,\boldsymbol{\alpha}_4$

学习札记

既可能线性相关也可能线性无关，可知(C)(D) 均不正确.

(3) 考察$(1,0,0)^T,(2,0,0)^T,(0,1,0)^T,(0,0,1)^T$ 可知(A)(B)(D) 均错误.

(4)(A)(C) 都是必要条件，(B) 是充分条件.

3. (1) 考察方程组 $x_1\boldsymbol{\alpha}_1+x_2\boldsymbol{\alpha}_2+\cdots+x_s\boldsymbol{\alpha}_s=\boldsymbol{\beta}$，由于秩

$$r(\boldsymbol{\alpha}_1,\cdots,\boldsymbol{\alpha}_s)=r(\boldsymbol{\alpha}_1,\cdots,\boldsymbol{\alpha}_s,\boldsymbol{\beta}),$$

即 $r(\boldsymbol{A})=r(\overline{\boldsymbol{A}})$，从而方程组有解，即 $\boldsymbol{\beta}$ 可由 $\boldsymbol{\alpha}_1,\cdots,\boldsymbol{\alpha}_s$ 线性求出.

或者，设 $\boldsymbol{\alpha}_{i_1},\boldsymbol{\alpha}_{i_2},\cdots,\boldsymbol{\alpha}_{i_r}$ 是 $\boldsymbol{\alpha}_1,\boldsymbol{\alpha}_2,\cdots,\boldsymbol{\alpha}_s$ 的极大线性无关组，由于 $r(\mathrm{I})=r(\mathrm{II})$，可知 $\boldsymbol{\alpha}_{i_1},\boldsymbol{\alpha}_{i_2},\cdots,\boldsymbol{\alpha}_{i_r}$ 在(Ⅱ)中仍是(Ⅱ)的极大线性无关组，那么 $\boldsymbol{\alpha}_{i_1},\boldsymbol{\alpha}_{i_2},\cdots,\boldsymbol{\alpha}_{i_r},\boldsymbol{\beta}$ 必线性相关，从而 $\boldsymbol{\beta}$ 可由 $\boldsymbol{\alpha}_{i_1},\boldsymbol{\alpha}_{i_2},\cdots,\boldsymbol{\alpha}_{i_r}$ 线性表出，故 $\boldsymbol{\beta}$ 可由 $\boldsymbol{\alpha}_1,\boldsymbol{\alpha}_2,\cdots,\boldsymbol{\alpha}_s$ 线性表出.

(2) 设

$$k_1\boldsymbol{\alpha}_1+k_2\boldsymbol{\alpha}_2+\cdots+k_s\boldsymbol{\alpha}_s=\boldsymbol{0}, \quad ①$$

因为 $\boldsymbol{\alpha}_i$ 与 $\boldsymbol{\alpha}_j(i\neq j)$ 两两正交，有 $\boldsymbol{\alpha}_i^T\boldsymbol{\alpha}_j=0$，用 $\boldsymbol{\alpha}_1^T$ 左乘 ① 式，得

$$k_1\boldsymbol{\alpha}_1^T\boldsymbol{\alpha}_1=0.$$

注意 $\boldsymbol{\alpha}_1^T\boldsymbol{\alpha}_1=\|\boldsymbol{\alpha}_1\|^2>0$.

(3)4 个 3 维向量 $\boldsymbol{\alpha}_1,\boldsymbol{\alpha}_2,\boldsymbol{\beta}_1,\boldsymbol{\beta}_2$ 必线性相关，故有不全为 0 的 k_1,k_2,l_1,l_2 使得

$$k_1\boldsymbol{\alpha}_1+k_2\boldsymbol{\alpha}_2+l_1\boldsymbol{\beta}_1+l_2\boldsymbol{\beta}_2=\boldsymbol{0}.$$

注意k_1,k_2 必不全为 0(想清楚为什么)，取 $\boldsymbol{\gamma}=k_1\boldsymbol{\alpha}_1+k_2\boldsymbol{\alpha}_2=-l_1\boldsymbol{\beta}_1-l_2\boldsymbol{\beta}_2$.

解方程组 $x_1\boldsymbol{\alpha}_1+x_2\boldsymbol{\alpha}_2+y_1\boldsymbol{\beta}_1+y_2\boldsymbol{\beta}_2=\boldsymbol{0}$，求其通解可知

$$\boldsymbol{\gamma}=k(0,1,1)^T, k \text{ 为任意非零常数}.$$

第四章　线性方程组——重点，别马虎大意

一、知识结构网络图

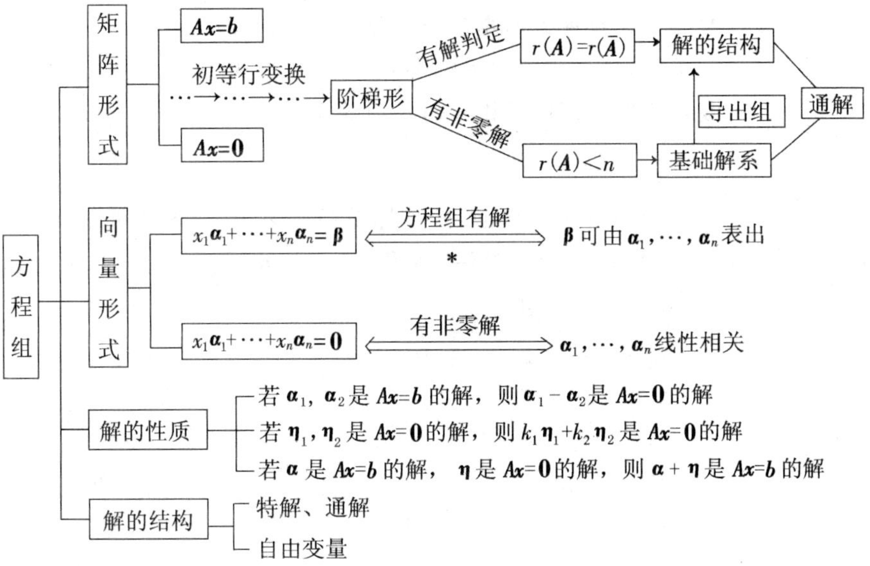

如有方程组就加减消元、讨论参数，求解.

如没有方程组大概需求秩，用解的结构分析推理来求解.

$$* \boldsymbol{Ax} = \boldsymbol{b} \Leftrightarrow [\boldsymbol{\alpha}_1, \boldsymbol{\alpha}_2, \cdots, \boldsymbol{\alpha}_n] \begin{bmatrix} x_1 \\ x_2 \\ \vdots \\ x_n \end{bmatrix} = \boldsymbol{\beta}$$

$$\Leftrightarrow x_1\boldsymbol{\alpha}_1 + x_2\boldsymbol{\alpha}_2 + \cdots + x_n\boldsymbol{\alpha}_n = \boldsymbol{\beta}$$

$\boldsymbol{Ax} = \boldsymbol{b}$ 有解 $\Leftrightarrow \boldsymbol{\beta}$ 可由 $\boldsymbol{\alpha}_1, \boldsymbol{\alpha}_2, \cdots, \boldsymbol{\alpha}_n$ 线性表示

$$\Leftrightarrow r(\boldsymbol{\alpha}_1, \boldsymbol{\alpha}_2, \cdots, \boldsymbol{\alpha}_n) = r(\boldsymbol{\alpha}_1, \boldsymbol{\alpha}_2, \cdots, \boldsymbol{\alpha}_n, \boldsymbol{\beta})$$

学习札记

【评注】 线性方程组在代数中地位重要，是考研热点之一. 这一部分解题的思路比较清晰，但往届考生中有些同学忽视基本运算，对概念的理解上亦有偏差，因此出错率较高，常犯低级错误.

(1) 理解线性方程组解的概念.

(2) 非齐次线性方程组 $\boldsymbol{Ax}=\boldsymbol{b}$ 可能有解(唯一解或无穷多解)，亦可能无解，要理解方程组有解的充要条件是秩 $r(\boldsymbol{A})=r(\overline{\boldsymbol{A}})$.

(3)n元齐次方程组$\boldsymbol{Ax}=\boldsymbol{0}$必有零解，问题是除去零解之外是否还有其他的解(即非零解)?判断方法是检查 $r(\boldsymbol{A})<n$，特殊情况可检查行列式 $|\boldsymbol{A}|=0$.

要理解基础解系这一概念，其实它就是解向量的极大线性无关组，要掌握基础解系的求法与证明.

(4) 要熟悉线性方程组解的性质，掌握解的结构，熟练运用初等行变换求通解(特解、导出组的基础解系).

今年考题

(2024,1) 在空间直角坐标系 $O\text{-}xyz$ 中，三张平面 $\Pi_i: a_ix+b_iy+c_iz=d_i(i=1,2,3)$ 的位置关系如图所示，记 $\boldsymbol{\alpha}_i=(a_i,b_i,c_i)$，$\boldsymbol{\beta}_i=(a_i,b_i,c_i,d_i)$. 若 $r\begin{pmatrix}\boldsymbol{\alpha}_1\\ \boldsymbol{\alpha}_2\\ \boldsymbol{\alpha}_3\end{pmatrix}=m$，$r\begin{pmatrix}\boldsymbol{\beta}_1\\ \boldsymbol{\beta}_2\\ \boldsymbol{\beta}_3\end{pmatrix}=n$，则

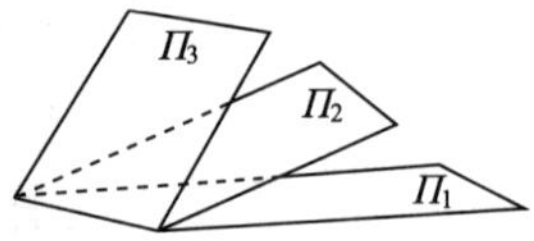

(A)$m=1,n=2$.

(B)$m=n=2$.

(C)$m=2,n=3$.

(D)$m=n=3$.

(2024,3) 设矩阵 $\boldsymbol{A}=\begin{bmatrix}1&-1&0&-1\\1&1&0&3\\2&1&2&6\end{bmatrix}$，$\boldsymbol{B}=\begin{bmatrix}1&0&1&2\\1&-1&a&a-1\\2&-3&2&-2\end{bmatrix}$，向量 $\boldsymbol{\alpha}=\begin{pmatrix}0\\2\\3\end{pmatrix}$，$\boldsymbol{\beta}=\begin{pmatrix}1\\0\\-1\end{pmatrix}$.

(Ⅰ) 证明：方程组 $\boldsymbol{Ax}=\boldsymbol{\alpha}$ 的解均为方程组 $\boldsymbol{Bx}=\boldsymbol{\beta}$ 的解.

(Ⅱ) 若方程组 $\boldsymbol{Ax}=\boldsymbol{\alpha}$ 与方程组 $\boldsymbol{Bx}=\boldsymbol{\beta}$ 不同解，求 a 的值.

二、基本内容与重要结论

学习札记

基 础 知 识

方程组
$$\begin{cases} a_{11}x_1+a_{12}x_2+\cdots+a_{1n}x_n=b_1, \\ a_{21}x_1+a_{22}x_2+\cdots+a_{2n}x_n=b_2, \\ \quad\vdots \qquad\quad \vdots \qquad\qquad\quad \vdots \\ a_{m1}x_1+a_{m2}x_2+\cdots+a_{mn}x_n=b_m \end{cases} \tag{4.1}$$
称为n个未知数m个方程的非齐次线性方程组，其中$x_1,x_2,\cdots,x_n$代表n个未知量，m是方程的个数，m可以等于n，也可以大于n或者小于n，a_{ij}是第$i(i=1,2,\cdots,m)$个方程中$x_j(j=1,2,\cdots,n)$的系数，$b_i(i=1,2,\cdots,m)$是第i个方程的常数项.

如果$b_i=0(\forall i=1,2,\cdots,m)$，则称方程组
$$\begin{cases} a_{11}x_1+a_{12}x_2+\cdots+a_{1n}x_n=0, \\ a_{21}x_1+a_{22}x_2+\cdots+a_{2n}x_n=0, \\ \quad\vdots \qquad\quad \vdots \qquad\qquad\quad \vdots \\ a_{m1}x_1+a_{m2}x_2+\cdots+a_{mn}x_n=0 \end{cases} \tag{4.2}$$
为齐次线性方程组. 它是方程组(4.1)的导出组(也称(4.2)为(4.1)对应的齐次线性方程组).

若用一组数$c_1,c_2,\cdots,c_n$分别代替方程组(4.1)中的$x_1,x_2,\cdots,x_n$，使式(4.1)中m个等式都成立，则称有序数组$(c_1,c_2,\cdots,c_n)$是方程组(4.1)的一组解. 解方程就是要找出方程组的全部解.

线性方程组(4.1)的全体系数及常数项所构成的矩阵
$$\overline{\boldsymbol{A}}=\begin{bmatrix} a_{11} & a_{12} & \cdots & a_{1n} & b_1 \\ a_{21} & a_{22} & \cdots & a_{2n} & b_2 \\ \vdots & \vdots & & \vdots & \vdots \\ a_{m1} & a_{m2} & \cdots & a_{mn} & b_m \end{bmatrix}$$
称为方程组(4.1)的增广矩阵，而由全体系数组成的矩阵
$$\boldsymbol{A}=\begin{bmatrix} a_{11} & a_{12} & \cdots & a_{1n} \\ a_{21} & a_{22} & \cdots & a_{2n} \\ \vdots & \vdots & & \vdots \\ a_{m1} & a_{m2} & \cdots & a_{mn} \end{bmatrix}$$
称为方程组(4.1)的系数矩阵.

方程组(4.1)可以用矩阵表示为：$\boldsymbol{Ax}=\boldsymbol{b}$，其中$\boldsymbol{x}=(x_1,x_2,\cdots,x_n)^{\mathrm{T}}$，$\boldsymbol{b}=(b_1,b_2,\cdots,b_m)^{\mathrm{T}}$.

学习札记

如果两个方程组有相同的解集合，则称它们是同解方程组.

定义 4.1　下列三种变换称为线性方程组的初等变换.

(1) 用一个非零常数乘方程的两边.

(2) 把某方程的 k 倍加到另一方程上.

(3) 互换两个方程的位置.

线性方程组经初等变换化为阶梯形方程组后，每个方程中的第一个未知量通常称为主变量，其余的未知量称为自由变量.

例如，对增广矩阵作初等行变换，化为

$$\overline{A}\to\cdots\to\left[\begin{array}{ccccc:c}1&0&3&2&-1&3\\ &5&6&0&1&9\\ &&&&1&2\end{array}\right],$$

则 x_1,x_2,x_5 为主变量，x_3,x_4 为自由变量.

定义 4.2　向量组 $\boldsymbol{\eta}_1,\boldsymbol{\eta}_2,\cdots,\boldsymbol{\eta}_t$ 称为齐次线性方程组 $\boldsymbol{Ax}=\mathbf{0}$ 的基础解系，如果

(1) $\boldsymbol{\eta}_1,\boldsymbol{\eta}_2,\cdots,\boldsymbol{\eta}_t$ 是 $\boldsymbol{Ax}=\mathbf{0}$ 的解.

(2) $\boldsymbol{\eta}_1,\boldsymbol{\eta}_2,\cdots,\boldsymbol{\eta}_t$ 线性无关.

(3) $\boldsymbol{Ax}=\mathbf{0}$ 的任一解都可由 $\boldsymbol{\eta}_1,\boldsymbol{\eta}_2,\cdots,\boldsymbol{\eta}_t$ 线性表出.

如果 $\boldsymbol{\eta}_1,\boldsymbol{\eta}_2,\cdots,\boldsymbol{\eta}_t$ 是齐次线性方程组 $\boldsymbol{Ax}=\mathbf{0}$ 的一组基础解系，那么，对任意常数 $c_1,c_2,\cdots,c_t$，

$$c_1\boldsymbol{\eta}_1+c_2\boldsymbol{\eta}_2+\cdots+c_t\boldsymbol{\eta}_t$$

是齐次方程组 $\boldsymbol{Ax}=\mathbf{0}$ 的通解.

注意：$\boldsymbol{Ax}=\mathbf{0}$ 的基础解系是不唯一的.

主要定理

定理 4.1　线性方程组的初等行变换把线性方程组变成与它同解的方程组.

定理 4.2　设 n 元线性方程组为(4.1)，对它的增广矩阵施行高斯消元法，得到阶梯形矩阵

$$\overline{A}\to\cdots\to\left[\begin{array}{cccccc:c}c_{11}&c_{12}&\cdots&c_{1r}&\cdots&c_{1n}&d_1\\ &c_{22}&\cdots&c_{2r}&\cdots&c_{2n}&d_2\\ &&\ddots&\vdots&&\vdots&\vdots\\ &&&c_{rr}&\cdots&c_{rn}&d_r\\ &&&0&\cdots&0&d_{r+1}\\ &&&&\ddots&\vdots&\vdots\\ &&&&&0&0\end{array}\right]$$

如果 $d_{r+1}\neq 0$，方程组(4.1)无解；如果 $d_{r+1}=0$，方程组有解，而且当

$r = n$ 时有唯一解，当 $r < n$ 时有无穷多解.

定理 4.3 齐次方程组(4.2) 有非零解

$\Leftrightarrow r(\boldsymbol{A}) < n$

$\Leftrightarrow \boldsymbol{A}$ 的列向量线性相关.

推论 1 当 $m < n$(即方程的个数 < 未知数的个数) 时，齐次线性方程组(4.2) 必有非零解.

推论 2 当 $m = n$ 时，齐次线性方程组(4.2) 有非零解的充分必要条件是行列式 $|\boldsymbol{A}| = 0$.

定理 4.4 设齐次线性方程组(4.2) 系数矩阵的秩 $r(\boldsymbol{A}) = r < n$，则 $\boldsymbol{Ax} = \boldsymbol{0}$ 的基础解系由 $n - r(\boldsymbol{A})$ 个线性无关的解向量所构成.

定理 4.5 (有解判定定理) 非齐次线性方程组 $\boldsymbol{Ax} = \boldsymbol{b}$ 有解的充分必要条件是其系数矩阵和增广矩阵的秩相等，即 $r(\boldsymbol{A}) = r(\overline{\boldsymbol{A}})$.

若 $r(\boldsymbol{A}) = r(\overline{\boldsymbol{A}}) = n$，则方程组有唯一解；

若 $r(\boldsymbol{A}) = r(\overline{\boldsymbol{A}}) < n$，则方程组有无穷多解.

非齐次线性方程组 $\boldsymbol{Ax} = \boldsymbol{b}$ 无解 $\Leftrightarrow r(\boldsymbol{A}) + 1 = r(\overline{\boldsymbol{A}})$

$\Leftrightarrow \boldsymbol{b}$ 不能由 $\boldsymbol{A}$ 的列向量线性表出.

定理 4.6 (解的性质)

(1) 如果 $\boldsymbol{\eta}_1, \boldsymbol{\eta}_2$ 是齐次线性方程组 $\boldsymbol{Ax} = \boldsymbol{0}$ 的两个解，那么其线性组合仍是该齐次线性方程组 $\boldsymbol{Ax} = \boldsymbol{0}$ 的解.

(2) 如果 $\boldsymbol{\alpha}, \boldsymbol{\beta}$ 是线性方程组 $\boldsymbol{Ax} = \boldsymbol{b}$ 的两个解，则 $\boldsymbol{\alpha} - \boldsymbol{\beta}$ 是导出组 $\boldsymbol{Ax} = \boldsymbol{0}$ 的解.

(3) 如果 $\boldsymbol{\alpha}$ 是线性方程组 $\boldsymbol{Ax} = \boldsymbol{b}$ 的解，$\boldsymbol{\eta}$ 是导出组 $\boldsymbol{Ax} = \boldsymbol{0}$ 的解，则 $\boldsymbol{\alpha} + \boldsymbol{\eta}$ 是 $\boldsymbol{Ax} = \boldsymbol{b}$ 的解.

定理 4.7 (解的结构) 对非齐次线性方程组 $\boldsymbol{Ax} = \boldsymbol{b}$，若 $r(\boldsymbol{A}) = r(\overline{\boldsymbol{A}}) = r$，且已知 $\boldsymbol{\eta}_1, \boldsymbol{\eta}_2, \cdots, \boldsymbol{\eta}_{n-r}$ 是导出组 $\boldsymbol{Ax} = \boldsymbol{0}$ 的基础解系，$\boldsymbol{\zeta}_0$ 是 $\boldsymbol{Ax} = \boldsymbol{b}$ 的某个已知解，则 $\boldsymbol{Ax} = \boldsymbol{b}$ 的通解为

$\boldsymbol{\zeta}_0 + c_1\boldsymbol{\eta}_1 + c_2\boldsymbol{\eta}_2 + \cdots + c_{n-r}\boldsymbol{\eta}_{n-r}$，其中 $c_1, c_2, \cdots, c_{n-r}$ 为任意常数.

学习札记

三、典型例题分析选讲

基础解系，$n-r(\boldsymbol{A})$

【例 4.1】 求齐次方程组

$$\begin{cases} x_1+x_2 \qquad +3x_4-x_5=0, \\ \qquad 2x_2+x_3+4x_4+x_5=0, \\ x_1+3x_2+x_3+4x_4+6x_5=0 \end{cases}$$

的基础解系.

解 先进行行变换把系数矩阵化为阶梯形

$$\boldsymbol{A}=\begin{bmatrix}1&1&0&3&-1\\0&2&1&4&1\\1&3&1&4&6\end{bmatrix}\to\begin{bmatrix}1&1&0&3&-1\\0&2&1&4&1\\0&2&1&1&7\end{bmatrix}\to\begin{bmatrix}1&1&0&3&-1\\0&2&1&4&1\\0&0&0&1&-2\end{bmatrix}$$

（方法一）化为行最简

$$\boldsymbol{A}\to\begin{bmatrix}1&1&0&0&5\\0&2&1&0&9\\0&0&0&1&-2\end{bmatrix}\to\begin{bmatrix}1&1&0&0&5\\0&1&\frac{1}{2}&0&\frac{9}{2}\\0&0&0&1&-2\end{bmatrix}\to\begin{bmatrix}1&0&-\frac{1}{2}&0&\frac{1}{2}\\0&1&\frac{1}{2}&0&\frac{9}{2}\\0&0&0&1&-2\end{bmatrix}$$

主元：x_1,x_2,x_4；自由变量：x_3,x_5.

$$n-r(\boldsymbol{A})=5-3=2.$$

基础解系：$\boldsymbol{\eta}_1=\left(\frac{1}{2},-\frac{1}{2},1,0,0\right)^{\mathrm{T}}$,

$$\boldsymbol{\eta}_2=\left(-\frac{1}{2},-\frac{9}{2},0,2,1\right)^{\mathrm{T}}.$$

（方法二）化出单位阵

$$\boldsymbol{A}\to\begin{bmatrix}1&1&0&3&-1\\0&2&1&4&1\\0&0&0&1&-2\end{bmatrix}\to\begin{bmatrix}1&1&0&0&5\\0&2&1&0&9\\0&0&0&1&-2\end{bmatrix}$$

单位阵 1,3,4 列，自由变量：x_2,x_5. $n-r(\boldsymbol{A})=5-3=2$.

基础解系：$\boldsymbol{\xi}_1=(-1,1,-2,0,0)^{\mathrm{T}}$,

$\boldsymbol{\xi}_2=(-5,0,-9,2,1)^{\mathrm{T}}$.

（方法三）当然也可由阶梯形直接求解

$$\boldsymbol{A}\to\begin{bmatrix}1&1&0&3&-1\\0&2&1&4&1\\0&0&0&1&-2\end{bmatrix}$$

因$\begin{vmatrix}1&1&3\\0&2&4\\0&0&1\end{vmatrix}\neq 0$,可选 x_3,x_5 为自由变量.

令$x_3=1,x_5=0\Rightarrow x_4=0,x_2=-\dfrac{1}{2},x_1=\dfrac{1}{2}$,

$x_3=0,x_5=1\Rightarrow x_4=2,x_2=-\dfrac{9}{2},x_1=-\dfrac{1}{2}$.

即方法一中的 $\boldsymbol{\eta}_1,\boldsymbol{\eta}_2$.

由$\begin{vmatrix}1&0&3\\0&1&4\\0&0&1\end{vmatrix}\neq 0$,选 x_2,x_5 为自由变量.

可得出方法二中的 $\boldsymbol{\xi}_1,\boldsymbol{\xi}_2$.

【注】 求基础解系是一重要的基本功,希望大家认真对待,要正确、熟练,3 种求法要会灵活运用.注意基础解系是解向量的极大无关组,答案是不唯一的.例 $\boldsymbol{\eta}_1,\boldsymbol{\eta}_2$ 与 $\boldsymbol{\xi}_1,\boldsymbol{\xi}_2$.

【例 4.2】 (2004,1) 设有齐次线性方程组

$$\begin{cases}(1+a)x_1+x_2+\quad\cdots\quad+x_n=0,\\ 2x_1+(2+a)x_2+\cdots+2x_n=0,\\ \vdots\qquad\qquad\vdots\qquad\qquad\qquad\vdots\\ nx_1+nx_2+\cdots+(n+a)x_n=0\end{cases}\qquad(n\geqslant 2),$$

试问 a 为何值时,该方程组有非零解?并求其通解.

解 对系数矩阵作初等行变换,有

$$\boldsymbol{A}=\begin{bmatrix}1+a&1&1&\cdots&1\\2&2+a&2&\cdots&2\\3&3&3+a&\cdots&3\\\vdots&\vdots&\vdots&&\vdots\\n&n&n&\cdots&n+a\end{bmatrix}\rightarrow\begin{bmatrix}1+a&1&1&\cdots&1\\-2a&a&0&\cdots&0\\-3a&0&a&\cdots&0\\\vdots&\vdots&\vdots&&\vdots\\-na&0&0&\cdots&a\end{bmatrix}=\boldsymbol{B}.$$

(1) 若 $a=0$,秩 $r(\boldsymbol{A})=1$,方程组有非零解,其同解方程组为

$$x_1+x_2+\cdots+x_n=0.$$

由此得基础解系为

$\boldsymbol{\eta}_1=(-1,1,0,\cdots,0)^{\mathrm{T}},\boldsymbol{\eta}_2=(-1,0,1,\cdots,0)^{\mathrm{T}},\cdots,\boldsymbol{\eta}_{n-1}=(-1,0,0,\cdots,1)^{\mathrm{T}}$,

所以方程组的通解是

$$k_1\boldsymbol{\eta}_1+k_2\boldsymbol{\eta}_2+\cdots+k_{n-1}\boldsymbol{\eta}_{n-1}\ (k_1,k_2,\cdots,k_{n-1}\text{ 为任意常数}).$$

(2) 若 $a\neq 0$,对矩阵 $\boldsymbol{B}$ 继续作初等行变换,有

学习札记

$$B \to \begin{bmatrix} 1+a & 1 & 1 & \cdots & 1 \\ -2 & 1 & 0 & \cdots & 0 \\ -3 & 0 & 1 & \cdots & 0 \\ \vdots & \vdots & \vdots & & \vdots \\ -n & 0 & 0 & \cdots & 1 \end{bmatrix} \to \begin{bmatrix} a+\frac{1}{2}n(n+1) & 0 & 0 & \cdots & 0 \\ -2 & 1 & 0 & \cdots & 0 \\ -3 & 0 & 1 & \cdots & 0 \\ \vdots & \vdots & \vdots & & \vdots \\ -n & 0 & 0 & \cdots & 1 \end{bmatrix},$$

故当 $a=-\frac{1}{2}n(n+1)$ 时，秩 $r(\boldsymbol{A})=n-1<n$，方程组也有非零解. 其同解方程组为

$$\begin{cases} -2x_1+x_2=0, \\ -3x_1+x_3=0, \\ \quad \vdots \qquad \vdots \qquad \vdots \\ -nx_1+x_n=0, \end{cases}$$

得基础解系为 $\boldsymbol{\eta}=(1,2,\cdots,n)^{\mathrm{T}}$，

于是方程组的通解为 $k\boldsymbol{\eta}$，k 为任意常数.

或者，由于系数行列式

$$|\boldsymbol{A}|=\begin{vmatrix} 1+a & 1 & \cdots & 1 \\ 2 & 2+a & \cdots & 2 \\ \vdots & \vdots & & \vdots \\ n & n & \cdots & n+a \end{vmatrix}=a^{n-1}\left[a+\frac{1}{2}(n+1)n\right],$$

故 $\boldsymbol{Ax}=\boldsymbol{0}$ 有非零解 $\Leftrightarrow |\boldsymbol{A}|=0$

$$\Leftrightarrow a=0 \text{ 或 } a=-\frac{1}{2}(n+1)n.$$

再分别讨论求解.

【例 4.3】 已知 $\boldsymbol{\eta}_1=(1,1,2,3)^{\mathrm{T}}$，$\boldsymbol{\eta}_2=(5,-1,-8,9)^{\mathrm{T}}$ 是 $\boldsymbol{Ax}=\boldsymbol{0}$ 的基础解系，对 $\boldsymbol{\alpha}_1=(1,-1,-4,1)^{\mathrm{T}}$，$\boldsymbol{\alpha}_2=(-2,1,5,-3)^{\mathrm{T}}$，$\boldsymbol{\alpha}_3=(1,2,7,0)^{\mathrm{T}}$，$\boldsymbol{\alpha}_4=(0,1,3,1)^{\mathrm{T}}$，则 $\boldsymbol{Ax}=\boldsymbol{0}$ 的基础解系可以是

(A) $k_1\boldsymbol{\alpha}_1+k_2\boldsymbol{\alpha}_2$，$\forall k_1,k_2$.　　(B) $\boldsymbol{\alpha}_1+\boldsymbol{\alpha}_2$，$\boldsymbol{\alpha}_3+\boldsymbol{\alpha}_4$.

(C) $\boldsymbol{\alpha}_1$，$\boldsymbol{\alpha}_2$ 的等价向量组.　　(D) $2\boldsymbol{\alpha}_1-\boldsymbol{\alpha}_4$，$\boldsymbol{\alpha}_1+\boldsymbol{\alpha}_4$.

分析 如 $\boldsymbol{\alpha}_i$ 是 $\boldsymbol{Ax}=\boldsymbol{0}$ 的解 $\Leftrightarrow \boldsymbol{\alpha}_i$ 可由 $\boldsymbol{\eta}_1$，$\boldsymbol{\eta}_2$ 线性表出.

$$(\boldsymbol{\eta}_1,\boldsymbol{\eta}_2 \mid \boldsymbol{\alpha}_1,\boldsymbol{\alpha}_2,\boldsymbol{\alpha}_3,\boldsymbol{\alpha}_4)=\left[\begin{array}{cc:cccc} 1 & 5 & 1 & -2 & 1 & 0 \\ 1 & -1 & -1 & 1 & 2 & 1 \\ 2 & -8 & -4 & 5 & 7 & 3 \\ 3 & 9 & 1 & -3 & 0 & 1 \end{array}\right]$$

$$\to \left[\begin{array}{cc:cccc} 1 & 5 & 1 & -2 & 1 & 0 \\ 0 & 6 & 2 & -3 & -1 & -1 \\ 0 & 0 & 0 & 0 & 1 & 0 \\ 0 & 0 & 0 & 0 & 0 & 0 \end{array}\right],$$

仅 $\boldsymbol{\alpha}_3$ 不是 $\boldsymbol{Ax}=\boldsymbol{0}$ 的解，那么 $\boldsymbol{\alpha}_3+\boldsymbol{\alpha}_4$ 不是 $\boldsymbol{Ax}=\boldsymbol{0}$ 的解，排除(B)；

(A)是 $\boldsymbol{Ax}=\boldsymbol{0}$ 的通解，排除(A)；

$\boldsymbol{\eta}_1,\boldsymbol{\eta}_2,\boldsymbol{\alpha}_4$ 与 $\boldsymbol{\alpha}_1,\boldsymbol{\alpha}_2$ 等价，但 $\boldsymbol{\eta}_1,\boldsymbol{\eta}_2,\boldsymbol{\alpha}_4$ 线性相关，排除(C)；

故应选(D).

或直接地，$2\boldsymbol{\alpha}_1-\boldsymbol{\alpha}_4,\boldsymbol{\alpha}_1+\boldsymbol{\alpha}_4$ 是 $\boldsymbol{Ax}=\boldsymbol{0}$ 的解.

利用坐标 $(2,-3,-11,1)^{\mathrm{T}},(1,0,-1,2)^{\mathrm{T}}$ 或秩

$$(2\boldsymbol{\alpha}_1-\boldsymbol{\alpha}_4,\boldsymbol{\alpha}_1+\boldsymbol{\alpha}_4)=(\boldsymbol{\alpha}_1,\boldsymbol{\alpha}_4)\begin{bmatrix}2&1\\-1&1\end{bmatrix},$$

可知 $2\boldsymbol{\alpha}_1-\boldsymbol{\alpha}_4,\boldsymbol{\alpha}_1+\boldsymbol{\alpha}_4$ 线性无关，且向量个数 2 符合要求.

【例 4.4】 已知 $\boldsymbol{A}$ 是三阶非零矩阵，$\boldsymbol{\alpha}_1,\boldsymbol{\alpha}_2,\boldsymbol{\alpha}_3$ 是非齐次线性方程组 $\boldsymbol{Ax}=\boldsymbol{b}$ 的 3 个线性无关的解.

证明：$\boldsymbol{\alpha}_1-\boldsymbol{\alpha}_2,\boldsymbol{\alpha}_1-\boldsymbol{\alpha}_3$ 是齐次方程组 $\boldsymbol{Ax}=\boldsymbol{0}$ 的基础解系.

证明 因 $\boldsymbol{\alpha}_1,\boldsymbol{\alpha}_2,\boldsymbol{\alpha}_3$ 是方程组 $\boldsymbol{Ax}=\boldsymbol{b}$ 的解. 由解的性质知 $\boldsymbol{\alpha}_1-\boldsymbol{\alpha}_2,\boldsymbol{\alpha}_1-\boldsymbol{\alpha}_3$ 是相应 $\boldsymbol{Ax}=\boldsymbol{0}$ 的解. 若

$$k_1(\boldsymbol{\alpha}_1-\boldsymbol{\alpha}_2)+k_2(\boldsymbol{\alpha}_1-\boldsymbol{\alpha}_3)=\boldsymbol{0}, \tag{1}$$

即 $(k_1+k_2)\boldsymbol{\alpha}_1-k_1\boldsymbol{\alpha}_2-k_2\boldsymbol{\alpha}_3=\boldsymbol{0}$，因 $\boldsymbol{\alpha}_1,\boldsymbol{\alpha}_2,\boldsymbol{\alpha}_3$ 线性无关，故

$$\begin{cases}k_1+k_2=0,\\-k_1=0,\\-k_2=0,\end{cases}$$

故必有 $k_1=0,k_2=0$，从而 $\boldsymbol{\alpha}_1-\boldsymbol{\alpha}_2,\boldsymbol{\alpha}_1-\boldsymbol{\alpha}_3$ 线性无关.

又 $\boldsymbol{A}\neq\boldsymbol{O}$，有 $r(\boldsymbol{A})\geqslant 1$.

而 $\boldsymbol{Ax}=\boldsymbol{0}$ 已有 2 个线性无关的解，知 $n-r(\boldsymbol{A})\geqslant 2$，亦即 $r(\boldsymbol{A})\leqslant 1$.

从而 $r(\boldsymbol{A})=1$. 那么 $n-r(\boldsymbol{A})=3-1=2$.

因此，$\boldsymbol{\alpha}_1-\boldsymbol{\alpha}_2,\boldsymbol{\alpha}_1-\boldsymbol{\alpha}_3$ 是 $\boldsymbol{Ax}=\boldsymbol{0}$ 的基础解系.

【评注】 要证明 $\boldsymbol{\alpha}_1,\boldsymbol{\alpha}_2,\cdots,\boldsymbol{\alpha}_t$ 是 $\boldsymbol{Ax}=\boldsymbol{0}$ 的基础解系，需要：

(1) 验证 $\boldsymbol{\alpha}_1,\boldsymbol{\alpha}_2,\cdots,\boldsymbol{\alpha}_t$ 是 $\boldsymbol{Ax}=\boldsymbol{0}$ 的解.

(2) 证明 $\boldsymbol{\alpha}_1,\boldsymbol{\alpha}_2,\cdots,\boldsymbol{\alpha}_t$ 线性无关.

(3) $t=n-r(\boldsymbol{A})$.

练习 1 $\left(2020,\dfrac{2}{3}\right)$ 设四阶矩阵 $\boldsymbol{A}=[a_{ij}]$ 不可逆，a_{12} 的代数余子式 $A_{12}\neq 0$，$\boldsymbol{\alpha}_1,\boldsymbol{\alpha}_2,\boldsymbol{\alpha}_3,\boldsymbol{\alpha}_4$ 为矩阵 $\boldsymbol{A}$ 的列向量组，$\boldsymbol{A}^*$ 为 $\boldsymbol{A}$ 的伴随矩阵，则方程组 $\boldsymbol{A}^*\boldsymbol{x}=\boldsymbol{0}$ 的通解为

(A) $\boldsymbol{x}=k_1\boldsymbol{\alpha}_1+k_2\boldsymbol{\alpha}_2+k_3\boldsymbol{\alpha}_3$，其中 k_1,k_2,k_3 为任意常数.

(B) $\boldsymbol{x}=k_1\boldsymbol{\alpha}_1+k_2\boldsymbol{\alpha}_2+k_3\boldsymbol{\alpha}_4$，其中 k_1,k_2,k_3 为任意常数.

(C) $\boldsymbol{x}=k_1\boldsymbol{\alpha}_1+k_2\boldsymbol{\alpha}_3+k_3\boldsymbol{\alpha}_4$，其中 k_1,k_2,k_3 为任意常数.

(D) $\boldsymbol{x}=k_1\boldsymbol{\alpha}_2+k_2\boldsymbol{\alpha}_3+k_3\boldsymbol{\alpha}_4$，其中 k_1,k_2,k_3 为任意常数.

学习札记

解题笔记

练习 2　(2004,3) 设 n 阶矩阵 $\boldsymbol{A}$ 的伴随矩阵 $\boldsymbol{A}^* \neq \boldsymbol{O}$，若 $\boldsymbol{\xi}_1,\boldsymbol{\xi}_2,\boldsymbol{\xi}_3,\boldsymbol{\xi}_4$ 是非齐次线性方程组 $\boldsymbol{Ax}=\boldsymbol{b}$ 的互不相等的解，则对应的齐次线性方程组 $\boldsymbol{Ax}=\boldsymbol{0}$ 的基础解系

(A) 不存在.　　(B) 仅含一个非零解向量.

(C) 含有两个线性无关的解向量.　　(D) 含有三个线性无关的解向量.

解题笔记

解方程组 $\boldsymbol{Ax}=\boldsymbol{b}$，解的结构

1. 要会解方程组，会处理参数

【例 4.5】　解方程组

$$\begin{cases} x_1 - x_2 + 2x_3 + x_4 = 1, \\ 2x_1 - x_2 + x_3 + 2x_4 = 3, \\ x_1 \quad\quad - x_3 + x_4 = 2, \end{cases}$$

并求满足 $x_1=-x_2$ 的所有解.

解　对增广矩阵作初等行变换

$$\overline{\boldsymbol{A}} = \left[\begin{array}{cccc:c} 1 & -1 & 2 & 1 & 1 \\ 2 & -1 & 1 & 2 & 3 \\ 1 & 0 & -1 & 1 & 2 \end{array}\right] \to \left[\begin{array}{cccc:c} 1 & -1 & 2 & 1 & 1 \\ 0 & 1 & -3 & 0 & 1 \\ 0 & 0 & 0 & 0 & 0 \end{array}\right] \to \left[\begin{array}{cccc:c} 1 & 0 & -1 & 1 & 2 \\ & 1 & -3 & 0 & 1 \\ & & & 0 & 0 \end{array}\right]$$

学习札记

$r(\mathbf{A})=r(\overline{\mathbf{A}})=2<4$,方程组有无穷多解.

(1) 由同解方程组

$$\begin{cases}x_1=x_3-x_4+2,\\ x_2=3x_3+1,\end{cases}$$

令 $x_3=k_1,x_4=k_2\Rightarrow x_2=3k_1+1,x_1=k_1-k_2+2$,方程组的通解为

$$\boldsymbol{x}=\begin{bmatrix}k_1-k_2+2\\3k_1+1\\k_1\\k_2\end{bmatrix}=k_1\begin{bmatrix}1\\3\\1\\0\end{bmatrix}+k_2\begin{bmatrix}-1\\0\\0\\1\end{bmatrix}+\begin{bmatrix}2\\1\\0\\0\end{bmatrix},k_1,k_2\text{ 为任意常数}.$$

或(2) 解的结构

$$\overline{\mathbf{A}}\to\left[\begin{array}{cccc:c}1&0&-1&1&2\\&1&-3&0&1\\&&&0&0\end{array}\right],n-r(\mathbf{A})=4-2=2,$$

主元:x_1,x_2;自由变量:x_3,x_4.

特解:$\boldsymbol{\alpha}=(2,1,0,0)^{\mathrm{T}}$.

$\mathbf{A}\boldsymbol{x}=\mathbf{0}$ 的基础解系为

$$\boldsymbol{\eta}_1=(1,3,1,0)^{\mathrm{T}},\boldsymbol{\eta}_2=(-1,0,0,1)^{\mathrm{T}}.$$

方程组的通解为 $\boldsymbol{x}=\boldsymbol{\alpha}+k_1\boldsymbol{\eta}_1+k_2\boldsymbol{\eta}_2,k_1,k_2$ 为任意常数.

由通解,若 $x_1=-x_2$,则

$$k_1-k_2+2=-(3k_1+1)\Rightarrow k_2=4k_1+3,$$

于是

$$\boldsymbol{x}=\begin{bmatrix}2\\1\\0\\0\end{bmatrix}+k_1\begin{bmatrix}1\\3\\1\\0\end{bmatrix}+(4k_1+3)\begin{bmatrix}-1\\0\\0\\1\end{bmatrix}=\begin{bmatrix}-1\\1\\0\\3\end{bmatrix}+k_1\begin{bmatrix}-3\\3\\1\\4\end{bmatrix},k_1\text{ 为任意常数},$$

为方程组满足 $x_1=-x_2$ 的所有解.

【注】 用 k_1,k_2 与(0,0),(1,0),(0,1) 两种求通解方法一定要熟练,正确.

【例 4.6】 当 a 取何值时,线性方程组

$$\begin{cases}-x_1-4x_2+x_3=1,\\ ax_2-3x_3=3,\\ x_1+3x_2+(a+1)x_3=0\end{cases}$$

无解、有唯一解、有无穷多解?并在有解时求其所有解.

解 对增广矩阵作初等行变换,有

$$\overline{\mathbf{A}}=\left[\begin{array}{ccc:c}-1&-4&1&1\\0&a&-3&3\\1&3&a+1&0\end{array}\right]\to\left[\begin{array}{ccc:c}-1&-4&1&1\\0&a&-3&3\\0&-1&a+2&1\end{array}\right]$$

学习札记

$$\rightarrow\left[\begin{array}{ccc:c}-1 & -4 & 1 & 1\\ 0 & -1 & a+2 & 1\\ 0 & 0 & a^2+2a-3 & a+3\end{array}\right].$$

若 $a=1$,则 $r(\mathbf{A})=2, r(\overline{\mathbf{A}})=3$,方程组无解.

若 $a=-3$,则 $r(\mathbf{A})=r(\overline{\mathbf{A}})=2<3$,方程组有无穷多解.

若 $a\neq1$ 且 $a\neq-3$,则 $r(\mathbf{A})=r(\overline{\mathbf{A}})=3$,方程组有唯一解.

当 $a=-3$ 时,

$$\overline{\mathbf{A}}\rightarrow\left[\begin{array}{ccc:c}1 & 4 & -1 & -1\\ 0 & 1 & 1 & -1\\ 0 & 0 & 0 & 0\end{array}\right]\rightarrow\left[\begin{array}{ccc:c}1 & 0 & -5 & 3\\ 0 & 1 & 1 & -1\\ 0 & 0 & 0 & 0\end{array}\right],$$

方程组的通解是 $(3,-1,0)^{\mathrm{T}}+k(5,-1,1)^{\mathrm{T}}$.

当 $a\neq1$ 且 $a\neq-3$ 时,

$$\overline{\mathbf{A}}\rightarrow\left[\begin{array}{ccc:c}1 & 4 & -1 & -1\\ 0 & 1 & -(a+2) & -1\\ 0 & 0 & a-1 & 1\end{array}\right]\rightarrow\left[\begin{array}{ccc:c}1 & 0 & 0 & \dfrac{a+10}{1-a}\\ 0 & 1 & 0 & \dfrac{3}{a-1}\\ 0 & 0 & 1 & \dfrac{1}{a-1}\end{array}\right],$$

得
$$x_3=\frac{1}{a-1},\quad x_2=\frac{3}{a-1},\quad x_1=\frac{a+10}{1-a},$$

方程组的唯一解是 $\left(\dfrac{a+10}{1-a},\dfrac{3}{a-1},\dfrac{1}{a-1}\right)^{\mathrm{T}}$.

【例 4.7】 已知线性方程组

$$\begin{cases}x_1-x_2-2x_3+3x_4=0,\\ x_1-3x_2-5x_3+2x_4=-1,\\ x_1+x_2+ax_3+4x_4=1,\\ x_1+7x_2+10x_3+7x_4=b,\end{cases}$$

讨论参数 a,b 取何值时,方程组有解、无解;当有解时,试用其导出组的基础解系表示通解.

解 对增广矩阵作初等行变换,有

$$\overline{\mathbf{A}}=\left[\begin{array}{cccc:c}1 & -1 & -2 & 3 & 0\\ 1 & -3 & -5 & 2 & -1\\ 1 & 1 & a & 4 & 1\\ 1 & 7 & 10 & 7 & b\end{array}\right]\rightarrow\left[\begin{array}{cccc:c}1 & -1 & -2 & 3 & 0\\ 0 & 2 & 3 & 1 & 1\\ 0 & 0 & a-1 & 0 & 0\\ 0 & 0 & 0 & 0 & b-4\end{array}\right].$$

当 $b\neq4$ 时,$\forall a, r(\mathbf{A})\neq r(\overline{\mathbf{A}})$,方程组无解.

当 $b=4$ 时,$\forall a$,恒有 $r(\mathbf{A})=r(\overline{\mathbf{A}})$,方程组有解.

学习札记

$$\text{若 } a\neq 1,\text{有 } \overline{\mathbf{A}}\rightarrow\left[\begin{array}{cccc:c}1&-1&-2&3&0\\0&2&3&1&1\\0&0&a-1&0&0\\0&0&0&0&0\end{array}\right]\rightarrow\left[\begin{array}{cccc:c}1&0&0&\frac{7}{2}&\frac{1}{2}\\0&1&0&\frac{1}{2}&\frac{1}{2}\\0&0&1&0&0\\0&0&0&0&0\end{array}\right],$$

$r(\mathbf{A})=r(\overline{\mathbf{A}})=3$,方程组有无穷多解,通解为

$$\left(\frac{1}{2},\frac{1}{2},0,0\right)^{\mathrm{T}}+k\left(-\frac{7}{2},-\frac{1}{2},0,1\right)^{\mathrm{T}},k\text{ 为任意常数}.$$

$$\text{若 } a=1,\text{有 } \overline{\mathbf{A}}\rightarrow\left[\begin{array}{cccc:c}1&-1&-2&3&0\\0&2&3&1&1\\0&0&0&0&0\\0&0&0&0&0\end{array}\right]\rightarrow\left[\begin{array}{cccc:c}1&0&-\frac{1}{2}&\frac{7}{2}&\frac{1}{2}\\0&1&\frac{3}{2}&\frac{1}{2}&\frac{1}{2}\\0&0&0&0&0\\0&0&0&0&0\end{array}\right],$$

$r(\mathbf{A})=r(\overline{\mathbf{A}})=2$,方程组有无穷多解,通解为

$$\left(\frac{1}{2},\frac{1}{2},0,0\right)^{\mathrm{T}}+k_1\left(\frac{1}{2},-\frac{3}{2},1,0\right)^{\mathrm{T}}+k_2\left(-\frac{7}{2},-\frac{1}{2},0,1\right)^{\mathrm{T}},$$

k_1,k_2 为任意常数.

【评注】 这些都是基础题,要掌握非齐次线性方程组的求解方法:

(1) 对增广矩阵作初等行变换化为阶梯形矩阵.

(2) 求导出组的一个基础解系.

(3) 求方程组的一个特解(为简捷,可令自由变量全为 0).

(4) 按解的结构写出通解.

注意,当方程组中含有参数时,分析讨论要严谨不要丢情况,此时的特解往往比较烦琐.

【例 4.8】 (2004,4) 设线性方程组

$$\begin{cases}x_1+\lambda x_2+\mu x_3+x_4=0,\\2x_1+x_2+x_3+2x_4=0,\\3x_1+(2+\lambda)x_2+(4+\mu)x_3+4x_4=1,\end{cases}$$

已知 $(1,-1,1,-1)^{\mathrm{T}}$ 是该方程组的一个解. 试求

(Ⅰ) 方程组的全部解,并用对应的齐次线性方程组的基础解系表示全部解;

(Ⅱ) 该方程组满足 $x_2=x_3$ 的全部解.

解 (Ⅰ) 因为 $(1,-1,1,-1)^{\mathrm{T}}$ 是方程组的一个解,将其代入方程的两端,立即有 $\lambda=\mu$.

对增广矩阵作初等行变换,有

学习札记

$$\overline{\boldsymbol{A}}=\left[\begin{array}{cccc:c}1&\lambda&\lambda&1&0\\2&1&1&2&0\\3&2+\lambda&4+\lambda&4&1\end{array}\right]\rightarrow\left[\begin{array}{cccc:c}1&0&-2\lambda&1-\lambda&-\lambda\\0&1&3&1&1\\0&0&2(2\lambda-1)&2\lambda-1&2\lambda-1\end{array}\right].$$

(1) 若 $\lambda=\dfrac{1}{2}$,

$$\overline{\boldsymbol{A}}\rightarrow\left[\begin{array}{cccc:c}1&0&-1&\frac{1}{2}&-\frac{1}{2}\\0&1&3&1&1\\0&0&0&0&0\end{array}\right],$$

由 $r(\boldsymbol{A})=r(\overline{\boldsymbol{A}})=2,n-r(\boldsymbol{A})=4-2=2$,方程组有无穷多解,其通解为 $\left(-\dfrac{1}{2},1,0,0\right)^{\mathrm{T}}+k_1(1,-3,1,0)^{\mathrm{T}}+k_2\left(-\dfrac{1}{2},-1,0,1\right)^{\mathrm{T}}$,$k_1,k_2$ 为任意常数.

(2) 若 $\lambda\neq\dfrac{1}{2}$,

$$\overline{\boldsymbol{A}}\rightarrow\left[\begin{array}{cccc:c}1&0&-2\lambda&1-\lambda&-\lambda\\0&1&3&1&1\\0&0&2&1&1\end{array}\right]\rightarrow\left[\begin{array}{cccc:c}1&0&0&1&0\\0&1&0&-\frac{1}{2}&-\frac{1}{2}\\0&0&1&\frac{1}{2}&\frac{1}{2}\end{array}\right],$$

由 $r(\boldsymbol{A})=r(\overline{\boldsymbol{A}})=3,n-r(\boldsymbol{A})=4-3=1$,方程组有无穷多解,其通解为 $\left(0,-\dfrac{1}{2},\dfrac{1}{2},0\right)^{\mathrm{T}}+k\left(-1,\dfrac{1}{2},-\dfrac{1}{2},1\right)^{\mathrm{T}}$,$k$ 为任意常数.

(Ⅱ)(1) 若 $\lambda=\dfrac{1}{2}$,对于 $x_2=x_3$,由通解知

$$1+(-3k_1)+(-k_2)=0+k_1\Rightarrow k_2=1-4k_1,$$

故所求解为

$$(-1,0,0,1)^{\mathrm{T}}+k_1(3,1,1,-4)^{\mathrm{T}},k_1\text{ 为任意常数}.$$

(2) 若 $\lambda\neq\dfrac{1}{2}$,对于 $x_2=x_3$,由通解知

$$-\frac{1}{2}+\frac{1}{2}k=\frac{1}{2}-\frac{1}{2}k\Rightarrow k=1,$$

故所求解为

$$\left(0,-\frac{1}{2},\frac{1}{2},0\right)^{\mathrm{T}}+\left(-1,\frac{1}{2},-\frac{1}{2},1\right)^{\mathrm{T}}=(-1,0,0,1)^{\mathrm{T}}.$$

【评注】 根据题目的具体情况求解.可以是化为阶梯形用代入来求解,也可以是化为行最简形直接写答案,要灵活把握.

2.要会用解的结构、解的性质处理抽象的方程组

【例 4.9】 四元方程组 $\boldsymbol{Ax}=\boldsymbol{b}$ 中,系数矩阵的秩 $r(\boldsymbol{A})=3$,$\boldsymbol{\alpha}_1,\boldsymbol{\alpha}_2,\boldsymbol{\alpha}_3$ 是方程组的三个解,若 $\boldsymbol{\alpha}_1=(1,1,1,1)^{\mathrm{T}}$,$\boldsymbol{\alpha}_2+\boldsymbol{\alpha}_3=(2,3,4,5)^{\mathrm{T}}$,则方程组通解为______.

学习札记

分析 由于 $n-r(\boldsymbol{A})=4-3=1$，故方程组通解形式为 $\boldsymbol{\alpha}+k\boldsymbol{\eta}$.

因为 $\boldsymbol{\alpha}_1$ 是方程组 $\boldsymbol{Ax}=\boldsymbol{b}$ 的解，故 $\boldsymbol{\alpha}$ 可取为 $\boldsymbol{\alpha}_1$.

如果 $\boldsymbol{\alpha}_1,\boldsymbol{\alpha}_2$ 是 $\boldsymbol{Ax}=\boldsymbol{b}$ 的解，则由 $\boldsymbol{A\alpha}_1=\boldsymbol{b},\boldsymbol{A\alpha}_2=\boldsymbol{b}$ 知 $\boldsymbol{A}(\boldsymbol{\alpha}_1-\boldsymbol{\alpha}_2)=\boldsymbol{0}$，即 $\boldsymbol{\alpha}_1-\boldsymbol{\alpha}_2$ 是 $\boldsymbol{Ax}=\boldsymbol{0}$ 的解. 由

$$\boldsymbol{A}(\boldsymbol{\alpha}_2+\boldsymbol{\alpha}_3)=\boldsymbol{A\alpha}_2+\boldsymbol{A\alpha}_3=2\boldsymbol{b},\quad \boldsymbol{A}(2\boldsymbol{\alpha}_1)=2\boldsymbol{b},$$

知 $\boldsymbol{A}(\boldsymbol{\alpha}_2+\boldsymbol{\alpha}_3-2\boldsymbol{\alpha}_1)=\boldsymbol{0}$，即 $(0,1,2,3)^{\mathrm{T}}$ 是 $\boldsymbol{Ax}=\boldsymbol{0}$ 的解，所以方程组的通解为 $(1,1,1,1)^{\mathrm{T}}+k(0,1,2,3)^{\mathrm{T}}$，$k$ 为任意常数.

练习　$\left(2017,\dfrac{1}{2,3}\right)$ 设三阶矩阵 $\boldsymbol{A}=[\boldsymbol{\alpha}_1,\boldsymbol{\alpha}_2,\boldsymbol{\alpha}_3]$ 有 3 个不同的特征值，且 $\boldsymbol{\alpha}_3=\boldsymbol{\alpha}_1+2\boldsymbol{\alpha}_2$.

（Ⅰ）证明 $r(\boldsymbol{A})=2$.

（Ⅱ）若 $\boldsymbol{\beta}=\boldsymbol{\alpha}_1+\boldsymbol{\alpha}_2+\boldsymbol{\alpha}_3$，求方程组 $\boldsymbol{Ax}=\boldsymbol{\beta}$ 的通解.

本题难度系数 0.536，0.422，0.445，区分度 0.770，0.757，0.750.

解（Ⅰ）因 $\boldsymbol{\alpha}_3=\boldsymbol{\alpha}_1+2\boldsymbol{\alpha}_2$，知 $\boldsymbol{\alpha}_1,\boldsymbol{\alpha}_2,\boldsymbol{\alpha}_3$ 线性相关，故 $r(\boldsymbol{A})\leqslant 2$. 又因 $\boldsymbol{A}$ 有 3 个不同的特征值，

$$\boldsymbol{A}\sim\boldsymbol{\Lambda}=\begin{bmatrix}\lambda_1&&\\&\lambda_2&\\&&\lambda_3\end{bmatrix}.$$

解题笔记

学习札记

3. 有些题要求通过矩阵的运算构造出方程组再求解

【例 4.10】 (2000,2) 已知 $\boldsymbol{\alpha}=\begin{bmatrix}1\\2\\1\end{bmatrix}$，$\boldsymbol{\beta}=\begin{bmatrix}1\\\frac{1}{2}\\0\end{bmatrix}$，$\boldsymbol{\gamma}=\begin{bmatrix}0\\0\\8\end{bmatrix}$，$\boldsymbol{A}=\boldsymbol{\alpha}\boldsymbol{\beta}^{\mathrm{T}}$，$\boldsymbol{B}=\boldsymbol{\beta}^{\mathrm{T}}\boldsymbol{\alpha}$. 求解方程 $2\boldsymbol{B}^2\boldsymbol{A}^2\boldsymbol{x}=\boldsymbol{A}^4\boldsymbol{x}+\boldsymbol{B}^4\boldsymbol{x}+\boldsymbol{\gamma}$.

解 由题设知，

$$\boldsymbol{A}=\boldsymbol{\alpha}\boldsymbol{\beta}^{\mathrm{T}}=\begin{bmatrix}1\\2\\1\end{bmatrix}\left(1,\frac{1}{2},0\right)=\begin{bmatrix}1&\frac{1}{2}&0\\2&1&0\\1&\frac{1}{2}&0\end{bmatrix},$$

$$\boldsymbol{B}=\boldsymbol{\beta}^{\mathrm{T}}\boldsymbol{\alpha}=\left(1,\frac{1}{2},0\right)\begin{bmatrix}1\\2\\1\end{bmatrix}=2.$$

又 $\boldsymbol{A}^2=(\boldsymbol{\alpha}\boldsymbol{\beta}^{\mathrm{T}})(\boldsymbol{\alpha}\boldsymbol{\beta}^{\mathrm{T}})=\boldsymbol{\alpha}(\boldsymbol{\beta}^{\mathrm{T}}\boldsymbol{\alpha})\boldsymbol{\beta}^{\mathrm{T}}=2\boldsymbol{A}$，于是 $\boldsymbol{A}^4=8\boldsymbol{A}$，代入原方程，整理有

$$8(\boldsymbol{A}-2\boldsymbol{E})\boldsymbol{x}=\boldsymbol{\gamma},$$

即
$$\begin{bmatrix}-1&\frac{1}{2}&0\\2&-1&0\\1&\frac{1}{2}&-2\end{bmatrix}\begin{bmatrix}x_1\\x_2\\x_3\end{bmatrix}=\begin{bmatrix}0\\0\\1\end{bmatrix}.$$

对增广矩阵作初等行变换，有

$$\left[\begin{array}{ccc:c}-1&\frac{1}{2}&0&0\\2&-1&0&0\\1&\frac{1}{2}&-2&1\end{array}\right]\to\left[\begin{array}{ccc:c}1&0&-1&\frac{1}{2}\\0&1&-2&1\\0&0&0&0\end{array}\right],$$

特解为 $\boldsymbol{\alpha}=\left(\frac{1}{2},1,0\right)^{\mathrm{T}}$，

基础解系为 $\boldsymbol{\eta}=(1,2,1)^{\mathrm{T}}$，

故方程组的通解为 $\boldsymbol{\alpha}+k\boldsymbol{\eta}$，$k$ 为任意常数.

【例 4.11】 $\left(2016,\frac{2}{3}\right)$ 设矩阵 $\boldsymbol{A}=\begin{bmatrix}1&1&1-a\\1&0&a\\a+1&1&a+1\end{bmatrix}$，$\boldsymbol{\beta}=\begin{bmatrix}0\\1\\2a-2\end{bmatrix}$，且方程组 $\boldsymbol{Ax}=\boldsymbol{\beta}$ 无解.

(Ⅰ) 求 a 的值.

(Ⅱ) 求方程组 $\boldsymbol{A}^{\mathrm{T}}\boldsymbol{Ax}=\boldsymbol{A}^{\mathrm{T}}\boldsymbol{\beta}$ 的通解.

本题难度系数 0.548，0.590，区分度 0.682，0.716.

学习札记

解　(Ⅰ)对$[\boldsymbol{A} \vdots \boldsymbol{\beta}]$作初等行变换,有

$$\left[\begin{array}{ccc:c}1 & 1 & 1-a & 0\\ 1 & 0 & a & 1\\ a+1 & 1 & a+1 & 2a-2\end{array}\right] \rightarrow \left[\begin{array}{ccc:c}1 & 1 & 1-a & 0\\ 0 & 1 & 1-2a & -1\\ 0 & 0 & a(2-a) & a-2\end{array}\right],$$

因方程组无解,故 $a=0$.

(Ⅱ)对于方程组 $\boldsymbol{A}^{\mathrm{T}}\boldsymbol{A}\boldsymbol{x}=\boldsymbol{A}^{\mathrm{T}}\boldsymbol{\beta}$,

$$\boldsymbol{A}^{\mathrm{T}}\boldsymbol{A}=\begin{bmatrix}1 & 1 & 1\\ 1 & 0 & 1\\ 1 & 0 & 1\end{bmatrix}\begin{bmatrix}1 & 1 & 1\\ 1 & 0 & 0\\ 1 & 1 & 1\end{bmatrix}=\begin{bmatrix}3 & 2 & 2\\ 2 & 2 & 2\\ 2 & 2 & 2\end{bmatrix},$$

$$\boldsymbol{A}^{\mathrm{T}}\boldsymbol{\beta}=\begin{bmatrix}1 & 1 & 1\\ 1 & 0 & 1\\ 1 & 0 & 1\end{bmatrix}\begin{bmatrix}0\\ 1\\ -2\end{bmatrix}=\begin{bmatrix}-1\\ -2\\ -2\end{bmatrix}.$$

对$[\boldsymbol{A}^{\mathrm{T}}\boldsymbol{A} \vdots \boldsymbol{A}^{\mathrm{T}}\boldsymbol{\beta}]$作初等行变换,有

$$\left[\begin{array}{ccc:c}3 & 2 & 2 & -1\\ 2 & 2 & 2 & -2\\ 2 & 2 & 2 & -2\end{array}\right] \rightarrow \left[\begin{array}{ccc:c}1 & 1 & 1 & -1\\ 0 & 1 & 1 & -2\\ 0 & 0 & 0 & 0\end{array}\right] \rightarrow \left[\begin{array}{ccc:c}1 & 0 & 0 & 1\\ 0 & 1 & 1 & -2\\ 0 & 0 & 0 & 0\end{array}\right],$$

得方程组 $\boldsymbol{A}^{\mathrm{T}}\boldsymbol{A}\boldsymbol{x}=\boldsymbol{A}^{\mathrm{T}}\boldsymbol{\beta}$ 的通解为

$$(1,-2,0)^{\mathrm{T}}+k(0,-1,1)^{\mathrm{T}},k\text{ 为任意常数}.$$

【评注】　方程组 $\boldsymbol{A}\boldsymbol{x}=\boldsymbol{\beta}$ 无解的必要条件:$|\boldsymbol{A}|=0$.

由 $|\boldsymbol{A}|=\begin{vmatrix}1 & 1 & 1-a\\ 1 & 0 & a\\ a+1 & 1 & a+1\end{vmatrix}=\begin{vmatrix}1 & 1 & 1-a\\ 1 & 0 & a\\ a & 0 & 2a\end{vmatrix}=a^2-2a=0,$

然后代入判断可知 $a=0$ 时方程组无解.

有解判定、解的结构、性质

【例 4.12】　线性方程组 $\boldsymbol{A}\boldsymbol{x}=\boldsymbol{b}$ 经初等行变换其增广矩阵化为

$$\left[\begin{array}{cccc:c}1 & 0 & 3 & 2 & -1\\ & a-3 & 2 & 6 & a-1\\ & & a-2 & a & -2\\ & & & -3 & a+1\end{array}\right],$$

若方程组无解,则 $a=$

(A) -1.　　(B)1.　　(C)2.　　(D)3.

分析　非齐次线性方程组 $\boldsymbol{A}\boldsymbol{x}=\boldsymbol{b}$ 无解的充分必要条件是 $r(\boldsymbol{A})\neq r(\overline{\boldsymbol{A}})$.

当 $a=-1$ 时,$r(\boldsymbol{A})=4,r(\overline{\boldsymbol{A}})=4$,方程组必有唯一解,故(A)不正确.

学习札记

注意此时第 4 个方程是 $-3x_4=0$，不要与 $0x_4=3$ 相混淆.

当 $a=1$ 时，仍有 $r(\boldsymbol{A})=r(\overline{\boldsymbol{A}})=4$，故(B) 不正确.

当 $a=2$ 时，

$$\overline{\boldsymbol{A}}\to\left[\begin{array}{cccc:c}1&0&3&2&-1\\&-1&2&6&1\\&&0&2&-2\\&&&-3&3\end{array}\right]\to\left[\begin{array}{cccc:c}1&0&3&2&-1\\&-1&2&6&1\\&&0&1&-1\\&&&0&0\end{array}\right],$$

$r(\boldsymbol{A})=r(\overline{\boldsymbol{A}})<4$，方程组有无穷多解，故(C) 不正确.

当 $a=3$ 时，

$$\overline{\boldsymbol{A}}\to\left[\begin{array}{cccc:c}1&0&3&2&-1\\&0&2&6&2\\&&1&3&-2\\&&&-3&4\end{array}\right],$$

可观察出二、三两个方程矛盾，方程组无解，故应选(D).

【例 4.13】 下列命题中正确的命题是

(A) 方程组 $\boldsymbol{Ax}=\boldsymbol{b}$ 有唯一解 $\Leftrightarrow|\boldsymbol{A}|\neq 0$.

(B) 若 $\boldsymbol{Ax}=\boldsymbol{0}$ 只有零解，那么 $\boldsymbol{Ax}=\boldsymbol{b}$ 有唯一解.

(C) 若 $\boldsymbol{Ax}=\boldsymbol{0}$ 有非零解，则 $\boldsymbol{Ax}=\boldsymbol{b}$ 有无穷多解.

(D) 若 $\boldsymbol{Ax}=\boldsymbol{b}$ 有两个不同的解，那么 $\boldsymbol{Ax}=\boldsymbol{0}$ 有无穷多解.

分析 (A)$\boldsymbol{A}$ 不一定是 n 阶矩阵，那么行列式可能不存在.

(B)$\boldsymbol{Ax}=\boldsymbol{0}$ 只有零解 $\Leftrightarrow$ 秩 $r(\boldsymbol{A})=n$.

$\boldsymbol{Ax}=\boldsymbol{b}$ 有唯一解 $\Leftrightarrow$ 秩 $r(\boldsymbol{A})=r(\overline{\boldsymbol{A}})=n$.

由于 $r(\boldsymbol{A})=n\not\Rightarrow r(\overline{\boldsymbol{A}})=n$，故(B) 不正确.

请考察

$$\begin{cases}x_1+x_2=0,\\x_1-x_2=0,\\2x_1+2x_2=0\end{cases}\quad 与\quad\begin{cases}x_1+x_2=1,\\x_1-x_2=2,\\2x_1+2x_2=3,\end{cases}$$

有 $r(\boldsymbol{A})=r\begin{bmatrix}1&1\\1&-1\\2&2\end{bmatrix}=2,\quad r(\overline{\boldsymbol{A}})=r\begin{bmatrix}1&1&1\\1&-1&2\\2&2&3\end{bmatrix}=3.$

(C) $\boldsymbol{Ax}=\boldsymbol{0}$ 有非零解 $\Leftrightarrow r(\boldsymbol{A})<n$.

$\boldsymbol{Ax}=\boldsymbol{b}$ 有无穷多解 $\Leftrightarrow r(\boldsymbol{A})=r(\overline{\boldsymbol{A}})<n$.

由于 $r(\boldsymbol{A})<n\not\Rightarrow r(\boldsymbol{A})=r(\overline{\boldsymbol{A}})<n$，故(C) 不正确.

例如$\begin{cases}x_1+x_2=0,\\2x_1+2x_2=0\end{cases}$ 与 $\begin{cases}x_1+x_2=1,\\2x_1+2x_2=3,\end{cases}$

虽然 $\boldsymbol{Ax}=\boldsymbol{0}$ 有非零解，但 $\boldsymbol{Ax}=\boldsymbol{b}$ 可以无解.

(D) 若 $\boldsymbol{\alpha}_1,\boldsymbol{\alpha}_2$ 是方程组 $\boldsymbol{Ax}=\boldsymbol{b}$ 的两个不同的解，则 $\boldsymbol{\alpha}_1-\boldsymbol{\alpha}_2$ 是 $\boldsymbol{Ax}=\boldsymbol{0}$

学习札记

的非零解,从而 $Ax = 0$ 有无穷多解,即(D) 正确.

【例 4.14】 设 A 是 $m\times n$ 矩阵,非齐次线性方程组 $Ax = b$ 有解的充分条件是

(A)A 的行向量组线性无关. (B)A 的行向量组线性相关.

(C)A 的列向量组线性无关. (D)A 的列向量组线性相关.

分析 非齐次线性方程组 $Ax = b$ 有解的充分必要条件是 $r(A) = r(\overline{A})$. 由于增广矩阵 $\overline{A} = [A,b]$ 是 $m\times(n+1)$ 矩阵,按矩阵秩的概念与性质,有

$$r(A) \leqslant r(\overline{A}) \leqslant m.$$

如果 A 的行向量组线性无关,则 $r(A) = m$,则必有 $r(A) = r(\overline{A}) = m$,所以方程组 $Ax = b$ 有解,故(A) 是方程组有解的充分条件. 而(B)(C)(D) 均不能保证 $r(A) = r(\overline{A})$,希望你能想清楚,举出简单反例.

【例 4.15】 线性方程组 $Ax = b$ 的系数矩阵是 4×5 矩阵,且 A 的行向量组线性无关,则错误的命题是

(A) 齐次线性方程组 $A^{T}x = 0$ 只有零解.

(B) 齐次线性方程组 $A^{T}Ax = 0$ 必有非零解.

(C) 任意 b,方程组 $Ax = b$ 必有无穷多解.

(D) 任意 b,方程组 $A^{T}x = b$ 必有唯一解.

分析 因为矩阵的秩 $r(A) = A$ 的行秩 $= A$ 的列秩,由于 A 的行向量组线性无关,得 $r(A) = 4$.

A^{T} 是 5×4 矩阵,而 $r(A^{T}) = r(A) = 4$,所以齐次线性方程组 $A^{T}x = 0$ 只有零解.(A) 正确.

$A^{T}A$ 是 5 阶矩阵,由于 $r(A^{T}A) \leqslant r(A) = 4 < 5$,所以齐次线性方程组 $A^{T}Ax = 0$ 必有非零解,(B) 正确.

A 是 4×5 阶矩阵,A 的行向量组线性无关,那么其延伸组必线性无关,所以从行向量来看必有 $r(A) = r(A,b) = 4 < 5$,即 $Ax = b$ 必有无穷多解,(C) 正确.

由于 A^{T} 的列向量只是 4 个线性无关的 5 维向量,它们不能表示任一个 5 维向量,故方程组 $A^{T}x = b$ 有可能无解,即(D) 不正确.

两个方程组的公共解、同解

1. 公共解

对于方程组(Ⅰ)和(Ⅱ),如果 α 既是方程组(Ⅰ)的解,也是方程组(Ⅱ)的解,则称 α 是方程组(Ⅰ)和(Ⅱ)的**公共解**.

(1) 已知(Ⅰ)$Ax = 0$ 和(Ⅱ)$Bx = 0$,则联立 $\begin{bmatrix}A\\B\end{bmatrix}x = 0$(Ⅲ)的解即(Ⅰ)

学习札记

与(Ⅱ)的公共解.

(2) 已知(Ⅰ)的基础解系 $\boldsymbol{\alpha}_1,\boldsymbol{\alpha}_2,\boldsymbol{\alpha}_3$ 和(Ⅱ)的基础解系 $\boldsymbol{\beta}_1,\boldsymbol{\beta}_2$.

设公共解为 $\boldsymbol{\gamma}$,

$$\boldsymbol{\gamma}=k_1\boldsymbol{\alpha}_1+k_2\boldsymbol{\alpha}_2+k_3\boldsymbol{\alpha}_3=l_1\boldsymbol{\beta}_1+l_2\boldsymbol{\beta}_2, \qquad ①$$

构造方程组(Ⅱ)$k_1\boldsymbol{\alpha}_1+k_2\boldsymbol{\alpha}_2+k_3\boldsymbol{\alpha}_3-l_1\boldsymbol{\beta}_1-l_2\boldsymbol{\beta}_2=\mathbf{0}$,
求出 k_i,l_j,代入 ① 求出 $\boldsymbol{\gamma}$.

或 $\boldsymbol{\gamma}=l_1\boldsymbol{\beta}_1+l_2\boldsymbol{\beta}_2$ 是公共解 $\Leftrightarrow l_1\boldsymbol{\beta}_1+l_2\boldsymbol{\beta}_2$ 可由 $\boldsymbol{\alpha}_1,\boldsymbol{\alpha}_2,\boldsymbol{\alpha}_3$ 线性表出.

由 $r(\boldsymbol{\alpha}_1,\boldsymbol{\alpha}_2,\boldsymbol{\alpha}_3)=r(\boldsymbol{\alpha}_1,\boldsymbol{\alpha}_2,\boldsymbol{\alpha}_3,l_1\boldsymbol{\beta}_1+l_2\boldsymbol{\beta}_2)$ 求出 l_1,l_2 的条件.

(3) 已知(Ⅰ)$\boldsymbol{Ax}=\mathbf{0}$,(Ⅱ)的基础解系 $\boldsymbol{\beta}_1,\boldsymbol{\beta}_2$. 把(Ⅱ)的通解 $k_1\boldsymbol{\beta}_1+k_2\boldsymbol{\beta}_2$ 代入(Ⅰ)中,找出 k_1,k_2 的约束条件.

【例 4.16】 设有两个四元齐次线性方程组

$$(\text{Ⅰ})\begin{cases}x_1+x_2=0,\\x_2-x_4=0;\end{cases}\qquad(\text{Ⅱ})\begin{cases}x_1-x_2+x_3=0,\\x_2-x_3+x_4=0.\end{cases}$$

试问方程组(Ⅰ)和(Ⅱ)是否有非零公共解?若有,则求出所有的非零公共解;若没有,则说明理由.

分析 关于公共解,可以有几种处理方法:

(方法一) 把(Ⅰ)(Ⅱ)联立起来直接求解,即

$$\boldsymbol{A}=\begin{bmatrix}1&1&0&0\\0&1&0&-1\\1&-1&1&0\\0&1&-1&1\end{bmatrix}\to\begin{bmatrix}1&1&0&0\\0&1&0&-1\\0&-2&1&0\\0&0&-1&2\end{bmatrix}\to\begin{bmatrix}1&0&0&1\\0&1&0&-1\\0&0&1&-2\\0&0&0&0\end{bmatrix}.$$

由于 $n-r(\boldsymbol{A})=1$,故基础解系是 $(-1,1,2,1)^{\mathrm{T}}$,从而有(Ⅰ)(Ⅱ)的非零公共解为 $k(-1,1,2,1)^{\mathrm{T}}$,k 是任意非零实数.

(方法二) 通过(Ⅰ)与(Ⅱ)各自的通解,寻找非零公共解. 为此,先分别求(Ⅰ)和(Ⅱ)的基础解系为

$$(\text{Ⅰ})\boldsymbol{\xi}_1=(0,0,1,0)^{\mathrm{T}},\boldsymbol{\xi}_2=(-1,1,0,1)^{\mathrm{T}},$$

$$(\text{Ⅱ})\boldsymbol{\eta}_1=(0,1,1,0)^{\mathrm{T}},\boldsymbol{\eta}_2=(-1,-1,0,1)^{\mathrm{T}},$$

从而 $k_1\boldsymbol{\xi}_1+k_2\boldsymbol{\xi}_2$,$l_1\boldsymbol{\eta}_1+l_2\boldsymbol{\eta}_2$ 分别是(Ⅰ),(Ⅱ)的通解,令其相等,即有

$$k_1(0,0,1,0)^{\mathrm{T}}+k_2(-1,1,0,1)^{\mathrm{T}}=l_1(0,1,1,0)^{\mathrm{T}}+l_2(-1,-1,0,1)^{\mathrm{T}}.$$

由此得 $$(-k_2,k_2,k_1,k_2)^{\mathrm{T}}=(-l_2,l_1-l_2,l_1,l_2)^{\mathrm{T}},$$

比较两个向量的对应分量得 $k_1=l_1=2k_2=2l_2$. 令 $k_2=t$,所以非零公共解是

$$2t(0,0,1,0)^{\mathrm{T}}+t(-1,1,0,1)^{\mathrm{T}}=t(-1,1,2,1)^{\mathrm{T}},t \text{ 为任意非零实数}.$$

(方法三) 把(Ⅰ)的通解代入(Ⅱ)中,如果仍是解,寻找 k_1,k_2 所应满足的关系式而求出公共解.

由(Ⅰ)的解 $k_1\boldsymbol{\xi}_1+k_2\boldsymbol{\xi}_2=(-k_2,k_2,k_1,k_2)^{\mathrm{T}}$ 是(Ⅱ)的解,那么应满足(Ⅱ)的方程,故

学习札记

$$\begin{cases}-k_2-k_2+k_1=0,\\ k_2-k_1+k_2=0,\end{cases}$$

解出 $k_1=2k_2$,于是(Ⅰ)和(Ⅱ)的非零公共解:

$$2k\boldsymbol{\xi}_1+k\boldsymbol{\xi}_2=2k(0,0,1,0)^{\mathrm{T}}+k(-1,1,0,1)^{\mathrm{T}}=k(-1,1,2,1)^{\mathrm{T}},$$

k 为任意非零实数.

【例 4.17】 (2002,4)* 已知四元齐次线性方程组(Ⅰ)和(Ⅱ)的基础解系分别是(Ⅰ)$\boldsymbol{\alpha}_1=(5,-3,1,0)^{\mathrm{T}}$,$\boldsymbol{\alpha}_2=(-3,2,0,1)^{\mathrm{T}}$ 和(Ⅱ)$\boldsymbol{\beta}_1=(2,-1,a+2,1)^{\mathrm{T}}$,$\boldsymbol{\beta}_2=(-1,2,4,a+8)^{\mathrm{T}}$,求方程组(Ⅰ)和(Ⅱ)的非零公共解.

解 设 $\boldsymbol{\gamma}$ 是方程组(Ⅰ)和(Ⅱ)的非零公共解,则

$$\boldsymbol{\gamma}=k_1\boldsymbol{\alpha}_1+k_2\boldsymbol{\alpha}_2=l_1\boldsymbol{\beta}_1+l_2\boldsymbol{\beta}_2,k_i \text{ 与 } l_j \text{ 不全为 } 0,$$

则 $k_1\boldsymbol{\alpha}_1+k_2\boldsymbol{\alpha}_2-l_1\boldsymbol{\beta}_1-l_2\boldsymbol{\beta}_2=\mathbf{0}$.

记 $\boldsymbol{A}=(\boldsymbol{\alpha}_1,\boldsymbol{\alpha}_2,-\boldsymbol{\beta}_1,-\boldsymbol{\beta}_2)$,

$$\boldsymbol{A}=\begin{bmatrix}5&-3&-2&1\\-3&2&1&-2\\1&0&-a-2&-4\\0&1&-1&-a-8\end{bmatrix}\to\begin{bmatrix}1&0&-a-2&-4\\0&1&-1&-a-8\\0&0&-3a-3&2a+2\\0&0&5a+5&-3a-3\end{bmatrix}(\text{Ⅲ})$$

$\boldsymbol{\gamma}\neq\mathbf{0}\Leftrightarrow r(\boldsymbol{A})<4\Leftrightarrow a=-1$,

对(Ⅲ)求出通解 $(t+4u,t+7u,t,u)^{\mathrm{T}}$,故

$$\boldsymbol{\gamma}=(t+4u)\boldsymbol{\alpha}_1+(t+7u)\boldsymbol{\alpha}_2=t\boldsymbol{\beta}_1+u\boldsymbol{\beta}_2.$$

故 $a=-1$ 时,(Ⅰ)与(Ⅱ)的非零公共解为

$$t(2,-1,1,1)^{\mathrm{T}}+u(-1,2,4,7)^{\mathrm{T}},t,u \text{ 不全为 } 0.$$

或 $\boldsymbol{\gamma}=l_1\boldsymbol{\beta}_1+l_2\boldsymbol{\beta}_2$ 是公共解 $\Leftrightarrow l_1\boldsymbol{\beta}_1+l_2\boldsymbol{\beta}_2$ 可由 $\boldsymbol{\alpha}_1,\boldsymbol{\alpha}_2$ 线性表出.

设 $x_1\boldsymbol{\alpha}_1+x_2\boldsymbol{\alpha}_2=l_1\boldsymbol{\beta}_1+l_2\boldsymbol{\beta}_2$

$$\left[\begin{array}{cc:c}5&-3&2l_1-l_2\\-3&2&-l_1+2l_2\\1&0&(a+2)l_1+4l_2\\0&1&l_1+(a+8)l_2\end{array}\right]\to\left[\begin{array}{cc:c}1&0&(a+2)l_1+4l_2\\0&1&l_1+(a+8)l_2\\0&0&(3a+3)l_1-(2a+2)l_2\\0&0&(-5a-5)l_1+(3a+3)l_2\end{array}\right](\text{Ⅳ})$$

方程组(Ⅳ)有解 $\Leftrightarrow a=-1$,解出

$$x_1=l_1+4l_2,x_2=l_1+7l_2.$$

$$\begin{aligned}\therefore\boldsymbol{\gamma}&=(l_1+4l_2)\boldsymbol{\alpha}_1+(l_1+7l_2)\boldsymbol{\alpha}_2\\&=l_1(\boldsymbol{\alpha}_1+\boldsymbol{\alpha}_2)+l_2(4\boldsymbol{\alpha}_1+7\boldsymbol{\alpha}_2)\\&=l_1(2,-1,1,1)^{\mathrm{T}}+l_2(-1,2,4,7)^{\mathrm{T}},l_1,l_2 \text{ 不全为 } 0.\end{aligned}$$

【例 4.18】 (2007,$\substack{1,2\\3,4}$) 设线性方程组

$$\begin{cases} x_1 + x_2 + x_3 = 0, \\ x_1 + 2x_2 + ax_3 = 0, \\ x_1 + 4x_2 + a^2x_3 = 0 \end{cases} \tag{1}$$

与方程

$$x_1 + 2x_2 + x_3 = a - 1 \tag{2}$$

有公共解，求 a 的值及所有公共解.

解 因为方程组(1) 与(2) 的公共解即为联立方程组

$$\begin{cases} x_1 + x_2 + x_3 = 0, \\ x_1 + 2x_2 + ax_3 = 0, \\ x_1 + 4x_2 + a^2x_3 = 0, \\ x_1 + 2x_2 + x_3 = a - 1 \end{cases} \tag{3}$$

的解，对增广矩阵加减消元有

$$\overline{\boldsymbol{A}} = \left[\begin{array}{ccc:c} 1 & 1 & 1 & 0 \\ 1 & 2 & a & 0 \\ 1 & 4 & a^2 & 0 \\ 1 & 2 & 1 & a-1 \end{array}\right] \to \left[\begin{array}{ccc:c} 1 & 1 & 1 & 0 \\ 0 & 1 & a-1 & 0 \\ 0 & 3 & a^2-1 & 0 \\ 0 & 1 & 0 & a-1 \end{array}\right]$$

$$\to \left[\begin{array}{ccc:c} 1 & 1 & 1 & 0 \\ 0 & 1 & a-1 & 0 \\ 0 & 0 & (a-1)(a-2) & 0 \\ 0 & 0 & 1-a & a-1 \end{array}\right] \to \left[\begin{array}{ccc:c} 1 & 1 & 1 & 0 \\ 0 & 1 & a-1 & 0 \\ 0 & 0 & 1-a & a-1 \\ 0 & 0 & 0 & (a-1)(a-2) \end{array}\right].$$

当 $a \neq 1$ 且 $a \neq 2$ 时，方程组无解，从而(1) 与(2) 没有公共解.

当 $a = 1$ 时，

$$\overline{\boldsymbol{A}} \to \left[\begin{array}{ccc:c} 1 & 0 & 1 & 0 \\ 0 & 1 & 0 & 0 \\ 0 & 0 & 0 & 0 \\ 0 & 0 & 0 & 0 \end{array}\right],$$

方程组的通解是 $k(1,0,-1)^{\mathrm{T}}$，即(1) 与(2) 的公共解是 $k(1,0,-1)^{\mathrm{T}}$，k 是任意常数.

当 $a = 2$ 时，

$$\overline{\boldsymbol{A}} \to \left[\begin{array}{ccc:c} 1 & 0 & 0 & 0 \\ 0 & 1 & 0 & 1 \\ 0 & 0 & 1 & -1 \\ 0 & 0 & 0 & 0 \end{array}\right],$$

方程组有唯一解 $(0,1,-1)^{\mathrm{T}}$，即(1) 与(2) 的公共解是 $(0,1,-1)^{\mathrm{T}}$.

学习札记

【评注】 本题也可先计算方程组(1)的系数行列式

$$\begin{vmatrix}1&1&1\\1&2&a\\1&4&a^2\end{vmatrix}=(a-1)(a-2),$$

然后分情况讨论.

当 $a\neq 1$ 且 $a\neq 2$ 时,方程组(1)只有零解.

【例 4.19】 设 $\boldsymbol{A}$ 与 $\boldsymbol{B}$ 均是 n 阶矩阵,且秩 $r(\boldsymbol{A})+r(\boldsymbol{B})<n$,证明方程组 $\boldsymbol{Ax}=\boldsymbol{0}$ 与 $\boldsymbol{Bx}=\boldsymbol{0}$ 有非零公共解.

证明 构造齐次线性方程组

$$\begin{cases}\boldsymbol{Ax}=\boldsymbol{0},\\ \boldsymbol{Bx}=\boldsymbol{0}.\end{cases}\tag{1}$$

设 $\boldsymbol{\alpha}_{i_1},\boldsymbol{\alpha}_{i_2},\cdots,\boldsymbol{\alpha}_{i_r}$ 与 $\boldsymbol{\beta}_{j_1},\boldsymbol{\beta}_{j_2},\cdots,\boldsymbol{\beta}_{j_t}$ 分别是 $\boldsymbol{A}$ 与 $\boldsymbol{B}$ 行向量组的极大线性无关组,那么矩阵 $\begin{bmatrix}\boldsymbol{A}\\ \boldsymbol{B}\end{bmatrix}$ 的行向量组可以由 $\boldsymbol{\alpha}_{i_1},\cdots,\boldsymbol{\alpha}_{i_r},\boldsymbol{\beta}_{j_1},\cdots,\boldsymbol{\beta}_{j_t}$ 线性表出,从而

$$r\begin{bmatrix}\boldsymbol{A}\\ \boldsymbol{B}\end{bmatrix}\leqslant r(\boldsymbol{\alpha}_{i_1},\cdots,\boldsymbol{\alpha}_{i_r},\boldsymbol{\beta}_{j_1},\cdots,\boldsymbol{\beta}_{j_t})\leqslant r+t=r(\boldsymbol{A})+r(\boldsymbol{B})<n,$$

所以方程组(1)有非零解,即 $\boldsymbol{Ax}=\boldsymbol{0}$ 与 $\boldsymbol{Bx}=\boldsymbol{0}$ 有非零公共解.

2. 同解

对于方程组(Ⅰ)和(Ⅱ),如果 $\boldsymbol{\alpha}$ 是(Ⅰ)的解,则 $\boldsymbol{\alpha}$ 必是(Ⅱ)的解;反过来,如果 $\boldsymbol{\alpha}$ 是(Ⅱ)的解,则 $\boldsymbol{\alpha}$ 也必是(Ⅰ)的解,则称(Ⅰ)与(Ⅱ)**同解**.

$\boldsymbol{Ax}=\boldsymbol{0}$ 与 $\boldsymbol{Bx}=\boldsymbol{0}$ 同解

$\Leftrightarrow r(\boldsymbol{A})=r(\boldsymbol{B})$ 且 $\boldsymbol{Ax}=\boldsymbol{0}$ 的解全是 $\boldsymbol{Bx}=\boldsymbol{0}$ 的解

$\Leftrightarrow r(\boldsymbol{A})=r(\boldsymbol{B})=r\begin{pmatrix}\boldsymbol{A}\\ \boldsymbol{B}\end{pmatrix}$.

【例 4.20】 (2005,$\frac{3}{4}$)已知齐次方程组

$$(\text{Ⅰ})\begin{cases}x_1+2x_2+3x_3=0,\\2x_1+3x_2+5x_3=0,\\x_1+x_2+ax_3=0\end{cases}\text{和}(\text{Ⅱ})\begin{cases}x_1+bx_2+cx_3=0,\\2x_1+b^2x_2+(c+1)x_3=0\end{cases}$$

同解,求 a,b,c 的值.

解 因为方程组(Ⅱ)中方程的个数小于未知量的个数,故方程组(Ⅱ)必有无穷多解.那么由(Ⅰ)与(Ⅱ)同解,知方程组(Ⅰ)必有无穷多解.于是

$$|\boldsymbol{A}|=\begin{vmatrix}1&2&3\\2&3&5\\1&1&a\end{vmatrix}=2-a=0,$$

学习札记

从而 $a=2$. 此时方程组(Ⅰ)的系数矩阵可化为

$$A=\begin{bmatrix}1&2&3\\2&3&5\\1&1&2\end{bmatrix}\to\begin{bmatrix}1&0&1\\0&1&1\\0&0&0\end{bmatrix},$$

故(Ⅰ)的通解是 $k(-1,-1,1)^{T}$. 把 $x_1=-k,x_2=-k,x_3=k$ 代入方程组(Ⅱ),有

$$\begin{cases}(-1-b+c)k=0,\\(-2-b^2+c+1)k=0,\end{cases}$$

从而 $b^2-b=0$,可得 $b=1,c=2$ 或 $b=0,c=1$.

当 $b=1,c=2$ 时,对方程组(Ⅱ)的系数矩阵 $\boldsymbol{B}$ 作初等行变换,有

$$\boldsymbol{B}=\begin{bmatrix}1&1&2\\2&1&3\end{bmatrix}\to\begin{bmatrix}1&0&1\\0&1&1\end{bmatrix},$$

故方程组(Ⅰ)与(Ⅱ)同解.

当 $b=0,c=1$ 时,$\boldsymbol{B}=\begin{bmatrix}1&0&1\\2&0&2\end{bmatrix}\to\begin{bmatrix}1&0&1\\0&0&0\end{bmatrix}$,

故方程组(Ⅰ)与(Ⅱ)不同解.

综上所述,当 $a=2,b=1,c=2$ 时,方程组(Ⅰ)与(Ⅱ)同解.

【例 4.21】 设 $\boldsymbol{A}$ 是 $m\times n$ 阶矩阵,证明齐次线性方程组(Ⅰ)$\boldsymbol{A}^{T}\boldsymbol{A}\boldsymbol{x}=\boldsymbol{0}$ 与(Ⅱ)$\boldsymbol{A}\boldsymbol{x}=\boldsymbol{0}$ 同解.

证明 如果 $\boldsymbol{\alpha}$ 是(Ⅱ)的解,则 $\boldsymbol{A}\boldsymbol{\alpha}=\boldsymbol{0}$. 显然 $\boldsymbol{A}^{T}\boldsymbol{A}\boldsymbol{x}=\boldsymbol{0}$,即 $\boldsymbol{\alpha}$ 是(Ⅰ)的解,故(Ⅱ)的解全是(Ⅰ)的解.

若 $\boldsymbol{\alpha}$ 是(Ⅰ)的解,即 $\boldsymbol{A}^{T}\boldsymbol{A}\boldsymbol{\alpha}=\boldsymbol{0}$,那么 $\boldsymbol{\alpha}^{T}\boldsymbol{A}^{T}\boldsymbol{A}\boldsymbol{\alpha}=0$,即 $(\boldsymbol{A}\boldsymbol{\alpha})^{T}(\boldsymbol{A}\boldsymbol{\alpha})=0$. 从而 $\|\boldsymbol{A}\boldsymbol{\alpha}\|^2=0$,故 $\boldsymbol{A}\boldsymbol{\alpha}=\boldsymbol{0}$. 所以 $\boldsymbol{\alpha}$ 必是(Ⅱ)的解,即(Ⅰ)的解全是(Ⅱ)的解.

综上所述,方程组(Ⅰ)与(Ⅱ)同解.

【评注】 若 $\boldsymbol{\alpha}=(a_1,a_2,\cdots,a_n)^{T}$,则

$$\boldsymbol{\alpha}^{T}\boldsymbol{\alpha}=(a_1,a_2,\cdots,a_n)\begin{bmatrix}a_1\\a_2\\\vdots\\a_n\end{bmatrix}=a_1^2+a_2^2+\cdots+a_n^2,$$

那么

$$\begin{aligned}\boldsymbol{\alpha}^{T}\boldsymbol{\alpha}=0&\Leftrightarrow a_i=0(i=1,2,\cdots,n)\\&\Leftrightarrow\boldsymbol{\alpha}=\boldsymbol{0}.\end{aligned}$$

由 $(\boldsymbol{A}\boldsymbol{\alpha})^{T}(\boldsymbol{A}\boldsymbol{\alpha})=0$ 要看出 $\boldsymbol{A}\boldsymbol{\alpha}=\boldsymbol{0}$.

因为(Ⅰ)与(Ⅱ)同解,它们的基础解系所含解向量个数相同,即有

$$n-r(\boldsymbol{A}^{T}\boldsymbol{A})=n-r(\boldsymbol{A}),$$

故 $r(\boldsymbol{A}^{T}\boldsymbol{A})=r(\boldsymbol{A})$.

2012 年的考题就是希望考生用公式 $r(\boldsymbol{A}^{T}\boldsymbol{A})=r(\boldsymbol{A})$ 来处理二次型的秩的.

学习札记

练习 1　已知 $\boldsymbol{A}$ 是 $m\times n$ 矩阵,$\boldsymbol{B}$ 是 $n\times s$ 矩阵,若 $r(\boldsymbol{A})=n$,证明 $\boldsymbol{ABx}=\boldsymbol{0}$ 与 $\boldsymbol{Bx}=\boldsymbol{0}$ 同解.

解题笔记

练习 2　(2022,1)* 设 $\boldsymbol{A},\boldsymbol{B}$ 为 n 阶矩阵,且 $\boldsymbol{Ax}=\boldsymbol{0}$ 与 $\boldsymbol{Bx}=\boldsymbol{0}$ 同解,证明 $\begin{bmatrix}\boldsymbol{A} & \boldsymbol{B}\\ \boldsymbol{O} & \boldsymbol{B}\end{bmatrix}\boldsymbol{y}=\boldsymbol{0}$ 与 $\begin{bmatrix}\boldsymbol{B} & \boldsymbol{A}\\ \boldsymbol{O} & \boldsymbol{A}\end{bmatrix}\boldsymbol{y}=\boldsymbol{0}$ 同解.

解题笔记

方程组的应用

【例 4.22】　与矩阵 $\boldsymbol{A}=\begin{bmatrix}1 & 2\\ 1 & -1\end{bmatrix}$ 可交换的所有矩阵是________.

分析 矩阵乘法一般没有交换律,若 $\boldsymbol{AB}=\boldsymbol{BA}$,就称 $\boldsymbol{A}$ 与 $\boldsymbol{B}$ 可交换.

设 $\begin{bmatrix}x_1 & x_2\\ x_3 & x_4\end{bmatrix}$ 与矩阵 $\boldsymbol{A}$ 可交换,则

$$\begin{bmatrix}1 & 2\\ 1 & -1\end{bmatrix}\begin{bmatrix}x_1 & x_2\\ x_3 & x_4\end{bmatrix}=\begin{bmatrix}x_1 & x_2\\ x_3 & x_4\end{bmatrix}\begin{bmatrix}1 & 2\\ 1 & -1\end{bmatrix},$$

即有 $\begin{bmatrix}x_1+2x_3 & x_2+2x_4\\ x_1-x_3 & x_2-x_4\end{bmatrix}=\begin{bmatrix}x_1+x_2 & 2x_1-x_2\\ x_3+x_4 & 2x_3-x_4\end{bmatrix}$,得到方程组

$$\begin{cases} x_2-2x_3=0,\\ 2x_1-2x_2-2x_4=0,\\ x_1-2x_3-x_4=0,\\ x_2-2x_3=0.\end{cases}$$

学习札记

加减消元，有

$$\begin{bmatrix}0&1&-2&0\\2&-2&0&-2\\1&0&-2&-1\\0&1&-2&0\end{bmatrix}\to\begin{bmatrix}1&0&-2&-1\\0&1&-2&0\\0&0&0&0\\0&0&0&0\end{bmatrix}.$$

令 $x_3=t,x_4=u$，解出 $x_2=2t,x_1=2t+u$.

所以$\begin{bmatrix}2t+u&2t\\t&u\end{bmatrix}$（$t,u$ 是任意常数）为所求矩阵.

【例 4.23】 $(2013,{}_2{}^1{}_{,}{}_3)$ 设 $\boldsymbol{A}=\begin{bmatrix}1&a\\1&0\end{bmatrix}$，$\boldsymbol{B}=\begin{bmatrix}0&1\\1&b\end{bmatrix}$，当 a,b 为何值时，存在矩阵 $\boldsymbol{C}$ 使得 $\boldsymbol{AC}-\boldsymbol{CA}=\boldsymbol{B}$?并求所有矩阵 $\boldsymbol{C}$.

【评注】 这是考得比较差的一道题，难度系数为 0.368，0.389，0.460，计算上的失误也非常严重，希望大家复习时要重视基本计算.

解 设 $\boldsymbol{C}=\begin{bmatrix}x_1&x_2\\x_3&x_4\end{bmatrix}$，由 $\boldsymbol{AC}-\boldsymbol{CA}=\boldsymbol{B}$ 得

$$\begin{bmatrix}1&a\\1&0\end{bmatrix}\begin{bmatrix}x_1&x_2\\x_3&x_4\end{bmatrix}-\begin{bmatrix}x_1&x_2\\x_3&x_4\end{bmatrix}\begin{bmatrix}1&a\\1&0\end{bmatrix}=\begin{bmatrix}0&1\\1&b\end{bmatrix},$$

即
$$\begin{bmatrix}x_1+ax_3&x_2+ax_4\\x_1&x_2\end{bmatrix}-\begin{bmatrix}x_1+x_2&ax_1\\x_3+x_4&ax_3\end{bmatrix}=\begin{bmatrix}0&1\\1&b\end{bmatrix},$$

亦即
$$\begin{cases}-x_2+ax_3=0,\\-ax_1+x_2+ax_4=1,\\x_1-x_3-x_4=1,\\x_2-ax_3=b.\end{cases}$$

对增广矩阵作初等行变换，有

$$\overline{\boldsymbol{A}}=\left[\begin{array}{cccc:c}0&-1&a&0&0\\-a&1&0&a&1\\1&0&-1&-1&1\\0&1&-a&0&b\end{array}\right]\to\left[\begin{array}{cccc:c}1&0&-1&-1&1\\0&1&-a&0&0\\0&0&0&0&a+1\\0&0&0&0&b\end{array}\right].$$

当 $a\neq-1$ 或 $b\neq0$ 时，方程组无解.

当 $a=-1$ 且 $b=0$ 时，方程组有解，此时存在矩阵 $\boldsymbol{C}$ 满足 $\boldsymbol{AC}-\boldsymbol{CA}=\boldsymbol{B}$. 由于方程组的通解为

$$\begin{bmatrix}x_1\\x_2\\x_3\\x_4\end{bmatrix}=\begin{bmatrix}1\\0\\0\\0\end{bmatrix}+k_1\begin{bmatrix}1\\-1\\1\\0\end{bmatrix}+k_2\begin{bmatrix}1\\0\\0\\1\end{bmatrix},k_1,k_2\text{ 为任意实数},$$

故当且仅当 $a=-1,b=0$ 时，存在矩阵

学习札记

$$C=\begin{bmatrix}1+k_1+k_2 & -k_1\\ k_1 & k_2\end{bmatrix},$$

满足 $AC-CA=B$.

【例 4.24】 已知 $A=\begin{bmatrix}1&1&1\\0&1&-1\\2&3&a\end{bmatrix}$ 和 $B=\begin{bmatrix}1&-1&2\\2&2&1\\a+3&0&a+4\end{bmatrix}$,知 $Ax=0$ 有非零解且 A 经列变换能得到矩阵 B.

(Ⅰ)求 a 的值.

(Ⅱ)求满足 $AP=B$ 的可逆矩阵 P.

(Ⅲ)A 能否经行变换得到矩阵 B?请说明理由.

解 (Ⅰ)$Ax=0$ 有非零解,故

$$|A|=\begin{vmatrix}1&1&1\\0&1&-1\\2&3&a\end{vmatrix}=a-1=0$$

$\therefore a=1$.

(Ⅱ)对 (A,B) 作初等行变换化为行最简,得

$$(A,B)=\left[\begin{array}{ccc:ccc}1&1&1&1&-1&2\\0&1&-1&2&2&1\\2&3&1&4&0&5\end{array}\right]\to\left[\begin{array}{ccc:ccc}1&0&2&-1&-3&1\\0&1&-1&2&2&1\\0&0&0&0&0&0\end{array}\right].$$

记 $B=(\beta_1,\beta_2,\beta_3)$,则方程组 $Ax=\beta_1,Ay=\beta_2,Az=\beta_3$ 的通解依次为 $(-1-2k_1,2+k_1,k_1)^T,(-3-2k_2,2+k_2,k_2)^T,(1-2k_3,1+k_3,k_3)^T$,故 $AX=B$ 的解为

$$X=\begin{bmatrix}-1-2k_1&-3-2k_2&1-2k_3\\2+k_1&2+k_2&1+k_3\\k_1&k_2&k_3\end{bmatrix}.$$

因 $|X|=-5k_1+3k_2+4k_3$,所以满足 $AP=B$ 的可逆矩阵 P 为

$$P=\begin{bmatrix}-1-2k_1&-3-2k_2&1-2k_3\\2+k_1&2+k_2&1+k_3\\k_1&k_2&k_3\end{bmatrix},5k_1-3k_2-4k_3\neq 0.$$

(Ⅲ)$Ax=0$ 的通解是 $k(-2,1,1)^T$,而 $(-2,1,1)^T$ 不是 $Bx=0$ 的解.

即 $Ax=0$ 与 $Bx=0$ 不同解.

亦即 A,B 行向量组不等价,所以 A 不能经行变换得到 B.

或由 $r\begin{bmatrix}A\\B\end{bmatrix}=r\begin{bmatrix}1&1&1\\0&1&-1\\2&3&1\\1&-1&2\\2&2&1\\4&0&5\end{bmatrix}=3$ 而 $r(A)=r(B)=2$.

学习札记

即 $\boldsymbol{A},\boldsymbol{B}$ 行向量组不等价，故 $\boldsymbol{A}$ 不能经行变换得到 $\boldsymbol{B}$.

【例 4.25】 (2000,3) 设向量组 $\boldsymbol{\alpha}_1=(a,2,10)^{\mathrm{T}},\boldsymbol{\alpha}_2=(-2,1,5)^{\mathrm{T}},\boldsymbol{\alpha}_3=(-1,1,4)^{\mathrm{T}},\boldsymbol{\beta}=(1,b,c)^{\mathrm{T}}$. 试问当 a,b,c 满足什么条件时

(1) $\boldsymbol{\beta}$ 可由 $\boldsymbol{\alpha}_1,\boldsymbol{\alpha}_2,\boldsymbol{\alpha}_3$ 线性表出，且表示唯一？

(2) $\boldsymbol{\beta}$ 不能由 $\boldsymbol{\alpha}_1,\boldsymbol{\alpha}_2,\boldsymbol{\alpha}_3$ 线性表出？

(3) $\boldsymbol{\beta}$ 可由 $\boldsymbol{\alpha}_1,\boldsymbol{\alpha}_2,\boldsymbol{\alpha}_3$ 线性表出，但表示法不唯一？并写出一般表达式.

解 设 $x_1\boldsymbol{\alpha}_1+x_2\boldsymbol{\alpha}_2+x_3\boldsymbol{\alpha}_3=\boldsymbol{\beta}$.

由系数行列式

$$|\boldsymbol{A}|=|\boldsymbol{\alpha}_1,\boldsymbol{\alpha}_2,\boldsymbol{\alpha}_3|=\begin{vmatrix}a&-2&-1\\2&1&1\\10&5&4\end{vmatrix}=\begin{vmatrix}a+4&-2&-1\\0&1&1\\0&5&4\end{vmatrix}=-a-4.$$

(1) 当 $a\neq-4$ 时，$|\boldsymbol{A}|\neq0$，方程组有唯一解.

即 $\boldsymbol{\beta}$ 可由 $\boldsymbol{\alpha}_1,\boldsymbol{\alpha}_2,\boldsymbol{\alpha}_3$ 线性表出，且表示法唯一.

(2) 当 $a=-4$ 时，对增广矩阵作初等行变换

$$\overline{\boldsymbol{A}}=\left[\begin{array}{ccc:c}-4&-2&-1&1\\2&1&1&b\\10&5&4&c\end{array}\right]\to\left[\begin{array}{ccc:c}2&1&1&b\\0&0&1&2b+1\\0&0&-1&-5b+c\end{array}\right]\to\left[\begin{array}{ccc:c}2&1&1&b\\0&0&1&2b+1\\0&0&0&3b-c-1\end{array}\right]$$

故当 $3b-c\neq1$ 时，$r(\boldsymbol{A})=2,r(\overline{\boldsymbol{A}})=3$，方程组无解.

即 $\boldsymbol{\beta}$ 不能由 $\boldsymbol{\alpha}_1,\boldsymbol{\alpha}_2,\boldsymbol{\alpha}_3$ 线性表出.

(3) 当 $a=-4$ 且 $3b-c=1$ 时，有 $r(\boldsymbol{A})=r(\overline{\boldsymbol{A}})=2<3$，方程组有无穷多解.

$$\overline{\boldsymbol{A}}\to\left[\begin{array}{ccc:c}2&1&1&b\\0&0&1&2b+1\\0&0&0&0\end{array}\right]\to\left[\begin{array}{ccc:c}2&1&0&-b-1\\0&0&1&2b+1\\0&0&0&0\end{array}\right]$$

令 $x_1=t\Rightarrow x_2=-2t-b-1,x_3=2b+1$，

故 $\boldsymbol{\beta}=t\boldsymbol{\alpha}_1-(2t+b+1)\boldsymbol{\alpha}_2+(2b+1)\boldsymbol{\alpha}_3$，$t$ 为任意常数.

【注】 本题也可用增广矩阵作初等行变换化为阶梯形，再分析讨论.

学习札记

四、练习题精选

1. 填空题

(1) 方程 $x_1-2x_2+3x_3-4x_4=0$ 的通解是____________.

(2) 设矩阵 $\boldsymbol{A}=\begin{bmatrix}1 & 1 & 2-a\\3-2a & 2-a & 1\\2-a & 2-a & 1\end{bmatrix}$, $\boldsymbol{b}=\begin{bmatrix}1\\a\\-1\end{bmatrix}$,若方程组 $\boldsymbol{Ax}=\boldsymbol{b}$ 有解且不唯一,则 $a=$________.

(3) 已知 $\boldsymbol{\alpha}_1,\boldsymbol{\alpha}_2,\boldsymbol{\alpha}_3$ 是非齐次方程组 $\boldsymbol{Ax}=\boldsymbol{\beta}$ 的 3 个不同的解,若 $a\boldsymbol{\alpha}_1+3\boldsymbol{\alpha}_2+b\boldsymbol{\alpha}_3$ 是 $\boldsymbol{Ax}=\boldsymbol{0}$ 的解,$4a\boldsymbol{\alpha}_1-3b\boldsymbol{\alpha}_2-\boldsymbol{\alpha}_3$ 是 $\boldsymbol{Ax}=\boldsymbol{\beta}$ 的解,则 $a=$________.

(4) 设 $\boldsymbol{\alpha}_1,\boldsymbol{\alpha}_2,\boldsymbol{\alpha}_3$ 是四元非齐次线性方程组 $\boldsymbol{Ax}=\boldsymbol{b}$ 的 3 个解向量,且秩 $r(\boldsymbol{A})=3$,若 $\boldsymbol{\alpha}_1=(1,2,3,4)^{\mathrm{T}}$, $2\boldsymbol{\alpha}_2-3\boldsymbol{\alpha}_3=(0,1,-1,0)^{\mathrm{T}}$,则方程组 $\boldsymbol{Ax}=\boldsymbol{b}$ 的通解是____________.

(5) 已知方程组

$$\begin{cases}2x_1-x_2+3x_3=0\\4x_1+2x_2+tx_3=0\\x_1+x_3=0\end{cases}$$

的系数矩阵是 $\boldsymbol{A}$. 若 $\boldsymbol{B}$ 是三阶非零矩阵且 $\boldsymbol{AB}=\boldsymbol{O}$,则 $\boldsymbol{B}=$________.

(6) 已知 $\boldsymbol{A}$ 是三阶矩阵,且 $r(\boldsymbol{A}^*)=1$. 若 $\boldsymbol{\xi}_1=(-3,2,0)^{\mathrm{T}}$, $\boldsymbol{\xi}_2=(1,0,2)^{\mathrm{T}}$ 是方程组 $\boldsymbol{Ax}=\boldsymbol{b}$ 的 2 个解,则方程组 $\boldsymbol{Ax}=\boldsymbol{b}$ 的通解是________.

2. 选择题

(1) 设齐次线性方程组 $\boldsymbol{Ax}=\boldsymbol{0}$ 的一个基础解系是 $\boldsymbol{\eta}_1,\boldsymbol{\eta}_2,\boldsymbol{\eta}_3,\boldsymbol{\eta}_4$,则此方程组的基础解系还可以是

(A) $\boldsymbol{\eta}_1+\boldsymbol{\eta}_2,\boldsymbol{\eta}_2+\boldsymbol{\eta}_3,\boldsymbol{\eta}_3+\boldsymbol{\eta}_4,\boldsymbol{\eta}_4+\boldsymbol{\eta}_1$.

(B) $\boldsymbol{\eta}_1-\boldsymbol{\eta}_2,\boldsymbol{\eta}_2-\boldsymbol{\eta}_3,\boldsymbol{\eta}_3+\boldsymbol{\eta}_4,\boldsymbol{\eta}_4+\boldsymbol{\eta}_1$.

(C) $\boldsymbol{\eta}_1,\boldsymbol{\eta}_2+\boldsymbol{\eta}_3,\boldsymbol{\eta}_1+\boldsymbol{\eta}_2-\boldsymbol{\eta}_3+\boldsymbol{\eta}_4$.

(D) $\boldsymbol{\eta}_1-\boldsymbol{\eta}_2,\boldsymbol{\eta}_2-\boldsymbol{\eta}_3,\boldsymbol{\eta}_3-\boldsymbol{\eta}_4,\boldsymbol{\eta}_4+\boldsymbol{\eta}_1$.

(2) 设 $\boldsymbol{A}$ 是 $m\times n$ 矩阵,秩 $r(\boldsymbol{A})=n-2$,若 $\boldsymbol{\alpha}_1,\boldsymbol{\alpha}_2,\boldsymbol{\alpha}_3$ 是非齐次线性方程组 $\boldsymbol{Ax}=\boldsymbol{b}$ 的 3 个线性无关的解,k_1,k_2 为任意常数,则方程组 $\boldsymbol{Ax}=\boldsymbol{b}$ 的通解是

(A) $k_1(\boldsymbol{\alpha}_1-\boldsymbol{\alpha}_2)+k_2(\boldsymbol{\alpha}_2-\boldsymbol{\alpha}_3)$.

学习札记

(B) $\boldsymbol{\alpha}_1 + k_1(\boldsymbol{\alpha}_2 + \boldsymbol{\alpha}_3) + k_2(\boldsymbol{\alpha}_1 + \boldsymbol{\alpha}_3)$.

(C) $\frac{1}{3}(\boldsymbol{\alpha}_1 + \boldsymbol{\alpha}_2 + \boldsymbol{\alpha}_3) + k_1(\boldsymbol{\alpha}_3 - \boldsymbol{\alpha}_1) + k_2(\boldsymbol{\alpha}_3 - \boldsymbol{\alpha}_2)$.

(D) $\frac{1}{2}(\boldsymbol{\alpha}_1 + \boldsymbol{\alpha}_2) + k_1(\boldsymbol{\alpha}_2 - \boldsymbol{\alpha}_3) + k_2(\boldsymbol{\alpha}_3 - \boldsymbol{\alpha}_2)$.

(3) 设 $\boldsymbol{A}$ 是秩为 $n-1$ 的 n 阶矩阵，$\boldsymbol{\alpha}_1$ 与 $\boldsymbol{\alpha}_2$ 是齐次方程组 $\boldsymbol{Ax}=\boldsymbol{0}$ 的两个不同的解向量，则 $\boldsymbol{Ax}=\boldsymbol{0}$ 的通解必定是

(A) $k(\boldsymbol{\alpha}_1 + \boldsymbol{\alpha}_2)$.　　(B) $k(\boldsymbol{\alpha}_1 - \boldsymbol{\alpha}_2)$.

(C) $k\boldsymbol{\alpha}_1$.　　(D) $\boldsymbol{\alpha}_1 - \boldsymbol{\alpha}_2$.

3. 解答题

(1) 设 $\boldsymbol{A} = \begin{bmatrix} 1 & 2 \\ 3 & 4 \end{bmatrix}$，求与矩阵 $\boldsymbol{A}$ 可交换的矩阵.

(2) 设矩阵 $\boldsymbol{A} = \begin{bmatrix} 1 & 2 & 1 & 2 \\ 0 & 1 & a & a \\ 1 & a & 0 & 1 \end{bmatrix}$，若齐次线性方程组 $\boldsymbol{Ax}=\boldsymbol{0}$ 的基础解系有 2 个线性无关的解向量，试求方程组 $\boldsymbol{Ax}=\boldsymbol{0}$ 的通解.

(3) 设线性方程组 $\begin{cases} x_1 + 3x_2 + 2x_3 + x_4 = 1, \\ x_2 + ax_3 - ax_4 = -1, \\ x_1 + 2x_2 + 3x_4 = 3, \end{cases}$ 问 a 为何值时方程组有解？并在有解时求其所有的解.

(4) 设 $\boldsymbol{A} = [\boldsymbol{\alpha}_1, \boldsymbol{\alpha}_2, \boldsymbol{\alpha}_3, \boldsymbol{\alpha}_4]$ 是四阶矩阵，方程组 $\boldsymbol{Ax}=\boldsymbol{b}$ 的通解是 $(2,1,0,1)^{\mathrm{T}} + k(1,-1,2,0)^{\mathrm{T}}$. 证明：$\boldsymbol{\alpha}_4$ 不能由 $\boldsymbol{\alpha}_1, \boldsymbol{\alpha}_2, \boldsymbol{\alpha}_3$ 线性表出，但 $\boldsymbol{\alpha}_4$ 可由 $\boldsymbol{\alpha}_1, \boldsymbol{\alpha}_2, \boldsymbol{b}$ 线性表出并写出表达式.

参考答案与提示

1. (1) $k_1(2,1,0,0)^{\mathrm{T}} + k_2(-3,0,1,0)^{\mathrm{T}} + k_3(4,0,0,1)^{\mathrm{T}}$.

(2) 3.　(3) -1.

(4) $(1,2,3,4)^{\mathrm{T}} + k(1,3,2,4)^{\mathrm{T}}$.

(5) $\begin{bmatrix} -k_1 & -k_2 & -k_3 \\ k_1 & k_2 & k_3 \\ k_1 & k_2 & k_3 \end{bmatrix}$，$k_1, k_2, k_3$ 不全为 0.

(6) $(-3,2,0)^{\mathrm{T}} + k(2,-1,1)^{\mathrm{T}}$，$k$ 为任意实数.

【提示】 (1) 由 $n - r(\boldsymbol{A}) = 4 - 1 = 3$ 先明确基础解系中解向量的个

数，再确定自由变量求解.

(2) 方程组 $\boldsymbol{Ax}=\boldsymbol{b}$ 有解且不唯一，即方程组 $\boldsymbol{Ax}=\boldsymbol{b}$ 有无穷多解，亦即秩 $r(\boldsymbol{A})=r(\overline{\boldsymbol{A}})<3$.

$$\overline{\boldsymbol{A}}\to\left[\begin{array}{ccc:c}1 & 1 & 2-a & 1\\ 0 & a-1 & -2a^2+7a-5 & 3a-3\\ 0 & 0 & (a-1)(a-3) & 3-a\end{array}\right],$$

再按 $a=1,a=3$ 分析判断.

或者，通过方程组 $\boldsymbol{Ax}=\boldsymbol{b}$ 有无穷多解的必要条件是 $|\boldsymbol{A}|=0$ 来分析判断.

(3)$\boldsymbol{A}(a\boldsymbol{\alpha}_1+3\boldsymbol{\alpha}_2+b\boldsymbol{\alpha}_3)=(a+3+b)\boldsymbol{\beta}=\boldsymbol{0}$,

$\boldsymbol{A}(4a\boldsymbol{\alpha}_1-3b\boldsymbol{\alpha}_2-\boldsymbol{\alpha}_3)=(4a-3b-1)\boldsymbol{\beta}=\boldsymbol{\beta}$，即$\begin{cases}a+b+3=0,\\ 4a-3b-1=1.\end{cases}$

(4)$n-r(\boldsymbol{A})=4-3=1$，通解形式为 $\boldsymbol{\alpha}+k\boldsymbol{\eta}$，其中特解可取为 $\boldsymbol{\alpha}_1$，而 $\boldsymbol{\alpha}_1+2\boldsymbol{\alpha}_2-3\boldsymbol{\alpha}_3=(\boldsymbol{\alpha}_1-\boldsymbol{\alpha}_3)+2(\boldsymbol{\alpha}_2-\boldsymbol{\alpha}_3)$ 是 $\boldsymbol{Ax}=\boldsymbol{0}$ 的解，即 $\boldsymbol{Ax}=\boldsymbol{0}$ 的基础解系.

(5)$\boldsymbol{AB}=\boldsymbol{O}$，$\boldsymbol{B}$ 的列向量是 $\boldsymbol{Ax}=\boldsymbol{0}$ 的解.

由 $\boldsymbol{B}\neq\boldsymbol{O}$，知 $\boldsymbol{Ax}=\boldsymbol{0}$ 有非零解，求出 $t=2$.

再求 $\boldsymbol{Ax}=\boldsymbol{0}$ 的基础解系$(-1,1,1)^{\mathrm{T}}$.

(6)$r(\boldsymbol{A}^*)=\begin{cases}n, & 如\ r(\boldsymbol{A})=n\\ 1, & 如\ r(\boldsymbol{A})=n-1\\ 0, & 如\ r(\boldsymbol{A})<n-1\end{cases}$，可知 $r(\boldsymbol{A})=2$.

$n-r(\boldsymbol{A})=1$，$\boldsymbol{Ax}=\boldsymbol{b}$ 有解的结构 $\boldsymbol{\alpha}+k\boldsymbol{\eta}$.

$\boldsymbol{\xi}_2-\boldsymbol{\xi}_1=(4,-2,2)^{\mathrm{T}}$ 是 $\boldsymbol{Ax}=\boldsymbol{0}$ 的基础解系.

2. (1)D.　　(2)C.　　(3)B.

【提示】 (1) 基础解系应当是 4 个线性无关的解，(C) 中向量个数不符，(A)(B) 均线性相关.

(2) 按解的结构，通解形式为 $\boldsymbol{\alpha}+k_1\boldsymbol{\eta}_1+k_2\boldsymbol{\eta}_2$. (A) 不符合通解形式，缺 $\boldsymbol{Ax}=\boldsymbol{b}$ 之特解；(B) 中 $\boldsymbol{\alpha}_2+\boldsymbol{\alpha}_3$，$\boldsymbol{\alpha}_1+\boldsymbol{\alpha}_3$ 不是导出组 $\boldsymbol{Ax}=\boldsymbol{0}$ 的解；(D) 中 $\boldsymbol{\alpha}_2-\boldsymbol{\alpha}_3$，$\boldsymbol{\alpha}_3-\boldsymbol{\alpha}_2$ 线性相关，不符合基础解系线性无关之要求；注意，$\frac{1}{3}(\boldsymbol{\alpha}_1+\boldsymbol{\alpha}_2+\boldsymbol{\alpha}_3)$，$\frac{1}{2}(\boldsymbol{\alpha}_1+\boldsymbol{\alpha}_2)$ 都是方程组 $\boldsymbol{Ax}=\boldsymbol{b}$ 的解.

(3) 因为 $\boldsymbol{\alpha}_1\neq\boldsymbol{\alpha}_2$，故 $\boldsymbol{\alpha}_1-\boldsymbol{\alpha}_2\neq\boldsymbol{0}$.

若 $\boldsymbol{\alpha}_1=-\boldsymbol{\alpha}_2$，则(A) 不正确；若 $\boldsymbol{\alpha}_1=\boldsymbol{0}$，则(C) 不正确. (D) 不是通解.

3. (1) 求与矩阵 $\boldsymbol{A}$ 可交换的矩阵，即求满足 $\boldsymbol{AB}=\boldsymbol{BA}$ 的矩阵 $\boldsymbol{B}$.

$\begin{bmatrix}-3t+u & 2t\\ 3t & u\end{bmatrix}$($t,u$ 为任意常数).　　参看例 4.22.

学习札记

(2)$\boldsymbol{A}$ 是 3×4 矩阵，说明 $\boldsymbol{Ax}=\boldsymbol{0}$ 是 3 个方程 4 个未知数的齐次方程组，基础解系含 2 个解向量表明 $4-r(\boldsymbol{A})=2$，得 $r(\boldsymbol{A})=2$. 对 $\boldsymbol{A}$ 作初等行变换，有

$$\boldsymbol{A}=\begin{bmatrix}1&2&1&2\\0&1&a&a\\1&a&0&1\end{bmatrix}\to\begin{bmatrix}1&2&1&2\\0&1&a&a\\0&0&-(a-1)^2&-(a-1)^2\end{bmatrix},$$

秩 $r(\boldsymbol{A})=2 \quad\Leftrightarrow\quad a=1.$

x_3,x_4 为自由变量，令 $x_3=1,x_4=0$ 得 $\boldsymbol{\eta}_1=(1,-1,1,0)^{\mathrm{T}}$. 令 $x_3=0,x_4=1$ 得 $\boldsymbol{\eta}_2=(0,-1,0,1)^{\mathrm{T}}$.

方程组 $\boldsymbol{Ax}=\boldsymbol{0}$ 的通解为 $k_1\boldsymbol{\eta}_1+k_2\boldsymbol{\eta}_2$，$k_1,k_2$ 为任意常数.

(3)$a\neq 2$ 时，方程组有解. $a\neq 2$ 时，方程组通解为

$$\left(\frac{7a-10}{a-2},\frac{2-2a}{a-2},\frac{1}{a-2},0\right)^{\mathrm{T}}+k(-3,0,1,1)^{\mathrm{T}},k \text{ 为任意常数.}$$

(4) 由解的结构知 $r(\boldsymbol{A})=3$.

又 $\boldsymbol{A}\begin{bmatrix}1\\-1\\2\\0\end{bmatrix}=\boldsymbol{0}$ 有 $\boldsymbol{\alpha}_1-\boldsymbol{\alpha}_2+2\boldsymbol{\alpha}_3=\boldsymbol{0}$，即

$$r(\boldsymbol{\alpha}_1,\boldsymbol{\alpha}_2,\boldsymbol{\alpha}_3)<3,r(\boldsymbol{\alpha}_1,\boldsymbol{\alpha}_2,\boldsymbol{\alpha}_3,\boldsymbol{\alpha}_4)=3.$$

注意 $\boldsymbol{A}\begin{bmatrix}2\\1\\0\\1\end{bmatrix}=\boldsymbol{b}$.

第五章 特征值与特征向量——重点，综合性强

一、知识结构网络图

- 特征值与特征向量
  - 定义：$A\alpha = \lambda\alpha, \alpha \neq 0$
  - 求法
    - 特征值
      - 定义法
      - $|\lambda E - A| = 0$
      - 相似
    - 特征向量
      - 定义法
      - 基础解系法 $(\lambda E - A)x = 0$
      - 相似
  - 性质
    - 不同特征值的特征向量线性无关
    - k 重特征值至多有 k 个线性无关的特征向量
    - $|A| = \prod \lambda_i, \sum a_{ii} = \sum \lambda_i$
  - 相似
    - 定义 $\xrightarrow{P^{-1}AP = B}$ 性质(必要条件)
      - $r(A) = r(B)$
      - $|A| = |B|$
      - $|\lambda E - A| = |\lambda E - B|$
      - $\sum a_{ii} = \sum b_{ii}$
    - 可对角化 $\Longleftrightarrow$
      - A 有 n 个线性无关的特征向量
      - 如果 λ 是 k 重特征值，那么 λ 必有 k 个线性无关的特征向量
      - $r(\lambda_i E - A) = n - n_i$，$\lambda_i$ 为 n_i 重特征值
    - 可对角化 $\Longleftarrow$
      - A 有 n 个不同的特征值
      - A 是实对称矩阵
  - 实对称矩阵 隐含的信息
    - 必与对角矩阵相似
    - 可用正交矩阵对角化
    - 不同特征值的特征向量必______(填空)
    - 特征值必是实数
    - k 重特征值必有 k 个线性无关的______(填空)

注：由 $A \sim B$
$\overset{(1)}{\Rightarrow} A + kE \sim B + kE$，进而 $|A + kE| = |B + kE|$，$r(A + kE) = r(B + kE)$.
$\overset{(2)}{\Rightarrow} A^n \sim B^n$，进而 $A^n = PB^nP^{-1}$.

由 $P_1^{-1}AP_1 = B, P_2^{-1}BP_2 = C \Rightarrow P^{-1}AP = C$，其中 $P = P_1P_2$.

A	$kA + E$	$A + kE$	A^{-1}	A^*	A^n	$P^{-1}AP$	$f(A)$
λ	$k\lambda + 1$	$\lambda + k$	$\frac{1}{\lambda}$	$\frac{\|A\|}{\lambda}$	λ^n	λ	$f(\lambda)$
α	α	α	α	α	α	$P^{-1}\alpha$	α

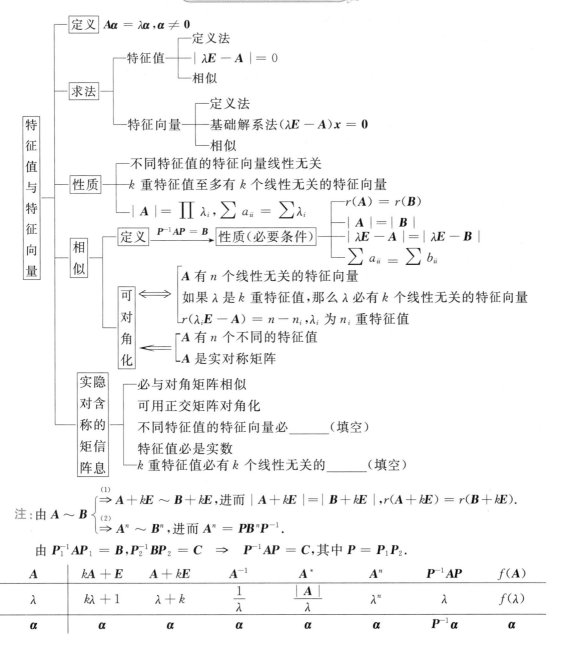

学习札记

【评注】 特征值是线性代数的重要内容之一，也是考研的热点，复习应认真仔细.

(1) 要理解特征值、特征向量的概念，掌握矩阵特征值的性质，掌握求矩阵特征值、特征向量的方法.

(2) 要理解矩阵相似的概念，掌握相似矩阵的性质，搞清矩阵能相似对角化的条件，掌握将矩阵化为相似对角矩阵的方法.

(3) 要熟悉实对称矩阵特征值、特征向量的特殊性质，掌握用正交矩阵化实对称矩阵为对角矩阵的方法.

今年考题

(2024,1) 设 $\boldsymbol{A}$ 是秩为 2 的三阶矩阵，$\boldsymbol{\alpha}$ 是满足 $\boldsymbol{A\alpha}=\boldsymbol{0}$ 的非零向量. 若对满足 $\boldsymbol{\beta}^{\mathrm{T}}\boldsymbol{\alpha}=0$ 的三维列向量 $\boldsymbol{\beta}$，均有 $\boldsymbol{A\beta}=\boldsymbol{\beta}$，则

(A) $\boldsymbol{A}^3$ 的迹为 2.　　(B) $\boldsymbol{A}^3$ 的迹为 5.

(C) $\boldsymbol{A}^2$ 的迹为 8.　　(D) $\boldsymbol{A}^2$ 的迹为 9.

(2024,1) 已知数列 $\{x_n\},\{y_n\},\{z_n\}$ 满足 $x_0=-1, y_0=0, z_0=2$，且

$$\begin{cases} x_n=-2x_{n-1}+2z_{n-1}, \\ y_n=-2y_{n-1}-2z_{n-1}, \\ z_n=-6x_{n-1}-3y_{n-1}+3z_{n-1}. \end{cases}$$

记 $\boldsymbol{\alpha}_n=\begin{pmatrix} x_n \\ y_n \\ z_n \end{pmatrix}$，写出满足 $\boldsymbol{\alpha}_n=\boldsymbol{A\alpha}_{n-1}$ 的矩阵 $\boldsymbol{A}$，并求 $\boldsymbol{A}^n$ 及 $x_n, y_n, z_n (n=1, 2, \cdots)$.

(2024,2) 设 $\boldsymbol{A}, \boldsymbol{B}$ 为二阶矩阵，且 $\boldsymbol{AB}=\boldsymbol{BA}$，则“$\boldsymbol{A}$ 有两个不相等的特征值”是“$\boldsymbol{B}$ 可对角化”的

(A) 充分必要条件.　　(B) 充分不必要条件.

(C) 必要不充分条件.　　(D) 既不充分也不必要条件.

(2024,3) 设二次型 $f(x_1, x_2, x_3)=\boldsymbol{x}^{\mathrm{T}}\boldsymbol{Ax}$ 在正交变换下可化成 $y_1^2-2y_2^2+3y_3^2$，则二次型 f 的矩阵 $\boldsymbol{A}$ 的行列式与迹分别为

(A) $-6, -2$.　　(B) $6, -2$.

(C) $-6, 2$.　　(D) $6, 2$.

学习札记

二、基本内容与重要结论

基础知识

定义 5.1 设$\boldsymbol{A}$是n阶矩阵,如果存在一个数λ及非零的n维列向量$\boldsymbol{\alpha}$,使得

$$\boldsymbol{A\alpha} = \lambda\boldsymbol{\alpha} \tag{5.1}$$

成立,则称λ是矩阵$\boldsymbol{A}$的一个特征值,称非零向量$\boldsymbol{\alpha}$是矩阵$\boldsymbol{A}$属于特征值λ的一个特征向量.

定义 5.2 设$\boldsymbol{A}=[a_{ij}]$为一个n阶矩阵,则行列式

$$|\lambda\boldsymbol{E}-\boldsymbol{A}|=\begin{vmatrix} \lambda-a_{11} & -a_{12} & \cdots & -a_{1n} \\ -a_{21} & \lambda-a_{22} & \cdots & -a_{2n} \\ \vdots & \vdots & & \vdots \\ -a_{n1} & -a_{n2} & \cdots & \lambda-a_{nn} \end{vmatrix} \tag{5.2}$$

称为矩阵$\boldsymbol{A}$的特征多项式,$|\lambda\boldsymbol{E}-\boldsymbol{A}|=0$称为$\boldsymbol{A}$的特征方程.

【评注】 由$\boldsymbol{A\alpha}=\lambda\boldsymbol{\alpha},\boldsymbol{\alpha}\neq\boldsymbol{0}$有

$$(\lambda\boldsymbol{E}-\boldsymbol{A})\boldsymbol{\alpha}=\boldsymbol{0},\quad \boldsymbol{\alpha}\neq\boldsymbol{0},$$

即$\boldsymbol{\alpha}$是齐次线性方程组$(\lambda\boldsymbol{E}-\boldsymbol{A})\boldsymbol{x}=\boldsymbol{0}$的非零解.

(1) 先由$|\lambda\boldsymbol{E}-\boldsymbol{A}|=0$求矩阵$\boldsymbol{A}$的特征值$\lambda_i$(共$n$个).

(2) 再由$(\lambda_i\boldsymbol{E}-\boldsymbol{A})\boldsymbol{x}=\boldsymbol{0}$求基础解系,即矩阵$\boldsymbol{A}$属于特征值$\lambda_i$的线性无关的特征向量.

如果有同学习惯于由$|\boldsymbol{A}-\lambda\boldsymbol{E}|=\boldsymbol{0}$,$(\boldsymbol{A}-\lambda_i\boldsymbol{E})\boldsymbol{x}=\boldsymbol{0}$求特征值,特征向量也是完全可以的.

定义 5.3 设$\boldsymbol{A}$和$\boldsymbol{B}$都是n阶矩阵,如果存在可逆矩阵$\boldsymbol{P}$,使得

$$\boldsymbol{P}^{-1}\boldsymbol{AP}=\boldsymbol{B}, \tag{5.3}$$

则称矩阵$\boldsymbol{A}$和$\boldsymbol{B}$相似,记作$\boldsymbol{A}\sim\boldsymbol{B}$.

特别地,如果$\boldsymbol{A}$能与对角矩阵相似,则称$\boldsymbol{A}$可对角化.

相似具有:(1) 反身性:$\boldsymbol{A}\sim\boldsymbol{A}$.(2) 对称性:如$\boldsymbol{A}\sim\boldsymbol{B}$,则$\boldsymbol{B}\sim\boldsymbol{A}$.(3) 传递性:若$\boldsymbol{A}\sim\boldsymbol{B},\boldsymbol{B}\sim\boldsymbol{C}$,则$\boldsymbol{A}\sim\boldsymbol{C}$.

重要定理

定理 5.1 如果$\boldsymbol{\alpha}_1,\boldsymbol{\alpha}_2,\cdots,\boldsymbol{\alpha}_t$都是矩阵$\boldsymbol{A}$的属于特征值$\lambda$的特征向量,那么当$k_1\boldsymbol{\alpha}_1+k_2\boldsymbol{\alpha}_2+\cdots+k_t\boldsymbol{\alpha}_t$非零时,$k_1\boldsymbol{\alpha}_1+k_2\boldsymbol{\alpha}_2+\cdots+k_t\boldsymbol{\alpha}_t$仍是矩阵$\boldsymbol{A}$

学习札记

属于特征值 λ 的特征向量.

* 若 $\boldsymbol{\alpha}_1,\boldsymbol{\alpha}_2$ 是矩阵 $\boldsymbol{A}$ 不同特征值的特征向量,则 $\boldsymbol{\alpha}_1+\boldsymbol{\alpha}_2$ 不是 $\boldsymbol{A}$ 的特征向量.

定理 5.2 设 $\boldsymbol{A}$ 是 n 阶矩阵,$\lambda_1,\lambda_2,\cdots,\lambda_n$ 是矩阵 $\boldsymbol{A}$ 的特征值,则

(1) $\sum\lambda_i=\sum a_{ii}$. (5.4)

(2) $|\boldsymbol{A}|=\prod\lambda_i$. (5.5)

定理 5.3 如果 $\lambda_1,\lambda_2,\cdots,\lambda_m$ 是矩阵 $\boldsymbol{A}$ 的互不相同的特征值,$\boldsymbol{\alpha}_1,\boldsymbol{\alpha}_2,\cdots,\boldsymbol{\alpha}_m$ 分别是与之对应的特征向量,则 $\boldsymbol{\alpha}_1,\boldsymbol{\alpha}_2,\cdots,\boldsymbol{\alpha}_m$ 线性无关.

定理 5.4 如果 $\boldsymbol{A}$ 是 n 阶矩阵,λ_i 是 $\boldsymbol{A}$ 的 m 重特征值,则属于 λ_i 的线性无关的特征向量的个数不超过 m 个.

定理 5.5 如果 n 阶矩阵 $\boldsymbol{A}$ 与 $\boldsymbol{B}$ 相似,则 $\boldsymbol{A}$ 与 $\boldsymbol{B}$ 有相同的特征多项式,从而 $\boldsymbol{A}$ 与 $\boldsymbol{B}$ 有相同的特征值. 即若 $\boldsymbol{A}\sim\boldsymbol{B}$,则

$$|\lambda\boldsymbol{E}-\boldsymbol{A}|=|\lambda\boldsymbol{E}-\boldsymbol{B}|. \tag{5.6}$$

定理 5.6 n 阶方阵 $\boldsymbol{A}$ 可相似对角化的充分必要条件是 $\boldsymbol{A}$ 有 n 个线性无关的特征向量.

【评注】 若 n 阶矩阵 $\boldsymbol{A}\sim\boldsymbol{\Lambda}$,则有 $\boldsymbol{P}^{-1}\boldsymbol{A}\boldsymbol{P}=\boldsymbol{\Lambda}$,于是 $\boldsymbol{A}\boldsymbol{P}=\boldsymbol{P}\boldsymbol{\Lambda}$(下设 $n=3$),即有

$$\boldsymbol{A}[\boldsymbol{\gamma}_1,\boldsymbol{\gamma}_2,\boldsymbol{\gamma}_3]=[\boldsymbol{\gamma}_1,\boldsymbol{\gamma}_2,\boldsymbol{\gamma}_3]\begin{bmatrix}a_1&0&0\\0&a_2&0\\0&0&a_3\end{bmatrix},$$

即 $$[\boldsymbol{A}\boldsymbol{\gamma}_1,\boldsymbol{A}\boldsymbol{\gamma}_2,\boldsymbol{A}\boldsymbol{\gamma}_3]=[a_1\boldsymbol{\gamma}_1,a_2\boldsymbol{\gamma}_2,a_3\boldsymbol{\gamma}_3],$$

即 $$\boldsymbol{A}\boldsymbol{\gamma}_1=a_1\boldsymbol{\gamma}_1,\quad \boldsymbol{A}\boldsymbol{\gamma}_2=a_2\boldsymbol{\gamma}_2,\quad \boldsymbol{A}\boldsymbol{\gamma}_3=a_3\boldsymbol{\gamma}_3.$$

因为矩阵 $\boldsymbol{P}=[\boldsymbol{\gamma}_1,\boldsymbol{\gamma}_2,\boldsymbol{\gamma}_3]$ 可逆,故 $\boldsymbol{\gamma}_1,\boldsymbol{\gamma}_2,\boldsymbol{\gamma}_3$ 线性无关. 又由 $\boldsymbol{A}\boldsymbol{\gamma}_i=a_i\boldsymbol{\gamma}_i,\boldsymbol{\gamma}_i\neq\boldsymbol{0}$ 知 $\boldsymbol{\gamma}_i$ 是矩阵 $\boldsymbol{A}$ 的属于特征值 a_i 的特征向量. 即

$\boldsymbol{A}\sim\boldsymbol{\Lambda}\ \Rightarrow$ 矩阵 $\boldsymbol{A}$ 有 n 个线性无关的特征向量.

反过来,若 $\boldsymbol{A}$ 有 n 个线性无关的特征向量,则 $\boldsymbol{A}$ 必与对角矩阵相似(请自证).

定理 5.7 若 n 阶矩阵 $\boldsymbol{A}$ 有 n 个不同的特征值 $\lambda_1,\lambda_2,\cdots,\lambda_n$,则 $\boldsymbol{A}$ 可相似对角化,且

$$\boldsymbol{A}\sim\begin{bmatrix}\lambda_1&&&\\&\lambda_2&&\\&&\ddots&\\&&&\lambda_n\end{bmatrix}. \tag{5.7}$$

定理 5.8 n 阶矩阵 $\boldsymbol{A}$ 可相似对角化的充分必要条件是对于 $\boldsymbol{A}$ 的每个特征值,其线性无关的特征向量的个数恰好等于该特征值的重数. 即

$\boldsymbol{A}\sim\boldsymbol{\Lambda}\Leftrightarrow\lambda_i$ 是 $\boldsymbol{A}$ 的 n_i 重特征值,则 λ_i 有 n_i 个线性无关的特征向量

(5.8)

学习札记

$$\Leftrightarrow \text{秩}\ r(\lambda_i \boldsymbol{E}-\boldsymbol{A})=n-n_i,\lambda_i \text{ 为 } n_i \text{ 重特征值}. \qquad (5.9)$$

定理 5.9 实对称矩阵$\boldsymbol{A}$的不同特征值λ_1,λ_2所对应的特征向量$\boldsymbol{\alpha}_1,\boldsymbol{\alpha}_2$必正交.

定理 5.10 实对称矩阵 $\boldsymbol{A}$ 的特征值都是实数.

定理 5.11 n 阶实对称阵 $\boldsymbol{A}$ 必可对角化,且总存在正交阵 $\boldsymbol{Q}$,使得

$$\boldsymbol{Q}^{-1}\boldsymbol{A}\boldsymbol{Q}=\boldsymbol{Q}^{\mathrm{T}}\boldsymbol{A}\boldsymbol{Q}=\begin{bmatrix}\lambda_1 & & & \\ & \lambda_2 & & \\ & & \ddots & \\ & & & \lambda_n\end{bmatrix}, \qquad (5.10)$$

其中 $\lambda_1,\lambda_2,\cdots,\lambda_n$ 是 $\boldsymbol{A}$ 的特征值.

Schmidt **正交化方法**

如果向量组 $\boldsymbol{\alpha}_1,\boldsymbol{\alpha}_2,\boldsymbol{\alpha}_3$ 线性无关,令

$$\boldsymbol{\beta}_1=\boldsymbol{\alpha}_1,$$

$$\boldsymbol{\beta}_2=\boldsymbol{\alpha}_2-\frac{(\boldsymbol{\alpha}_2,\boldsymbol{\beta}_1)}{(\boldsymbol{\beta}_1,\boldsymbol{\beta}_1)}\boldsymbol{\beta}_1,$$

$$\boldsymbol{\beta}_3=\boldsymbol{\alpha}_3-\frac{(\boldsymbol{\alpha}_3,\boldsymbol{\beta}_1)}{(\boldsymbol{\beta}_1,\boldsymbol{\beta}_1)}\boldsymbol{\beta}_1-\frac{(\boldsymbol{\alpha}_3,\boldsymbol{\beta}_2)}{(\boldsymbol{\beta}_2,\boldsymbol{\beta}_2)}\boldsymbol{\beta}_2,$$

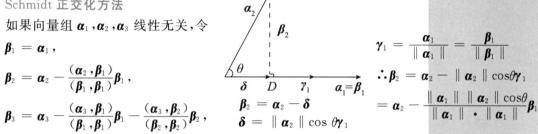

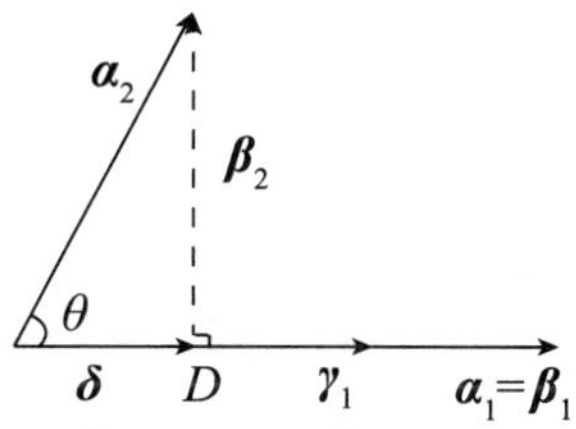

$$\boldsymbol{\beta}_2=\boldsymbol{\alpha}_2-\boldsymbol{\delta}$$

$$\boldsymbol{\delta}=\|\boldsymbol{\alpha}_2\|\cos\theta\boldsymbol{\gamma}_1$$

$$\boldsymbol{\gamma}_1=\frac{\boldsymbol{\alpha}_1}{\|\boldsymbol{\alpha}_1\|}=\frac{\boldsymbol{\beta}_1}{\|\boldsymbol{\beta}_1\|}$$

$$\therefore \boldsymbol{\beta}_2=\boldsymbol{\alpha}_2-\|\boldsymbol{\alpha}_2\|\cos\theta\boldsymbol{\gamma}_1$$

$$=\boldsymbol{\alpha}_2-\frac{\|\boldsymbol{\alpha}_1\|\ \|\boldsymbol{\alpha}_2\|\cos\theta}{\|\boldsymbol{\alpha}_1\|\cdot\|\boldsymbol{\alpha}_1\|}\boldsymbol{\beta}_1$$

那么 $\boldsymbol{\beta}_1,\boldsymbol{\beta}_2,\boldsymbol{\beta}_3$ 两两正交,称为正交向量组.将其单位化,有

$$\boldsymbol{\gamma}_1=\frac{\boldsymbol{\beta}_1}{\|\boldsymbol{\beta}_1\|},\boldsymbol{\gamma}_2=\frac{\boldsymbol{\beta}_2}{\|\boldsymbol{\beta}_2\|},\boldsymbol{\gamma}_3=\frac{\boldsymbol{\beta}_3}{\|\boldsymbol{\beta}_3\|},$$

则 $\boldsymbol{\alpha}_1,\boldsymbol{\alpha}_2,\boldsymbol{\alpha}_3$ 到 $\boldsymbol{\gamma}_1,\boldsymbol{\gamma}_2,\boldsymbol{\gamma}_3$ 这一过程称为 Schmidt 正交化.

例如 $\boldsymbol{\alpha}_1=(0,1,2)^{\mathrm{T}},\boldsymbol{\alpha}_2=(1,0,1)^{\mathrm{T}},\boldsymbol{\alpha}_3=(1,1,0)^{\mathrm{T}}$,则有

$$\boldsymbol{\beta}_1=\begin{bmatrix}0\\1\\2\end{bmatrix},$$

$$\boldsymbol{\beta}_2=\begin{bmatrix}1\\0\\1\end{bmatrix}-\frac{2}{5}\begin{bmatrix}0\\1\\2\end{bmatrix}=\frac{1}{5}\begin{bmatrix}5\\-2\\1\end{bmatrix},$$

$$\boldsymbol{\beta}_3=\begin{bmatrix}1\\1\\0\end{bmatrix}-\frac{1}{5}\begin{bmatrix}0\\1\\2\end{bmatrix}-\frac{3}{30}\begin{bmatrix}5\\-2\\1\end{bmatrix}=\frac{1}{10}\begin{bmatrix}5\\10\\-5\end{bmatrix}=\frac{1}{2}\begin{bmatrix}1\\2\\-1\end{bmatrix},$$

将其单位化,有

$$\boldsymbol{\gamma}_1=\frac{1}{\sqrt{5}}\begin{bmatrix}0\\1\\2\end{bmatrix},\boldsymbol{\gamma}_2=\frac{1}{\sqrt{30}}\begin{bmatrix}5\\-2\\1\end{bmatrix},\boldsymbol{\gamma}_3=\frac{1}{\sqrt{6}}\begin{bmatrix}1\\2\\-1\end{bmatrix}.$$

学习札记

三、典型例题分析选讲

特征值、特征向量

提示 (1)$A\alpha=\lambda\alpha,\alpha\neq 0$.

(2)$|\lambda E-A|=0$;$(\lambda_i E-A)x=0$.

(3)已知 $P^{-1}AP=B$,① 如 $B\alpha=\lambda\alpha$ 则 $A(P\alpha)=\lambda(P\alpha)$.由 B 求 A.

② 如 $A\alpha=\lambda\alpha$ 则 $B(P^{-1}\alpha)=\lambda(P^{-1}\alpha)$.由 A 求 B.

1.数字型矩阵

【例 5.1】 求矩阵 $A=\begin{bmatrix}1&1&-1\\1&-2&2\\-3&1&3\end{bmatrix}$ 的特征值与特征向量.

解 由矩阵 A 的特征多项式

$$|\lambda E-A|=\begin{vmatrix}\lambda-1&-1&1\\-1&\lambda+2&-2\\3&-1&\lambda-3\end{vmatrix}$$

$$=\begin{vmatrix}\lambda-4&0&4-\lambda\\-1&\lambda+2&-2\\3&-1&\lambda-3\end{vmatrix}=\begin{vmatrix}\lambda-4&0&0\\-1&\lambda+2&-3\\3&-1&\lambda\end{vmatrix}$$

$$=(\lambda-4)(\lambda^2+2\lambda-3)=(\lambda-1)(\lambda-4)(\lambda+3),$$

得矩阵 A 的特征值是 $\lambda_1=1,\lambda_2=4,\lambda_3=-3$.

当 $\lambda=1$ 时,由 $(E-A)x=0$,即

$$\begin{bmatrix}0&-1&1\\-1&3&-2\\3&-1&-2\end{bmatrix}\to\begin{bmatrix}1&-3&2\\0&1&-1\\0&0&0\end{bmatrix}\to\begin{bmatrix}1&0&-1\\0&1&-1\\0&0&0\end{bmatrix},$$

得基础解系 $\alpha_1=(1,1,1)^T$.

当 $\lambda=4$ 时,由 $(4E-A)x=0$,即

$$\begin{bmatrix}3&-1&1\\-1&6&-2\\3&-1&1\end{bmatrix}\to\begin{bmatrix}1&-6&2\\0&17&-5\\0&0&0\end{bmatrix},$$

得基础解系 $\alpha_2=(-4,5,17)^T$.

当 $\lambda=-3$ 时,由 $(-3E-A)x=0$,即

$$\begin{bmatrix}-4&-1&1\\-1&-1&-2\\3&-1&-6\end{bmatrix}\to\begin{bmatrix}1&1&2\\0&-4&-12\\0&0&0\end{bmatrix}\to\begin{bmatrix}1&0&-1\\0&1&3\\0&0&0\end{bmatrix},$$

学习札记

得基础解系 $\boldsymbol{\alpha}_3=(1,-3,1)^{\mathrm{T}}$.

所以矩阵$\boldsymbol{A}$关于特征值1,4,−3的特征向量分别是$k_1\boldsymbol{\alpha}_1,k_2\boldsymbol{\alpha}_2,k_3\boldsymbol{\alpha}_3$,其中 k_1,k_2,k_3 均为非零常数.

【例 5.2】　求矩阵 $\boldsymbol{A}=\begin{bmatrix}1&2&4\\0&3&5\\0&0&6\end{bmatrix}$的特征值与特征向量.

解　由矩阵 $\boldsymbol{A}$ 的特征多项式

$$|\lambda\boldsymbol{E}-\boldsymbol{A}|=\begin{vmatrix}\lambda-1&-2&-4\\0&\lambda-3&-5\\0&0&\lambda-6\end{vmatrix}=(\lambda-1)(\lambda-3)(\lambda-6),$$

得矩阵 $\boldsymbol{A}$ 的特征值是$\lambda_1=1,\ \lambda_2=3,\ \lambda_3=6$.

对$\lambda=1$,由$(\boldsymbol{E}-\boldsymbol{A})\boldsymbol{x}=\boldsymbol{0}$,即

$$\begin{bmatrix}0&-2&-4\\0&-2&-5\\0&0&-5\end{bmatrix}\to\begin{bmatrix}0&1&0\\0&0&1\\0&0&0\end{bmatrix},$$

得基础解系$\boldsymbol{\alpha}_1=(1,0,0)^{\mathrm{T}}$,因此属于特征值$\lambda=1$的特征向量是$k_1\boldsymbol{\alpha}_1(k_1\neq 0)$.

对$\lambda=3$,由$(3\boldsymbol{E}-\boldsymbol{A})\boldsymbol{x}=\boldsymbol{0}$,即

$$\begin{bmatrix}2&-2&-4\\0&0&-5\\0&0&-3\end{bmatrix}\to\begin{bmatrix}1&-1&0\\0&0&1\\0&0&0\end{bmatrix},$$

得基础解系$\boldsymbol{\alpha}_2=(1,1,0)^{\mathrm{T}}$,因此属于特征值$\lambda=3$的特征向量是$k_2\boldsymbol{\alpha}_2(k_2\neq 0)$.

对$\lambda=6$,由$(6\boldsymbol{E}-\boldsymbol{A})\boldsymbol{x}=\boldsymbol{0}$,即

$$\begin{bmatrix}5&-2&-4\\0&3&-5\\0&0&0\end{bmatrix},$$

得基础解系 $\boldsymbol{\alpha}_3=(22,25,15)^{\mathrm{T}}$,因此属于特征值 $\lambda=6$ 的特征向量是 $k_3\boldsymbol{\alpha}_3(k_3\neq 0)$.

【评注】　上三角矩阵、下三角矩阵、对角矩阵的特征值就是矩阵主对角线上的元素.

【例 5.3】　求矩阵 $\boldsymbol{A}=\begin{bmatrix}2&1&3\\4&2&6\\6&3&9\end{bmatrix}$的特征值与特征向量.

解　由矩阵 $\boldsymbol{A}$ 的特征多项式

$$|\lambda\boldsymbol{E}-\boldsymbol{A}|=\begin{vmatrix}\lambda-2&-1&-3\\-4&\lambda-2&-6\\-6&-3&\lambda-9\end{vmatrix}=\begin{vmatrix}\lambda-2&-1&0\\-4&\lambda-2&-3\lambda\\-6&-3&\lambda\end{vmatrix}$$

学习札记

$$=\begin{vmatrix}\lambda-2 & -1 & 0\\ -22 & \lambda-11 & 0\\ -6 & -3 & \lambda\end{vmatrix}=\lambda(\lambda^2-13\lambda),$$

得到矩阵 $\boldsymbol{A}$ 的特征值是 $\lambda_1=13,\lambda_2=\lambda_3=0$.

对 $\lambda=13$，由 $(13\boldsymbol{E}-\boldsymbol{A})\boldsymbol{x}=\boldsymbol{0}$，即

$$\begin{bmatrix}11 & -1 & -3\\ -4 & 11 & -6\\ -6 & -3 & 4\end{bmatrix}\to\begin{bmatrix}1 & 7 & -5\\ -4 & 11 & -6\\ -6 & -3 & 4\end{bmatrix}\to\begin{bmatrix}1 & 7 & -5\\ 0 & 3 & -2\\ 0 & 0 & 0\end{bmatrix},$$

得基础解系 $\boldsymbol{\alpha}_1=(1,2,3)^{\mathrm{T}}$.

因此属于特征值 $\lambda=13$ 的特征向量是 $k_1\boldsymbol{\alpha}_1(k_1\neq0)$.

对 $\lambda=0$，由 $(0\boldsymbol{E}-\boldsymbol{A})\boldsymbol{x}=\boldsymbol{0}$，即

$$\begin{bmatrix}-2 & -1 & -3\\ -4 & -2 & -6\\ -6 & -3 & -9\end{bmatrix}\to\begin{bmatrix}2 & 1 & 3\\ 0 & 0 & 0\\ 0 & 0 & 0\end{bmatrix},$$

得基础解系 $\boldsymbol{\alpha}_2=(1,-2,0)^{\mathrm{T}},\boldsymbol{\alpha}_3=(0,-3,1)^{\mathrm{T}}$.

因此属于特征值 $\lambda=0$ 的特征向量是 $k_2\boldsymbol{\alpha}_2+k_3\boldsymbol{\alpha}_3(k_2,k_3$ 不全为 $0)$.

【评注】 设 $\boldsymbol{A}=[a_{ij}]$ 是三阶矩阵，则

$$|\lambda\boldsymbol{E}-\boldsymbol{A}|=\begin{vmatrix}\lambda-a_{11} & -a_{12} & -a_{13}\\ -a_{21} & \lambda-a_{22} & -a_{23}\\ -a_{31} & -a_{32} & \lambda-a_{33}\end{vmatrix}$$

$$=\lambda^3-\sum a_{ii}\lambda^2+S_2\lambda-|\boldsymbol{A}|,$$

其中 $S_2=\begin{vmatrix}a_{11} & a_{12}\\ a_{21} & a_{22}\end{vmatrix}+\begin{vmatrix}a_{11} & a_{13}\\ a_{31} & a_{33}\end{vmatrix}+\begin{vmatrix}a_{22} & a_{23}\\ a_{32} & a_{33}\end{vmatrix}$.

若秩 $r(\boldsymbol{A})=1$，则

$$|\lambda\boldsymbol{E}-\boldsymbol{A}|=\lambda^3-\sum a_{ii}\lambda^2=(\lambda-\sum a_{ii})\lambda^2,$$

矩阵 $\boldsymbol{A}$ 的特征值是 $\lambda_1=\sum a_{ii},\lambda_2=\lambda_3=0$.

一般地，$\boldsymbol{A}$ 是 n 阶矩阵，$r(\boldsymbol{A})=1$，则 $|\lambda\boldsymbol{E}-\boldsymbol{A}|=\lambda^n-\sum a_{ii}\lambda^{n-1}$，

$$\lambda_1=a_{11}+a_{22}+\cdots+a_{nn},\lambda_2=\cdots=\lambda_n=0.$$

【例 5.4】 求矩阵 $\boldsymbol{A}=\begin{bmatrix}3 & -1 & 3 & 0\\ 1 & 1 & 4 & -1\\ 0 & 0 & 5 & -3\\ 0 & 0 & 3 & -1\end{bmatrix}$ 的特征值与特征向量.

解 由矩阵 $\boldsymbol{A}$ 的特征多项式

$$|\lambda\boldsymbol{E}-\boldsymbol{A}|=\begin{vmatrix}\lambda-3 & 1 & -3 & 0\\ -1 & \lambda-1 & -4 & 1\\ 0 & 0 & \lambda-5 & 3\\ 0 & 0 & -3 & \lambda+1\end{vmatrix}$$

学习札记

$$= \begin{vmatrix} \lambda-3 & 1 \\ -1 & \lambda-1 \end{vmatrix} \cdot \begin{vmatrix} \lambda-5 & 3 \\ -3 & \lambda+1 \end{vmatrix}$$

$$= (\lambda^2-4\lambda+4)(\lambda^2-4\lambda+4) = (\lambda-2)^4,$$

得到矩阵 $\boldsymbol{A}$ 的特征值是 $\lambda = 2$(4 重根).

当 $\lambda = 2$ 时，由 $(2\boldsymbol{E}-\boldsymbol{A})\boldsymbol{x} = \boldsymbol{0}$，即

$$\begin{bmatrix} -1 & 1 & -3 & 0 \\ -1 & 1 & -4 & 1 \\ 0 & 0 & -3 & 3 \\ 0 & 0 & -3 & 3 \end{bmatrix} \to \begin{bmatrix} 1 & -1 & 3 & 0 \\ 0 & 0 & -1 & 1 \\ 0 & 0 & 0 & 0 \\ 0 & 0 & 0 & 0 \end{bmatrix},$$

得到基础解系是 $\boldsymbol{\alpha}_1 = (1,1,0,0)^{\mathrm{T}}$，$\boldsymbol{\alpha}_2 = (-3,0,1,1)^{\mathrm{T}}$，因此属于特征值 $\lambda = 2$ 的特征向量是 $k_1\boldsymbol{\alpha}_1 + k_2\boldsymbol{\alpha}_2$($k_1, k_2$ 不全为 0).

【例 5.5】　已知 $a \neq 0$，求矩阵

$$\boldsymbol{A} = \begin{bmatrix} 1 & a & a & a \\ a & 1 & a & a \\ a & a & 1 & a \\ a & a & a & 1 \end{bmatrix}$$

的特征值、特征向量.

解 (方法一)　(直接计算)

由特征多项式

$$|\lambda\boldsymbol{E}-\boldsymbol{A}| = \begin{vmatrix} \lambda-1 & -a & -a & -a \\ -a & \lambda-1 & -a & -a \\ -a & -a & \lambda-1 & -a \\ -a & -a & -a & \lambda-1 \end{vmatrix}$$

$$= [\lambda-(3a+1)](\lambda+a-1)^3,$$

得 $\boldsymbol{A}$ 的特征值是 $3a+1, 1-a$(三重根).

当 $\lambda = 3a+1$ 时，由 $[(3a+1)\boldsymbol{E}-\boldsymbol{A}]\boldsymbol{x} = \boldsymbol{0}$，即

$$\begin{bmatrix} 3a & -a & -a & -a \\ -a & 3a & -a & -a \\ -a & -a & 3a & -a \\ -a & -a & -a & 3a \end{bmatrix} \to \begin{bmatrix} 3 & -1 & -1 & -1 \\ -1 & 3 & -1 & -1 \\ -1 & -1 & 3 & -1 \\ -1 & -1 & -1 & 3 \end{bmatrix}$$

$$\to \begin{bmatrix} 1 & -3 & 1 & 1 \\ 1 & 1 & -3 & 1 \\ 1 & 1 & 1 & -3 \\ 0 & 0 & 0 & 0 \end{bmatrix} \to \begin{bmatrix} 1 & 0 & 0 & -1 \\ 0 & 1 & 0 & -1 \\ 0 & 0 & 1 & -1 \\ 0 & 0 & 0 & 0 \end{bmatrix},$$

可得基础解系 $\boldsymbol{\alpha}_1 = (1,1,1,1)^{\mathrm{T}}$，故 $\lambda = 3a+1$ 的特征向量为 $k_1\boldsymbol{\alpha}_1, k_1 \neq 0$.

当 $\lambda = 1-a$ 时，由 $[(1-a)\boldsymbol{E}-\boldsymbol{A}]\boldsymbol{x} = \boldsymbol{0}$，即

学习札记

$$\begin{bmatrix}-a & -a & -a & -a\\ -a & -a & -a & -a\\ -a & -a & -a & -a\\ -a & -a & -a & -a\end{bmatrix}\rightarrow\begin{bmatrix}1 & 1 & 1 & 1\\ 0 & 0 & 0 & 0\\ 0 & 0 & 0 & 0\\ 0 & 0 & 0 & 0\end{bmatrix},$$

得基础解系 $\boldsymbol{\alpha}_2=(-1,1,0,0)^{\mathrm{T}}$，$\boldsymbol{\alpha}_3=(-1,0,1,0)^{\mathrm{T}}$，$\boldsymbol{\alpha}_4=(-1,0,0,1)^{\mathrm{T}}$，故 $\lambda=1-a$ 的特征向量为 $k_2\boldsymbol{\alpha}_2+k_3\boldsymbol{\alpha}_3+k_4\boldsymbol{\alpha}_4$，其中 k_2,k_3,k_4 是不全为 0 的任意常数.

（方法二）（转换）

$$\boldsymbol{A}=\begin{bmatrix}a & a & a & a\\ a & a & a & a\\ a & a & a & a\\ a & a & a & a\end{bmatrix}+\begin{bmatrix}1-a & 0 & 0 & 0\\ 0 & 1-a & 0 & 0\\ 0 & 0 & 1-a & 0\\ 0 & 0 & 0 & 1-a\end{bmatrix}\xlongequal{\text{记}}\boldsymbol{B}+(1-a)\boldsymbol{E}.$$

由秩 $r(\boldsymbol{B})=1$ 有

$$|\lambda\boldsymbol{E}-\boldsymbol{B}|=\lambda^4-4a\lambda^3,$$

得矩阵 $\boldsymbol{B}$ 的特征值为 $4a,0,0,0$，从而矩阵 $\boldsymbol{A}$ 的特征值为 $3a+1,1-a,1-a,1-a$.

再求 $\boldsymbol{B}$ 的特征向量，即 $\boldsymbol{A}$ 的特征向量（下略）.

2. 抽象型矩阵

【例 5.6】 设 $\boldsymbol{A}$ 是 n 阶矩阵，$\boldsymbol{\alpha}$ 是矩阵 $\boldsymbol{A}$ 属于特征值 λ 的特征向量，即

$$\boldsymbol{A\alpha}=\lambda\boldsymbol{\alpha},\quad \boldsymbol{\alpha}\neq\boldsymbol{0},$$

那么
$$(\boldsymbol{A}+k\boldsymbol{E})\boldsymbol{\alpha}=\boldsymbol{A\alpha}+k\boldsymbol{\alpha}=(\lambda+k)\boldsymbol{\alpha},$$

说明矩阵 $\boldsymbol{A}+k\boldsymbol{E}$ 的特征值是 $\lambda+k$，对应的特征向量是 $\boldsymbol{\alpha}$.

$$\boldsymbol{A}^2\boldsymbol{\alpha}=\boldsymbol{A}(\lambda\boldsymbol{\alpha})=\lambda\boldsymbol{A\alpha}=\lambda^2\boldsymbol{\alpha},$$

说明矩阵 $\boldsymbol{A}^2$ 的特征值是 λ^2，对应的特征向量是 $\boldsymbol{\alpha}$.

如果矩阵 $\boldsymbol{A}$ 可逆，则有

$$\lambda\boldsymbol{A}^{-1}\boldsymbol{\alpha}=\boldsymbol{\alpha},\boldsymbol{\alpha}\neq\boldsymbol{0}\Rightarrow\boldsymbol{A}^{-1}\boldsymbol{\alpha}=\frac{1}{\lambda}\boldsymbol{\alpha},$$

说明矩阵 $\boldsymbol{A}^{-1}$ 的特征值是 $\frac{1}{\lambda}$，对应的特征向量是 $\boldsymbol{\alpha}$.

【例 5.7】 已知 $\boldsymbol{A}$ 是三阶矩阵，如果非齐次线性方程组 $\boldsymbol{Ax}=\boldsymbol{b}$ 有通解 $5\boldsymbol{b}+k_1\boldsymbol{\eta}_1+k_2\boldsymbol{\eta}_2$，其中 $\boldsymbol{\eta}_1,\boldsymbol{\eta}_2$ 是 $\boldsymbol{Ax}=\boldsymbol{0}$ 的基础解系，求 $\boldsymbol{A}$ 的特征值和特征向量.

解 由解的结构知 $5\boldsymbol{b}$ 是方程组 $\boldsymbol{Ax}=\boldsymbol{b}$ 的一个解，即 $\boldsymbol{A}(5\boldsymbol{b})=\boldsymbol{b}$，从而

$$\boldsymbol{Ab}=\frac{1}{5}\boldsymbol{b},$$

即 $\frac{1}{5}$ 是 $\boldsymbol{A}$ 的特征值，$\boldsymbol{b}$ 是相应的特征向量.

又 $\boldsymbol{A\eta}_1=\boldsymbol{0}=0\boldsymbol{\eta}_1$，$\boldsymbol{A\eta}_2=\boldsymbol{0}=0\boldsymbol{\eta}_2$，故 $\boldsymbol{\eta}_1,\boldsymbol{\eta}_2$ 是 $\boldsymbol{A}$ 关于 $\lambda=0$ 的线性无关的特征向量，所以矩阵 $\boldsymbol{A}$ 的特征值是 $\frac{1}{5},0,0$，对应的特征向量分别是 $k\boldsymbol{b}$，

学习札记

$k \neq 0$ 和 $k_1\boldsymbol{\eta}_1 + k_2\boldsymbol{\eta}_2$,$k_1$,$k_2$ 不全为 0.

3. 相似矩阵

【例 5.8】 如果 $\boldsymbol{P}^{-1}\boldsymbol{AP} = \boldsymbol{B}$,

(1) 若 $\boldsymbol{A\alpha} = \lambda\boldsymbol{\alpha}$,$\boldsymbol{\alpha} \neq \boldsymbol{0}$,则

$$\boldsymbol{B}(\boldsymbol{P}^{-1}\boldsymbol{\alpha}) = (\boldsymbol{P}^{-1}\boldsymbol{AP})(\boldsymbol{P}^{-1}\boldsymbol{\alpha}) = \boldsymbol{P}^{-1}\boldsymbol{A\alpha} = \lambda(\boldsymbol{P}^{-1}\boldsymbol{\alpha}),$$

说明 $\boldsymbol{P}^{-1}\boldsymbol{AP}$ 的特征值是 λ,对应的特征向量是 $\boldsymbol{P}^{-1}\boldsymbol{\alpha}$.

(2) 若 $\boldsymbol{B\alpha} = \lambda\boldsymbol{\alpha}$,$\boldsymbol{\alpha} \neq \boldsymbol{0}$,则

$$(\boldsymbol{P}^{-1}\boldsymbol{AP})\boldsymbol{\alpha} = \lambda\boldsymbol{\alpha} \Rightarrow \boldsymbol{AP\alpha} = \lambda\boldsymbol{P\alpha},$$

说明矩阵 $\boldsymbol{A}$ 的特征值是 λ,特征向量是 $\boldsymbol{P\alpha}$.

【例 5.9】 已知 $\boldsymbol{A}$,$\boldsymbol{B}$ 是三阶矩阵且 $\boldsymbol{A}$ 可逆,证明 $\boldsymbol{AB}$ 和 $\boldsymbol{BA}$ 有相同的特征值.

证明 因 $\boldsymbol{A}$ 可逆,由

$$\boldsymbol{A}^{-1}(\boldsymbol{AB})\boldsymbol{A} = \boldsymbol{BA}$$

即 $\boldsymbol{AB}$ 与 $\boldsymbol{BA}$ 相似,故 $\boldsymbol{AB}$ 与 $\boldsymbol{BA}$ 有相同的特征值.

或由特征多项式

$$\begin{aligned} |\lambda\boldsymbol{E} - \boldsymbol{AB}| &= |\lambda\boldsymbol{AA}^{-1} - \boldsymbol{AB}| = |\boldsymbol{A}(\lambda\boldsymbol{A}^{-1} - \boldsymbol{B})| \\ &= |\boldsymbol{A}|\cdot|\lambda\boldsymbol{A}^{-1} - \boldsymbol{B}| = |\lambda\boldsymbol{A}^{-1} - \boldsymbol{B}|\cdot|\boldsymbol{A}| \\ &= |\lambda\boldsymbol{E} - \boldsymbol{BA}|, \end{aligned}$$

所以 $\boldsymbol{AB}$ 和 $\boldsymbol{BA}$ 有相同的特征值.

【例 5.10】 设 $\boldsymbol{A}$ 为三阶矩阵,$\boldsymbol{\alpha}_1$,$\boldsymbol{\alpha}_2$,$\boldsymbol{\alpha}_3$ 是线性无关的三维列向量,$\boldsymbol{A\alpha}_1 = -2\boldsymbol{\alpha}_1 + 2\boldsymbol{\alpha}_2 + 3\boldsymbol{\alpha}_3$,$\boldsymbol{A\alpha}_2 = \boldsymbol{\alpha}_3$,$\boldsymbol{A\alpha}_3 = 2\boldsymbol{\alpha}_2 + \boldsymbol{\alpha}_3$,求 $\boldsymbol{A}$ 的特征值、特征向量.

解 利用分块矩阵,有

$$\begin{aligned} \boldsymbol{A}(\boldsymbol{\alpha}_1,\boldsymbol{\alpha}_2,\boldsymbol{\alpha}_3) &= (-2\boldsymbol{\alpha}_1 + 2\boldsymbol{\alpha}_2 + 3\boldsymbol{\alpha}_3, \boldsymbol{\alpha}_3, 2\boldsymbol{\alpha}_2 + \boldsymbol{\alpha}_3) \\ &= (\boldsymbol{\alpha}_1,\boldsymbol{\alpha}_2,\boldsymbol{\alpha}_3)\begin{bmatrix} -2 & 0 & 0 \\ 2 & 0 & 2 \\ 3 & 1 & 1 \end{bmatrix}. \end{aligned}$$

记 $\boldsymbol{B} = \begin{bmatrix} -2 & 0 & 0 \\ 2 & 0 & 2 \\ 3 & 1 & 1 \end{bmatrix}$,$\boldsymbol{P} = (\boldsymbol{\alpha}_1,\boldsymbol{\alpha}_2,\boldsymbol{\alpha}_3)$ 且 $\boldsymbol{P}$ 可逆得 $\boldsymbol{P}^{-1}\boldsymbol{AP} = \boldsymbol{B}$.

由 $|\lambda\boldsymbol{E} - \boldsymbol{B}| = (\lambda + 2)(\lambda + 1)(\lambda - 2)$,

得 $\boldsymbol{B}$ 的特征值:2,−1,−2.

由 $(2\boldsymbol{E} - \boldsymbol{B})\boldsymbol{x} = \boldsymbol{0}$ 得 $\lambda = 2$ 的特征向量 $\boldsymbol{\beta}_1 = (0,1,1)^{\mathrm{T}}$,

$(-\boldsymbol{E} - \boldsymbol{B})\boldsymbol{x} = \boldsymbol{0}$ 得 $\lambda = -1$ 的特征向量 $\boldsymbol{\beta}_2 = (0,-2,1)^{\mathrm{T}}$,

$(-2\boldsymbol{E} - \boldsymbol{B})\boldsymbol{x} = \boldsymbol{0}$ 得 $\lambda = -2$ 的特征向量 $\boldsymbol{\beta}_3 = (-1,0,1)^{\mathrm{T}}$,

那么 $\boldsymbol{A}$ 的特征值是 2,−1,−2,特征向量依次为

$k_1\boldsymbol{P\beta}_1 = k_1(\boldsymbol{\alpha}_2 + \boldsymbol{\alpha}_3)$,$k_2\boldsymbol{P\beta}_2 = k_2(-2\boldsymbol{\alpha}_2 + \boldsymbol{\alpha}_3)$,$k_3\boldsymbol{P\beta}_3 = k_3(-\boldsymbol{\alpha}_1 + \boldsymbol{\alpha}_3)$,

其中 $k_1k_2k_3 \neq 0$.

学习札记

相似、相似对角化

相似

提示 (1) 如 $\boldsymbol{A}\sim\boldsymbol{B}$,则

$|\boldsymbol{A}|=|\boldsymbol{B}|$;$r(\boldsymbol{A})=r(\boldsymbol{B})$;$\lambda_{\boldsymbol{A}}=\lambda_{\boldsymbol{B}}$;$\sum a_{ii}=\sum b_{ii}$.

(2) 如 $\boldsymbol{A}\sim\boldsymbol{B}$,则

$\boldsymbol{A}+k\boldsymbol{E}\sim\boldsymbol{B}+k\boldsymbol{E}$,$(\boldsymbol{A}+k\boldsymbol{E})^n\sim(\boldsymbol{B}+k\boldsymbol{E})^n$.

(3) 如 $\boldsymbol{A}\sim\boldsymbol{\Lambda}$,$\boldsymbol{B}\sim\boldsymbol{\Lambda}$,则 $\boldsymbol{A}\sim\boldsymbol{B}$.

$\boldsymbol{P}_1^{-1}\boldsymbol{A}\boldsymbol{P}_1=\boldsymbol{\Lambda}$,$\boldsymbol{P}_2^{-1}\boldsymbol{B}\boldsymbol{P}_2=\boldsymbol{\Lambda}\Rightarrow\boldsymbol{P}^{-1}\boldsymbol{A}\boldsymbol{P}=\boldsymbol{B}$,$\boldsymbol{P}=\boldsymbol{P}_1\boldsymbol{P}_2^{-1}$.

【例 5.11】 已知 $\boldsymbol{A}\sim\boldsymbol{B}$,且 $\boldsymbol{B}=\begin{bmatrix}2&1&3\\1&1&0\\3&0&1\end{bmatrix}$,则秩 $r(\boldsymbol{A}^2+\boldsymbol{A}-2\boldsymbol{E})=$ ________.

分析 因 $\boldsymbol{A}\sim\boldsymbol{B}$ 有 $\boldsymbol{A}^2+\boldsymbol{A}-2\boldsymbol{E}\sim\boldsymbol{B}^2+\boldsymbol{B}-2\boldsymbol{E}$,

又 $\boldsymbol{B}+2\boldsymbol{E}=\begin{bmatrix}4&1&3\\1&3&0\\3&0&3\end{bmatrix}$可逆,于是

$r(\boldsymbol{A}^2+\boldsymbol{A}-2\boldsymbol{E})=r[(\boldsymbol{B}+2\boldsymbol{E})(\boldsymbol{B}-\boldsymbol{E})]=r(\boldsymbol{B}-\boldsymbol{E})=2$.

【例 5.12】 不能相似对角化的矩阵是

(A) $\begin{bmatrix}1&2&1\\0&3&0\\0&0&0\end{bmatrix}$. (B) $\begin{bmatrix}1&2&-3\\1&2&-3\\1&2&-3\end{bmatrix}$.

(C) $\begin{bmatrix}1&1&1\\2&2&2\\3&3&3\end{bmatrix}$. (D) $\begin{bmatrix}1&2&3\\2&4&5\\3&5&6\end{bmatrix}$.

分析 (A) 上三角矩阵,特征值是 1,3,0,有 3 个不同的特征值,故可对角化.

(B) 秩为 1 的矩阵,$\boldsymbol{B}$ 的特征值是 0,0,0,三重根,而

$$r(0\boldsymbol{E}-\boldsymbol{B})=r(\boldsymbol{B})=1,n-r(0\boldsymbol{E}-\boldsymbol{B})=3-1=2,$$

故$(0\boldsymbol{E}-\boldsymbol{B})\boldsymbol{x}=\boldsymbol{0}$ 只有 2 个无关的解,亦即 $\lambda=0$ 只有 2 个无关的特征向量,所以 $\boldsymbol{B}$ 不能相似对角化.

(C) 秩为 1 的矩阵,迹为 6,$|\lambda\boldsymbol{E}-\boldsymbol{C}|=\lambda^3-6\lambda^2$,特征值是 6,0,0.

因为 $n-r(0\boldsymbol{E}-\boldsymbol{C})=3-1=2$,说明 $\lambda=0$ 有 2 个线性无关的特征向量,所以矩阵可以相似对角化.

(D) 实对称矩阵必可相似对角化.

【例 5.13】 判断矩阵 $\boldsymbol{A}$ 和 $\boldsymbol{B}$ 是否相似,并说明理由.

(1)$\boldsymbol{A}=\begin{bmatrix}1&2\\0&0\end{bmatrix}$,$\boldsymbol{B}=\begin{bmatrix}2&4\\0&0\end{bmatrix}$.

学习札记

(2) $A=\begin{bmatrix}3&0\\0&3\end{bmatrix}$, $B=\begin{bmatrix}3&1\\0&3\end{bmatrix}$.

(3) $A=\begin{bmatrix}2&0&0\\0&2&2\\0&0&2\end{bmatrix}$, $B=\begin{bmatrix}2&1&0\\0&2&1\\0&0&2\end{bmatrix}$.

解 (1) 因为矩阵 $\boldsymbol{A}$ 的特征值是 1,0,而矩阵 $\boldsymbol{B}$ 的特征值是 2,0.

两个矩阵相似的必要条件是特征值相同. 所以矩阵 $\boldsymbol{A}$ 和 $\boldsymbol{B}$ 不相似.

注:本题也可用相似的必要条件:$\sum a_{ii}=\sum b_{ii}$ 来说明矩阵 $\boldsymbol{A}$ 和 $\boldsymbol{B}$ 不相似.

(2) 按相似的定义,如存在可逆矩阵 $\boldsymbol{P}$ 使 $\boldsymbol{P}^{-1}\boldsymbol{AP}=\boldsymbol{B}$,则称矩阵 $\boldsymbol{A}$ 和 $\boldsymbol{B}$ 相似.

现在任意 2 阶可逆矩阵 $\boldsymbol{P}$,恒有

$$\boldsymbol{P}^{-1}\boldsymbol{AP}=\boldsymbol{P}^{-1}(3\boldsymbol{E})\boldsymbol{P}=\boldsymbol{A}$$

即矩阵 $\boldsymbol{A}$ 只和它自己相似. 从而 $\boldsymbol{A}$ 和 $\boldsymbol{B}$ 不相似.

或者,由矩阵 $\boldsymbol{B}$ 的特征值是 3,3.

而秩 $r(3\boldsymbol{E}-\boldsymbol{B})=r\begin{bmatrix}0&-1\\0&0\end{bmatrix}=1$

$$n-r(3\boldsymbol{E}-\boldsymbol{B})=2-1=1$$

齐次方程组 $(3\boldsymbol{E}-\boldsymbol{B})\boldsymbol{x}=\boldsymbol{0}$ 只有 1 个线性无关的解,

亦即 $\lambda=3$ 只有 1 个线性无关的特征向量,

那么矩阵 $\boldsymbol{B}$ 不能相似对角化. 从而 $\boldsymbol{A}$ 和 $\boldsymbol{B}$ 不相似.

亦可(反证法),如 $\boldsymbol{A}\sim\boldsymbol{B}$,则 $\boldsymbol{A}-3\boldsymbol{E}\sim\boldsymbol{B}-3\boldsymbol{E}$.

但 $\boldsymbol{A}-3\boldsymbol{E}=\begin{bmatrix}0&0\\0&0\end{bmatrix}$,而 $\boldsymbol{B}-3\boldsymbol{E}=\begin{bmatrix}0&1\\0&0\end{bmatrix}$,两者秩不一样,不可能相似.

$\therefore$ $\boldsymbol{A},\boldsymbol{B}$ 不相似.

(3) 如 $\boldsymbol{A}\sim\boldsymbol{B}$,由 $\boldsymbol{B\alpha}=\lambda\boldsymbol{\alpha}$ 有 $\boldsymbol{A}(\boldsymbol{P\alpha})=\lambda(\boldsymbol{P\alpha})$,即 $\boldsymbol{A}$ 和 $\boldsymbol{B}$ 对于 λ 线性无关的特征向量的个数必然相同. 而

$$r(2\boldsymbol{E}-\boldsymbol{A})=1,r(2\boldsymbol{E}-\boldsymbol{B})=2$$

对 $\lambda=2$,$\boldsymbol{A}$ 有 2 个线性无关的特征向量,$\boldsymbol{B}$ 只有 1 个线性无关的特征向量,所以 $\boldsymbol{A}$ 和 $\boldsymbol{B}$ 不相似.

请用类似于(2) 中的反证法来证明 $\boldsymbol{A}$ 和 $\boldsymbol{B}$ 不相似.

【例 5.14】 证明 $\boldsymbol{A}=\begin{bmatrix}2&1&-1\\1&2&1\\-1&1&2\end{bmatrix}$ 和 $\boldsymbol{B}=\begin{bmatrix}2&0&1\\-1&3&1\\2&0&1\end{bmatrix}$ 相似.

证明 对于 $\boldsymbol{B}$,由特征方程

$$|\lambda\boldsymbol{E}-\boldsymbol{B}|=\begin{vmatrix}\lambda-2&0&-1\\1&\lambda-3&-1\\-2&0&\lambda-1\end{vmatrix}=(\lambda-3)\begin{vmatrix}\lambda-2&-1\\-2&\lambda-1\end{vmatrix}$$

$$=\lambda(\lambda-3)^2=0,$$

可得矩阵 $\boldsymbol{B}$ 的特征值是 3,3,0. 当 $\lambda=3$ 时,

学习札记

$$r(3E-B)=r\begin{bmatrix}1&0&-1\\1&0&-1\\-2&0&2\end{bmatrix}=1,$$

即对于 $\lambda=3$，矩阵 B 有 2 个线性无关的特征向量，所以 B 可对角化.

又因 A 是实对称矩阵，且

$$|\lambda E-A|=\begin{vmatrix}\lambda-2&-1&1\\-1&\lambda-2&-1\\1&-1&\lambda-2\end{vmatrix}=\begin{vmatrix}\lambda-3&\lambda-3&0\\-1&\lambda-2&-1\\0&\lambda-3&\lambda-3\end{vmatrix}=\lambda(\lambda-3)^2,$$

得矩阵 A 的特征值也是 3，3，0，A，B 均可对角化，且都与 $\begin{bmatrix}3&&\\&3&\\&&0\end{bmatrix}$ 相似. 所以 $A\sim B$.

练习　在此题条件下，求可逆矩阵 P 使 $P^{-1}AP=B$.

解题笔记

【例 5.15】　设 A 是三阶矩阵，$\alpha_1,\alpha_2,\alpha_3$ 是三维线性无关的列向量，且

$$A\alpha_1=\alpha_1-\alpha_2+2\alpha_3,A\alpha_2=\alpha_1+3\alpha_2-6\alpha_3,A\alpha_3=0.$$

（Ⅰ）判断矩阵 A 能否相似对角化，说明理由.

（Ⅱ）求秩 $r(A+E)$.

解　（Ⅰ）　由 $A\alpha_3=0=0\alpha_3$，知 $\lambda=0$ 是 A 的特征值，α_3 是 $\lambda=0$ 的特征向量，据已知条件有

$$A[\alpha_1,\alpha_2,\alpha_3]=[\alpha_1-\alpha_2+2\alpha_3,\alpha_1+3\alpha_2-6\alpha_3,0]$$
$$=[\alpha_1,\alpha_2,\alpha_3]\begin{bmatrix}1&1&0\\-1&3&0\\2&-6&0\end{bmatrix}.$$

令 $P=[\alpha_1,\alpha_2,\alpha_3]$，因 $\alpha_1,\alpha_2,\alpha_3$ 线性无关，而知 P 可逆，于是

$$AP=PB，其中\ B=\begin{bmatrix}1&1&0\\-1&3&0\\2&-6&0\end{bmatrix},$$

从而 $P^{-1}AP=B$，即 A 和 B 相似.

$$|\lambda E-B|=\begin{vmatrix}\lambda-1&-1&0\\1&\lambda-3&0\\-2&6&\lambda\end{vmatrix}=\lambda(\lambda-2)^2,$$

得 B 的特征值是 2，2，0.

对于矩阵 B，由

$$r(2E-B)=r\begin{bmatrix}1&-1&0\\1&-1&0\\-2&6&2\end{bmatrix}=2,$$

于是矩阵 $\boldsymbol{B}$ 对 $\lambda=2$(二重根)只有1个线性无关的特征向量知 $\boldsymbol{B}$ 不能相似对角化. 而 $\boldsymbol{A}\sim\boldsymbol{B}$,所以 $\boldsymbol{A}$ 不能相似对角化.

学习札记

(Ⅱ)因为 $\boldsymbol{A}\sim\boldsymbol{B}$ 有 $\boldsymbol{A}+\boldsymbol{E}\sim\boldsymbol{B}+\boldsymbol{E}$,所以

$$r(\boldsymbol{A}+\boldsymbol{E})=r(\boldsymbol{B}+\boldsymbol{E})=r\begin{bmatrix}2&1&0\\-1&4&0\\2&-6&1\end{bmatrix}=3.$$

【例5.16】　已知 $\boldsymbol{A}$ 是三阶矩阵满足 $\boldsymbol{A}^2=5\boldsymbol{A}$ 且 $r(\boldsymbol{A})=2$. 证明 $\boldsymbol{A}$ 必可相似对角化.

证明　设 $\boldsymbol{A}=[\boldsymbol{\alpha}_1,\boldsymbol{\alpha}_2,\boldsymbol{\alpha}_3]$,由 $r(\boldsymbol{A})=2$,不妨设 $\boldsymbol{\alpha}_1,\boldsymbol{\alpha}_2$ 线性无关.

由 $\boldsymbol{A}^2=5\boldsymbol{A}$ 即 $\boldsymbol{A}[\boldsymbol{\alpha}_1,\boldsymbol{\alpha}_2,\boldsymbol{\alpha}_3]=5[\boldsymbol{\alpha}_1,\boldsymbol{\alpha}_2,\boldsymbol{\alpha}_3]$,有

$$\boldsymbol{A}\boldsymbol{\alpha}_1=5\boldsymbol{\alpha}_1,\boldsymbol{A}\boldsymbol{\alpha}_2=5\boldsymbol{\alpha}_2,$$

于是 $\boldsymbol{\alpha}_1,\boldsymbol{\alpha}_2$ 是矩阵 $\boldsymbol{A}$ 关于 $\lambda=5$ 的线性无关的特征向量.

又因 $r(\boldsymbol{A})=2<3$,齐次方程组 $\boldsymbol{Ax}=\boldsymbol{0}$ 必有非零解.

设 $\boldsymbol{\eta}$ 是其基础解系,亦即 $\boldsymbol{A}$ 关于 $\lambda=0$ 的特征向量.

从而 $\boldsymbol{A}$ 有3个线性无关的特征向量,故 $\boldsymbol{A}$ 必可相似对角化.

或者,由 $\boldsymbol{A}^2=5\boldsymbol{A}$ 有 $\boldsymbol{A}(\boldsymbol{A}-5\boldsymbol{E})=\boldsymbol{O}$. 于是

$$r(\boldsymbol{A})+r(\boldsymbol{A}-5\boldsymbol{E})\leqslant 3.$$

又 $r(\boldsymbol{A})+r(\boldsymbol{A}-5\boldsymbol{E})=r(\boldsymbol{A})+r(5\boldsymbol{E}-\boldsymbol{A})\geqslant r[\boldsymbol{A}+(5\boldsymbol{E}-\boldsymbol{A})]=3$,从而 $r(\boldsymbol{A})+r(\boldsymbol{A}-5\boldsymbol{E})=3$,那么 $r(5\boldsymbol{E}-\boldsymbol{A})=1$.

$n-r(5\boldsymbol{E}-\boldsymbol{A})=3-1=2$,即 $\lambda=5$ 有2个线性无关的特征向量.

$n-r(\boldsymbol{A})=3-2=1$,即 $\lambda=0$ 有1个线性无关的特征向量.

因此,$\boldsymbol{A}$ 有3个线性无关的特征向量,必可相似对角化.

求参数的问题

提示　利用:相似的必要条件;由特征向量构造方程组;相似对角化原理.

【例5.17】　已知 $\boldsymbol{A}=\begin{bmatrix}1&-2&-4\\-2&x&-2\\-4&-2&1\end{bmatrix}$ 和 $\boldsymbol{B}=\begin{bmatrix}5&0&0\\0&y&0\\0&0&-4\end{bmatrix}$ 相似,则 $y=$ ________.

分析　(方法一)　因 $\boldsymbol{A}\sim\boldsymbol{B}$ 知 $\sum a_{ii}=\sum b_{ii}$,又 $\boldsymbol{A}$ 和 $\boldsymbol{B}$ 有相同的特征值,知 $\lambda=-4$ 是 $\boldsymbol{A}$ 的特征值,故有

$$\begin{cases}1+x+1=5+y+(-4),\\|-4\boldsymbol{E}-\boldsymbol{A}|=\begin{vmatrix}-5&2&4\\2&-4-x&2\\4&2&-5\end{vmatrix}=0,\end{cases}$$

即 $\begin{cases}x+1=y,\\9(4-x)=0,\end{cases}$　解出 $y=5$.

学习札记

【评注】

注意本题 $|5E-A|=\begin{vmatrix}4&2&4\\2&5-x&2\\4&2&4\end{vmatrix}=0$ 未出现含 x 的方程.

(方法二) 因 $A\sim B$ 知 $|\lambda E-A|=|\lambda E-B|$. 又

$$|\lambda E-A|=\begin{vmatrix}\lambda-1&2&4\\2&\lambda-x&2\\4&2&\lambda-1\end{vmatrix}=\begin{vmatrix}\lambda-5&2&4\\0&\lambda-x&2\\5-\lambda&2&\lambda-1\end{vmatrix}$$

$$=(\lambda-5)[\lambda^2+(3-x)\lambda-3x-8],$$

$$|\lambda E-B|=(\lambda-5)(\lambda-y)(\lambda+4),$$

故 $\lambda^2+(3-x)\lambda-3x-8=\lambda^2+(4-y)\lambda-4y$,即

$$\begin{cases}3-x=4-y,\\3x+8=4y,\end{cases}$$

解出 $x=4,y=5$.

【例 5.18】 已知矩阵 $A=\begin{bmatrix}1&a&-3\\-1&4&-3\\1&-2&5\end{bmatrix}$ 的特征值有重根,判断矩阵 A 能否相似对角化,并说明理由.

解 矩阵 A 的特征多项式为

$$|\lambda E-A|=\begin{vmatrix}\lambda-1&-a&3\\1&\lambda-4&3\\-1&2&\lambda-5\end{vmatrix}=\begin{vmatrix}\lambda-1&-a&3\\1&\lambda-4&3\\0&\lambda-2&\lambda-2\end{vmatrix}$$

$$=(\lambda-2)(\lambda^2-8\lambda+10+a).$$

如果 $\lambda=2$ 是重根,则 $\lambda^2-8\lambda+10+a$ 中含有 $\lambda-2$ 的因式,于是 $2^2-16+10+a=0$,解出 $a=2$. 此时 $\lambda^2-8\lambda+12=(\lambda-2)(\lambda-6)$,矩阵 A 的 3 个特征值是 2,2,6.

对于 $\lambda=2$,由于

$$r(2E-A)=r\begin{bmatrix}1&-2&3\\1&-2&3\\-1&2&-3\end{bmatrix}=1,$$

故 $\lambda=2$(二重根)有 2 个线性无关的特征向量,A 可以相似对角化.

若 $\lambda=2$ 不是重根,则 $\lambda^2-8\lambda+10+a$ 是完全平方,于是

$$8^2-4(10+a)=0,$$

解出 $a=6$,从而矩阵 A 的特征值是 2,4,4.

对于 $\lambda=4$,由于

$$r(4E-A)=r\begin{bmatrix}3&-6&3\\1&0&3\\-1&2&-1\end{bmatrix}=2,$$

说明 $\lambda=4$(二重根)只有 1 个线性无关的特征向量,A 不能相似对角化.

学习札记

练习 (2003) 设矩阵 $A=\begin{bmatrix}2&1&1\\1&2&1\\1&1&a\end{bmatrix}$ 可逆,向量 $\alpha=\begin{bmatrix}1\\b\\1\end{bmatrix}$ 是矩阵 A^* 的一个特征向量,λ 是 α 对应的特征值,其中 A^* 是 A 的伴随矩阵.试求 a,b 和 λ 的值.

解题笔记

相似时的可逆矩阵 P

提示 若 $P^{-1}AP=\Lambda$,则 P——A 的特征向量,Λ——A 的特征值.

(1) 若 $P_1^{-1}AP_1=B, P_2^{-1}BP_2=\Lambda$,则 $P^{-1}AP=\Lambda, P=P_1P_2$.

(2) 若 $P_1^{-1}AP_1=\Lambda, P_2^{-1}BP_2=\Lambda$,则 $P^{-1}AP=B, P=P_1P_2^{-1}$.

求 A 的相似标准形的方法(对可对角化的矩阵)

(1) 求 A 的特征值 $\lambda_1,\lambda_2,\lambda_3$.

(2) 对每个特征值 λ_i,求 $(\lambda_iE-A)x=0$ 的基础解系,得特征向量 $\alpha_1,\alpha_2,\alpha_3$.

(3) 令可逆矩阵 $P=[\alpha_1,\alpha_2,\alpha_3]$,则

$$P^{-1}AP=\mathrm{diag}[\lambda_1,\lambda_2,\lambda_3].$$

【例 5.19】 (2021,$\frac{2}{3}$) 设矩阵 $A=\begin{bmatrix}2&1&0\\1&2&0\\1&a&b\end{bmatrix}$ 仅有两个不同的特征值.若 A 相似于对角矩阵,求 a,b 的值,并求可逆矩阵 P,使 $P^{-1}AP$ 为对角矩阵.

解 由特征多项式

$$|\lambda E-A|=\begin{vmatrix}\lambda-2&-1&0\\-1&\lambda-2&0\\-1&-a&\lambda-b\end{vmatrix}=(\lambda-b)(\lambda-1)(\lambda-3)$$

因 A 只有两个不同的特征值,

$\therefore b=1$ 或 3.

(1) 当 $b=1$ 时,A 的特征值:1,1,3.

$A\sim\Lambda\Leftrightarrow r(E-A)=1$,

学习札记

$$E-A=\begin{bmatrix}-1&-1&0\\-1&-1&0\\-1&-a&0\end{bmatrix}\to\begin{bmatrix}1&1&0\\0&1-a&0\\0&0&0\end{bmatrix},$$

$\therefore a=1$，且由 $(E-A)x=0$ 得特征向量

$$\alpha_1=(-1,1,0)^T,\alpha_2=(0,0,1)^T,$$

由 $(3E-A)x=0$ 得特征向量 $\alpha_3=(1,1,1)^T$，

令 $P_1=[\alpha_1,\alpha_2,\alpha_3]=\begin{bmatrix}-1&0&1\\1&0&1\\0&1&1\end{bmatrix}$，有 $P_1^{-1}AP_1=\begin{bmatrix}1&&\\&1&\\&&3\end{bmatrix}$.

(2) 当 $b=3$ 时，A 的特征值：1，3，3.

$A\sim\Lambda\Leftrightarrow r(3E-A)=1$，故 $a=-1$.

由 $(3E-A)x=0$ 解出特征向量 $\beta_1=(1,1,0)^T,\beta_2=(0,0,1)^T$.

由 $(E-A)x=0$ 解出特征向量 $\beta_3=(-1,1,1)^T$.

令 $P_2=[\beta_1,\beta_2,\beta_3]=\begin{bmatrix}1&0&-1\\1&0&1\\0&1&1\end{bmatrix}$，则 $P_2^{-1}AP_2=\begin{bmatrix}3&&\\&3&\\&&1\end{bmatrix}$.

【例 5.20】 设 A 为二阶矩阵，α_1,α_2 是线性无关的二维列向量，且满足 $A\alpha_1=\alpha_2,A\alpha_2=-2\alpha_1+3\alpha_2$.

(Ⅰ) 求矩阵 A 的特征值.

(Ⅱ) 求可逆矩阵 P，使得 $P^{-1}AP$ 为对角矩阵.

解 (Ⅰ) 按已知条件，有

$$A[\alpha_1,\alpha_2]=[\alpha_2,-2\alpha_1+3\alpha_2]=[\alpha_1,\alpha_2]\begin{bmatrix}0&-2\\1&3\end{bmatrix}.$$

记 $P_1=[\alpha_1,\alpha_2]$，是可逆矩阵，$B=\begin{bmatrix}0&-2\\1&3\end{bmatrix}$，有 $AP_1=P_1B$，从而 $P_1^{-1}AP_1=B$，即 $A\sim B$. 由

$$|\lambda E-B|=\begin{vmatrix}\lambda&2\\-1&\lambda-3\end{vmatrix}=\lambda^2-3\lambda+2=(\lambda-1)(\lambda-2),$$

知矩阵 B 的特征值是 1，2，从而矩阵 A 的特征值是 1，2.

(Ⅱ) 对矩阵 B，由 $(E-B)x=0$ 得矩阵 B 关于特征值 $\lambda=1$ 的特征向量 $\beta_1=(-2,1)^T$.

由 $(2E-B)x=0$ 得矩阵 B 关于特征值 $\lambda=2$ 的特征向量 $\beta_2=(-1,1)^T$.

令 $P_2=[\beta_1,\beta_2]=\begin{bmatrix}-2&-1\\1&1\end{bmatrix}$，有 $P_2^{-1}BP_2=\begin{bmatrix}1&\\&2\end{bmatrix}$，进而

$$P_2^{-1}(P_1^{-1}AP_1)P_2=\begin{bmatrix}1&\\&2\end{bmatrix},$$

得 $P=P_1P_2=[\alpha_1,\alpha_2]\begin{bmatrix}-2&-1\\1&1\end{bmatrix}=[-2\alpha_1+\alpha_2,-\alpha_1+\alpha_2]$.

注：也可由例 5.8、例 5.10 所示，由 B 的特征向量直接求出 A 的特征向量 $P_1\beta_1,P_1\beta_2$.

学习札记

【例 5.21】 已知矩阵 $\boldsymbol{A}=\begin{bmatrix}1&4\\2&3\end{bmatrix}$ 和 $\boldsymbol{B}=\begin{bmatrix}6&a\\-1&b\end{bmatrix}$ 相似，求 a,b 的值，并求可逆矩阵 $\boldsymbol{P}$ 使 $\boldsymbol{P}^{-1}\boldsymbol{A}\boldsymbol{P}=\boldsymbol{B}$.

解 由 $\boldsymbol{A}\sim\boldsymbol{B}$ 知

$$\begin{cases}1+3=6+b,\\-5=a+6b,\end{cases}$$

解出 $a=7,b=-2$.

又 $|\lambda\boldsymbol{E}-\boldsymbol{A}|=\begin{vmatrix}\lambda-1&-4\\-2&\lambda-3\end{vmatrix}=\lambda^2-4\lambda-5=(\lambda-5)(\lambda+1)$，得矩阵 $\boldsymbol{A}$ 的特征值为 $5,-1$.

由 $(5\boldsymbol{E}-\boldsymbol{A})\boldsymbol{x}=\boldsymbol{0}$ 得基础解系 $\boldsymbol{\alpha}_1=(1,1)^{\mathrm{T}}$.

由 $(-\boldsymbol{E}-\boldsymbol{A})\boldsymbol{x}=\boldsymbol{0}$ 得基础解系 $\boldsymbol{\alpha}_2=(-2,1)^{\mathrm{T}}$.

令 $\boldsymbol{P}_1=[\boldsymbol{\alpha}_1,\boldsymbol{\alpha}_2]=\begin{bmatrix}1&-2\\1&1\end{bmatrix}$，得

$$\boldsymbol{P}_1^{-1}\boldsymbol{A}\boldsymbol{P}_1=\boldsymbol{\Lambda}=\begin{bmatrix}5&\\&-1\end{bmatrix}.$$

类似地，由 $(5\boldsymbol{E}-\boldsymbol{B})\boldsymbol{x}=\boldsymbol{0}$ 得基础解系 $\boldsymbol{\beta}_1=(-7,1)^{\mathrm{T}}$.

由 $(-\boldsymbol{E}-\boldsymbol{B})\boldsymbol{x}=\boldsymbol{0}$ 得基础解系 $\boldsymbol{\beta}_2=(-1,1)^{\mathrm{T}}$.

令 $\boldsymbol{P}_2=[\boldsymbol{\beta}_1,\boldsymbol{\beta}_2]=\begin{bmatrix}-7&-1\\1&1\end{bmatrix}$，得 $\boldsymbol{P}_2^{-1}\boldsymbol{B}\boldsymbol{P}_2=\boldsymbol{\Lambda}=\begin{bmatrix}5&\\&-1\end{bmatrix}$.

由 $\boldsymbol{P}_1^{-1}\boldsymbol{A}\boldsymbol{P}_1=\boldsymbol{P}_2^{-1}\boldsymbol{B}\boldsymbol{P}_2\Rightarrow\boldsymbol{P}_2\boldsymbol{P}_1^{-1}\boldsymbol{A}\boldsymbol{P}_1\boldsymbol{P}_2^{-1}=\boldsymbol{B}$.

令 $\boldsymbol{P}=\boldsymbol{P}_1\boldsymbol{P}_2^{-1}=\begin{bmatrix}1&-2\\1&1\end{bmatrix}\begin{bmatrix}-7&-1\\1&1\end{bmatrix}^{-1}=\dfrac{1}{2}\begin{bmatrix}-1&-5\\0&2\end{bmatrix}$，有

$$\boldsymbol{P}^{-1}\boldsymbol{A}\boldsymbol{P}=\boldsymbol{B}.$$

用相似求 $\boldsymbol{A}^n$

提示 若 $\boldsymbol{A}\sim\boldsymbol{\Lambda}$，则 $\boldsymbol{P}^{-1}\boldsymbol{A}\boldsymbol{P}=\boldsymbol{\Lambda}$，从而 $\boldsymbol{P}^{-1}\boldsymbol{A}^n\boldsymbol{P}=\boldsymbol{\Lambda}^n$，故 $\boldsymbol{A}^n=\boldsymbol{P}\boldsymbol{\Lambda}^n\boldsymbol{P}^{-1}$.

【例 5.22】 已知 $\boldsymbol{A}=\begin{bmatrix}1&1&2\\0&a&2\\1&-1&0\end{bmatrix}$，且 $\lambda=0$ 是 $\boldsymbol{A}$ 的特征值，求 a 和 $\boldsymbol{A}^n$.

解 由 $\lambda=0$ 是 $\boldsymbol{A}$ 的特征值，有

$$|\boldsymbol{A}|=\begin{vmatrix}1&1&2\\0&a&2\\1&-1&0\end{vmatrix}=4-2a=0,$$

所以 $a=2$.

又 $\boldsymbol{A}$ 的特征多项式

学习札记

$$|\lambda\boldsymbol{E}-\boldsymbol{A}|=\begin{vmatrix}\lambda-1 & -1 & -2\\ 0 & \lambda-2 & -2\\ -1 & 1 & \lambda\end{vmatrix}=\lambda(\lambda-1)(\lambda-2),$$

得到 $\boldsymbol{A}$ 的特征值是 1,2,0.

由$(\boldsymbol{E}-\boldsymbol{A})\boldsymbol{x}=\boldsymbol{0}$,即

$$\begin{bmatrix}0 & -1 & -2\\ 0 & -1 & -2\\ -1 & 1 & 1\end{bmatrix}\to\begin{bmatrix}1 & 0 & 1\\ 0 & 1 & 2\\ 0 & 0 & 0\end{bmatrix},$$

得 $\lambda=1$ 的特征向量 $\boldsymbol{\alpha}_1=(-1,-2,1)^{\mathrm{T}}$.

由$(2\boldsymbol{E}-\boldsymbol{A})\boldsymbol{x}=\boldsymbol{0}$,即

$$\begin{bmatrix}1 & -1 & -2\\ 0 & 0 & -2\\ -1 & 1 & 2\end{bmatrix}\to\begin{bmatrix}1 & -1 & 0\\ 0 & 0 & 1\\ 0 & 0 & 0\end{bmatrix},$$

得 $\lambda=2$ 的特征向量 $\boldsymbol{\alpha}_2=(1,1,0)^{\mathrm{T}}$.

由$(0\boldsymbol{E}-\boldsymbol{A})\boldsymbol{x}=\boldsymbol{0}$,即

$$\begin{bmatrix}-1 & -1 & -2\\ 0 & -2 & -2\\ -1 & 1 & 0\end{bmatrix}\to\begin{bmatrix}1 & 0 & 1\\ 0 & 1 & 1\\ 0 & 0 & 0\end{bmatrix},$$

得 $\lambda=0$ 的特征向量 $\boldsymbol{\alpha}_3=(-1,-1,1)^{\mathrm{T}}$.

令 $\boldsymbol{P}=[\boldsymbol{\alpha}_1,\boldsymbol{\alpha}_2,\boldsymbol{\alpha}_3]=\begin{bmatrix}-1 & 1 & -1\\ -2 & 1 & -1\\ 1 & 0 & 1\end{bmatrix}$,有

$$\boldsymbol{P}^{-1}\boldsymbol{A}\boldsymbol{P}=\boldsymbol{\Lambda}=\begin{bmatrix}1 & & \\ & 2 & \\ & & 0\end{bmatrix},$$

那么 $\boldsymbol{P}^{-1}\boldsymbol{A}^n\boldsymbol{P}=\boldsymbol{\Lambda}^n$,从而

$$\begin{aligned}\boldsymbol{A}^n=\boldsymbol{P}\boldsymbol{\Lambda}^n\boldsymbol{P}^{-1}&=\begin{bmatrix}-1 & 1 & -1\\ -2 & 1 & -1\\ 1 & 0 & 1\end{bmatrix}\begin{bmatrix}1 & & \\ & 2^n & \\ & & 0\end{bmatrix}\begin{bmatrix}1 & -1 & 0\\ 1 & 0 & 1\\ -1 & 1 & 1\end{bmatrix}\\ &=\begin{bmatrix}2^n-1 & 1 & 2^n\\ 2^n-2 & 2 & 2^n\\ 1 & -1 & 0\end{bmatrix}.\end{aligned}$$

【例 5.23】 设 $\boldsymbol{A}=\begin{bmatrix}3 & 4\\ -1 & -1\end{bmatrix}$,$\boldsymbol{P}=\begin{bmatrix}2 & 3\\ -1 & -1\end{bmatrix}$,$\boldsymbol{B}=\boldsymbol{P}^{-1}\boldsymbol{A}\boldsymbol{P}$,求 $\boldsymbol{A}^{100}$.

分析 因为 $\boldsymbol{A}$ 与 $\boldsymbol{B}$ 相似,有 $\boldsymbol{B}^{100}=\boldsymbol{P}^{-1}\boldsymbol{A}^{100}\boldsymbol{P}$,从而可利用 $\boldsymbol{B}^{100}$ 间接求出 $\boldsymbol{A}^{100}$.

解
$$\begin{aligned}\boldsymbol{B}=\boldsymbol{P}^{-1}\boldsymbol{A}\boldsymbol{P}&=\begin{bmatrix}2 & 3\\ -1 & -1\end{bmatrix}^{-1}\begin{bmatrix}3 & 4\\ -1 & -1\end{bmatrix}\begin{bmatrix}2 & 3\\ -1 & -1\end{bmatrix}\\ &=\begin{bmatrix}-1 & -3\\ 1 & 2\end{bmatrix}\begin{bmatrix}3 & 4\\ -1 & -1\end{bmatrix}\begin{bmatrix}2 & 3\\ -1 & -1\end{bmatrix}=\begin{bmatrix}1 & 1\\ 0 & 1\end{bmatrix}.\end{aligned}$$

学习札记

因为

$$B=\begin{bmatrix}1&1\\0&1\end{bmatrix}=\begin{bmatrix}1&0\\0&1\end{bmatrix}+\begin{bmatrix}0&1\\0&0\end{bmatrix}=E+C,$$

故 $$B^{100}=(E+C)^{100}=E+100C=\begin{bmatrix}1&100\\0&1\end{bmatrix},$$

那么 $$A^{100}=(PBP^{-1})^{100}=(PBP^{-1})(PBP^{-1})\cdots(PBP^{-1})=PB^{100}P^{-1}$$
$$=\begin{bmatrix}2&3\\-1&-1\end{bmatrix}\begin{bmatrix}1&100\\0&1\end{bmatrix}\begin{bmatrix}-1&-3\\1&2\end{bmatrix}=\begin{bmatrix}201&400\\-100&-199\end{bmatrix}.$$

反求矩阵A

提示 如 $A\alpha_1=\lambda_1\alpha_1, A\alpha_2=\lambda_2\alpha_2, A\alpha_3=\lambda_3\alpha_3$,则
$A=[\lambda_1\alpha_1,\lambda_2\alpha_2,\lambda_3\alpha_3][\alpha_1,\alpha_2,\alpha_3]^{-1}$.
或 $P^{-1}AP=\Lambda, A=P\Lambda P^{-1}$,

其中 $P=[\alpha_1,\alpha_2,\alpha_3],\Lambda=\begin{bmatrix}\lambda_1&&\\&\lambda_2&\\&&\lambda_3\end{bmatrix}$.

【例 5.24】 已知A是3阶矩阵,特征值是1,−1,0对应的特征向量依次为 $\alpha_1=(1,2a,-1)^T,\alpha_2=(a,a+3,a+2)^T,\alpha_3=(a-2,-1,a+1)^T$,又知 a 使方程组

$$\begin{cases}x_1+2x_2-x_3=3,\\2x_1+(a+4)x_2+5x_3=6,\\x_1+2x_2+ax_3=3,\end{cases}$$

有无穷多解.

(Ⅰ)求 a.

(Ⅱ)求矩阵A和 $r(A^2-E)$.

解 (Ⅰ)对方程组的增广矩阵作初等行变换,

$$\left[\begin{array}{ccc:c}1&2&-1&3\\2&a+4&5&6\\1&2&a&3\end{array}\right]\to\left[\begin{array}{ccc:c}1&2&-1&3\\0&a&7&0\\0&0&a+1&0\end{array}\right]$$

当 $a=-1$ 与 $a=0$ 时,方程组均有无穷多解.

但 $a=-1$ 时,$\alpha_1=(1,-2,-1)^T,\alpha_2=(-1,2,1)^T$ 线性相关.不合题意,舍去.

当 $a=0$ 时,

$\alpha_1=(1,0,-1)^T,\alpha_2=(0,3,2)^T,\alpha_3=(-2,-1,1)^T$ 线性无关.

所以 $a=0$.

(Ⅱ)令 $P=[\alpha_1,\alpha_2,\alpha_3]=\begin{bmatrix}1&0&-2\\0&3&-1\\-1&2&1\end{bmatrix}$,则 $P^{-1}AP=\Lambda=\begin{bmatrix}1&&\\&-1&\\&&0\end{bmatrix}$,

学习札记

于是 $A = P\Lambda P^{-1} = \begin{bmatrix} 1 & 0 & -2 \\ 0 & 3 & -1 \\ -1 & 2 & 1 \end{bmatrix}\begin{bmatrix} 1 & & \\ & -1 & \\ & & 0 \end{bmatrix}\begin{bmatrix} -5 & 4 & -6 \\ -1 & 1 & -1 \\ -3 & 2 & -3 \end{bmatrix}$

$$= \begin{bmatrix} -5 & 4 & -6 \\ 3 & -3 & 3 \\ 7 & -6 & 8 \end{bmatrix}.$$

因 $P^{-1}AP = \Lambda$ 有 $P^{-1}(A^2 - E)P = \Lambda^2 - E$，

所以 $r(A^2 - E) = r(\Lambda^2 - E) = 1$.

【例 5.25】 已知 3 阶矩阵 A 的第一行元素全是 1，且 $\alpha_1 = (1,1,1)^T$，$\alpha_2 = (1,0,-1)^T$，$\alpha_3 = (1,-1,0)^T$ 是矩阵 A 的 3 个线性无关的特征向量，(Ⅰ)求矩阵 A，(Ⅱ)求齐次方程组 $(A-3E)x = 0$ 的通解.

解 (Ⅰ)设 $\alpha_1,\alpha_2,\alpha_3$ 分别是特征值 $\lambda_1,\lambda_2,\lambda_3$ 的特征向量，则按特征值定义

$$\begin{bmatrix} 1 & 1 & 1 \\ a_1 & a_2 & a_3 \\ b_1 & b_2 & b_3 \end{bmatrix}\begin{bmatrix} 1 \\ 1 \\ 1 \end{bmatrix} = \lambda_1\begin{bmatrix} 1 \\ 1 \\ 1 \end{bmatrix} \Rightarrow \lambda_1 = 3,$$

$$\begin{bmatrix} 1 & 1 & 1 \\ a_1 & a_2 & a_3 \\ b_1 & b_2 & b_3 \end{bmatrix}\begin{bmatrix} 1 \\ 0 \\ -1 \end{bmatrix} = \lambda_2\begin{bmatrix} 1 \\ 0 \\ -1 \end{bmatrix} \Rightarrow \lambda_2 = 0,$$

类似地 $\lambda_3 = 0$.

于是 $A[\alpha_1,\alpha_2,\alpha_3] = [3\alpha_1,0,0]$，

$$A = [3\alpha_1,0,0][\alpha_1,\alpha_2,\alpha_3]^{-1}$$

$$= \begin{bmatrix} 3 & 0 & 0 \\ 3 & 0 & 0 \\ 3 & 0 & 0 \end{bmatrix}\begin{bmatrix} 1 & 1 & 1 \\ 1 & 0 & -1 \\ 1 & -1 & 0 \end{bmatrix}^{-1} = \begin{bmatrix} 1 & 1 & 1 \\ 1 & 1 & 1 \\ 1 & 1 & 1 \end{bmatrix}.$$

(Ⅱ)因为齐次方程组 $(A-3E)x = 0$ 的基础解系就是矩阵 A 对于特征值 $\lambda = 3$ 的线性无关的特征向量，故方程组通解为

$$k(1,1,1)^T，k \text{ 为任意常数}.$$

实对称矩阵

提示 实对称矩阵有哪些特殊的性质？如何用来做题？

【例 5.26】 设 A 是 3 阶实对称矩阵，秩 $r(A) = 2$，若 $A^2 = A$，则 A 的特征值是__________.

分析 设 λ 是 A 的任一特征值，α 是属于 λ 的特征向量，即 $A\alpha = \lambda\alpha$，$\alpha \neq 0$，那么

$$A^2\alpha = A(\lambda\alpha) = \lambda A\alpha = \lambda^2\alpha.$$

由 $A^2 = A$，有 $\lambda^2\alpha = \lambda\alpha$，即 $(\lambda^2 - \lambda)\alpha = 0$ 且 $\alpha \neq 0$，故矩阵 A 的特征值是 1 或 0.

学习札记

因为 $\boldsymbol{A}$ 是实对称矩阵,知 $\boldsymbol{A} \sim \boldsymbol{\Lambda}$,且 $\boldsymbol{\Lambda}$ 由 $\boldsymbol{A}$ 的特征值所构成,根据秩 $r(\boldsymbol{A}) = r(\boldsymbol{\Lambda})$,有

$$\boldsymbol{\Lambda} = \begin{bmatrix} 1 & & \\ & 1 & \\ & & 0 \end{bmatrix},$$

所以矩阵 $\boldsymbol{A}$ 的特征值是 1,1,0.

【评注】 因为满足 $\boldsymbol{A}^2 = \boldsymbol{A}$ 的矩阵 $\boldsymbol{A}$ 不唯一.例如

$$\begin{bmatrix} 1 & 0 \\ 0 & 1 \end{bmatrix}^2 = \begin{bmatrix} 1 & 0 \\ 0 & 1 \end{bmatrix}, \quad \begin{bmatrix} 0 & 0 \\ 0 & 0 \end{bmatrix}^2 = \begin{bmatrix} 0 & 0 \\ 0 & 0 \end{bmatrix},$$

$$\begin{bmatrix} 1 & 0 \\ 0 & 0 \end{bmatrix}^2 = \begin{bmatrix} 1 & 0 \\ 0 & 0 \end{bmatrix}, \quad \begin{bmatrix} -1 & -1 \\ 2 & 2 \end{bmatrix}^2 = \begin{bmatrix} -1 & -1 \\ 2 & 2 \end{bmatrix}, \cdots$$

所以仅由条件 $\boldsymbol{A}^2 = \boldsymbol{A}$ 并不能确定矩阵 $\boldsymbol{A}$ 的特征值,只是知道矩阵 $\boldsymbol{A}$ 的特征值只能取 1 或 0.

【例 5.27】 设 $\boldsymbol{A} = \begin{bmatrix} 3 & -2 & -4 \\ -2 & a & -2 \\ -4 & -2 & 3 \end{bmatrix}$ 的特征值有重根.

(Ⅰ) 求 a 的值.

(Ⅱ) 求正交矩阵 $\boldsymbol{Q}$,使 $\boldsymbol{Q}^{\mathrm{T}}\boldsymbol{A}\boldsymbol{Q} = \boldsymbol{\Lambda}$.

解 (Ⅰ) 由 $\boldsymbol{A}$ 的特征多项式

$$|\lambda\boldsymbol{E} - \boldsymbol{A}| = \begin{vmatrix} \lambda-3 & 2 & 4 \\ 2 & \lambda-a & 2 \\ 4 & 2 & \lambda-3 \end{vmatrix} = \begin{vmatrix} \lambda-7 & 0 & 7-\lambda \\ 2 & \lambda-a & 2 \\ 4 & 2 & \lambda-3 \end{vmatrix}$$

$$= \begin{vmatrix} \lambda-7 & 0 & 0 \\ 2 & \lambda-a & 4 \\ 4 & 2 & \lambda+1 \end{vmatrix} = (\lambda-7)[\lambda^2+(1-a)\lambda-a-8],$$

如 $\lambda = 7$ 是重根,则

$$7^2 + (1-a)\cdot 7 - a - 8 = 0,$$

得 $a = 6$.

如 $\lambda = 7$ 是单根,则

$$(1-a)^2 + 4(a+8) = 0,$$

此时 a 无实根,所以 $a = 6$.

(Ⅱ) 当 $a = 6$ 时,$|\lambda\boldsymbol{E} - \boldsymbol{A}| = (\lambda-7)(\lambda^2-5\lambda-14)$,得矩阵 $\boldsymbol{A}$ 的特征值为 $\lambda_1 = \lambda_2 = 7, \lambda_3 = -2$.

对 $\lambda = 7$,由 $(7\boldsymbol{E} - \boldsymbol{A})\boldsymbol{x} = \boldsymbol{0}$,即

$$\begin{bmatrix} 4 & 2 & 4 \\ 2 & 1 & 2 \\ 4 & 2 & 4 \end{bmatrix} \to \begin{bmatrix} 2 & 1 & 2 \\ 0 & 0 & 0 \\ 0 & 0 & 0 \end{bmatrix},$$

得特征向量 $\boldsymbol{\alpha}_1 = (-1,2,0)^{\mathrm{T}}, \boldsymbol{\alpha}_2 = (-1,0,1)^{\mathrm{T}}$.

对 $\lambda = -2$,由 $(-2\boldsymbol{E} - \boldsymbol{A})\boldsymbol{x} = \boldsymbol{0}$,即

学习札记

$$\begin{bmatrix}-5 & 2 & 4\\ 2 & -8 & 2\\ 4 & 2 & -5\end{bmatrix}\to\begin{bmatrix}1 & -4 & 1\\ 0 & 2 & -1\\ 0 & 0 & 0\end{bmatrix},$$

得特征向量 $\boldsymbol{\alpha}_3=(2,1,2)^{\mathrm{T}}$.

由于 $\boldsymbol{\alpha}_1,\boldsymbol{\alpha}_2$ 是同一个特征值的特征向量,不正交,故应 Schmidt 正交化. 令

$$\boldsymbol{\beta}_1=\boldsymbol{\alpha}_1=\begin{bmatrix}-1\\ 2\\ 0\end{bmatrix},$$

$$\boldsymbol{\beta}_2=\boldsymbol{\alpha}_2-\frac{(\boldsymbol{\alpha}_2,\boldsymbol{\beta}_1)}{(\boldsymbol{\beta}_1,\boldsymbol{\beta}_1)}\boldsymbol{\beta}_1=\begin{bmatrix}-1\\ 0\\ 1\end{bmatrix}-\frac{1}{5}\begin{bmatrix}-1\\ 2\\ 0\end{bmatrix}=\frac{1}{5}\begin{bmatrix}-4\\ -2\\ 5\end{bmatrix},$$

单位化,有

$$\boldsymbol{\gamma}_1=\frac{1}{\sqrt{5}}\begin{bmatrix}-1\\ 2\\ 0\end{bmatrix},\boldsymbol{\gamma}_2=\frac{1}{3\sqrt{5}}\begin{bmatrix}-4\\ -2\\ 5\end{bmatrix}.$$

再对 $\boldsymbol{\alpha}_3$ 单位化,有

$$\boldsymbol{\gamma}_3=\frac{1}{3}\begin{bmatrix}2\\ 1\\ 2\end{bmatrix}.$$

那么,令

$$\boldsymbol{Q}=[\boldsymbol{\gamma}_1,\boldsymbol{\gamma}_2,\boldsymbol{\gamma}_3]=\begin{bmatrix}-\frac{1}{\sqrt{5}} & -\frac{4}{3\sqrt{5}} & \frac{2}{3}\\ \frac{2}{\sqrt{5}} & -\frac{2}{3\sqrt{5}} & \frac{1}{3}\\ 0 & \frac{\sqrt{5}}{3} & \frac{2}{3}\end{bmatrix},$$

则 $\boldsymbol{Q}$ 为正交矩阵,且

$$\boldsymbol{Q}^{-1}\boldsymbol{A}\boldsymbol{Q}=\boldsymbol{Q}^{\mathrm{T}}\boldsymbol{A}\boldsymbol{Q}=\boldsymbol{\Lambda}=\begin{bmatrix}7 & & \\ & 7 & \\ & & -2\end{bmatrix}.$$

【评注】 搞清用正交矩阵把实对称矩阵 $\boldsymbol{A}$ 化为对角矩阵的步骤. 这一类题目在考场上往往要先处理一些未知的参数,然后

(1) 求矩阵 $\boldsymbol{A}$ 的特征值.

(2) 求矩阵 $\boldsymbol{A}$ 的特征向量.

(3) 单位化,当特征值有重根时,可能还要 Schmidt 正交化.

(4) 构造正交矩阵 $\boldsymbol{P}$,得 $\boldsymbol{P}^{-1}\boldsymbol{A}\boldsymbol{P}=\boldsymbol{\Lambda}$ ($\boldsymbol{P}$ 与 $\boldsymbol{\Lambda}$ 次序要协调一致).

【例 5.28】 设 $\boldsymbol{A}$ 为 3 阶实对称矩阵,$\boldsymbol{A}$ 的秩为 2,且 $\boldsymbol{AB}-6\boldsymbol{B}=\boldsymbol{O}$,其中

$$\boldsymbol{B}=\begin{bmatrix}1 & 2 & -a\\ 1 & a & 2\\ 0 & 1 & -3\end{bmatrix}.$$

学习札记

(Ⅰ)求 a 的值.

(Ⅱ)求矩阵 $\boldsymbol{A}$ 的特征值、特征向量.

(Ⅲ)求 $\boldsymbol{A}$ 和 $(\boldsymbol{A}-3\boldsymbol{E})^{100}$.

解 (Ⅰ)因 $\boldsymbol{AB}=6\boldsymbol{B}$，若 $\boldsymbol{B}$ 可逆，则 $\boldsymbol{A}=6\boldsymbol{E}$，与 $r(\boldsymbol{A})=2$ 相矛盾，从而 $|\boldsymbol{B}|=0$，

$$|\boldsymbol{B}|=\begin{vmatrix}1&2&-a\\1&a&2\\0&1&-3\end{vmatrix}=4-4a\text{，所以 }a=1.$$

(Ⅱ)记 $\boldsymbol{B}=[\boldsymbol{\gamma}_1,\boldsymbol{\gamma}_2,\boldsymbol{\gamma}_3]$，由 $\boldsymbol{AB}-6\boldsymbol{B}=\boldsymbol{O}$，得

$$\boldsymbol{A}[\boldsymbol{\gamma}_1,\boldsymbol{\gamma}_2,\boldsymbol{\gamma}_3]=6[\boldsymbol{\gamma}_1,\boldsymbol{\gamma}_2,\boldsymbol{\gamma}_3],$$

于是 $\lambda=6$ 是 $\boldsymbol{A}$ 的特征值，$\boldsymbol{\gamma}_1,\boldsymbol{\gamma}_2$ 是其线性无关的特征向量.

又 $r(\boldsymbol{A})=2$，知 $|\boldsymbol{A}|=0$，所以 $\lambda=0$ 是 $\boldsymbol{A}$ 的一个特征值.

因实对称矩阵中不同特征值的特征向量相互正交，设 $\boldsymbol{\alpha}=(x_1,x_2,x_3)^{\mathrm{T}}$ 是矩阵 $\boldsymbol{A}$ 关于 $\lambda=0$ 的特征向量. 有 $\boldsymbol{\alpha}^{\mathrm{T}}\cdot\boldsymbol{\gamma}_1=0,\boldsymbol{\alpha}^{\mathrm{T}}\cdot\boldsymbol{\gamma}_2=0$，即

$$\begin{cases}x_1+x_2=0,\\2x_1+x_2+x_3=0,\end{cases}$$

解得基础解系为 $(-1,1,1)^{\mathrm{T}}$.

故矩阵 $\boldsymbol{A}$ 的特征值为：6，6，0. $k_1(1,1,0)^{\mathrm{T}}+k_2(2,1,1)^{\mathrm{T}}$(其中 k_1,k_2 不全为 0)是 $\lambda=6$ 的所有特征向量.

$k_3(-1,1,1)^{\mathrm{T}},(k_3\neq 0)$ 是 $\lambda=0$ 的所有特征向量.

(Ⅲ)令 $\boldsymbol{P}=[\boldsymbol{\gamma}_1,\boldsymbol{\gamma}_2,\boldsymbol{\alpha}]$，有 $\boldsymbol{P}^{-1}\boldsymbol{AP}=\boldsymbol{\Lambda}=\begin{bmatrix}6&&\\&6&\\&&0\end{bmatrix}$，那么

$$\begin{aligned}\boldsymbol{A}&=\boldsymbol{P\Lambda P}^{-1}\\&=\begin{bmatrix}1&2&-1\\1&1&1\\0&1&1\end{bmatrix}\begin{bmatrix}6&0&0\\0&6&0\\0&0&0\end{bmatrix}\frac{1}{3}\begin{bmatrix}0&3&-3\\1&-1&2\\-1&1&1\end{bmatrix}\\&=\begin{bmatrix}4&2&2\\2&4&-2\\2&-2&4\end{bmatrix}.\end{aligned}$$

由 $\boldsymbol{P}^{-1}\boldsymbol{AP}=\boldsymbol{\Lambda}$ 有 $\boldsymbol{P}^{-1}(\boldsymbol{A}-3\boldsymbol{E})\boldsymbol{P}=\boldsymbol{\Lambda}-3\boldsymbol{E}$.

$\boldsymbol{P}^{-1}(\boldsymbol{A}-3\boldsymbol{E})^{100}\boldsymbol{P}=(\boldsymbol{\Lambda}-3\boldsymbol{E})^{100}=3^{100}\boldsymbol{E}$.

从而 $(\boldsymbol{A}-3\boldsymbol{E})^{100}=\boldsymbol{P}(3^{100}\boldsymbol{E})\boldsymbol{P}^{-1}=3^{100}\boldsymbol{E}$.

【评注】 要会用正交来求特征向量. 如果实对称矩阵 $\boldsymbol{A}$ 有 3 个不同的特征值，若知道两个特征向量，就可求出第三个特征向量. 若特征值有重根，那么知道那个单根的特征向量就可求出重根的所有特征向量.

学习札记

四、练习题精选

1. 填空题

(1) 若 1 是矩阵 $\boldsymbol{A}=\begin{bmatrix}2&-1&2\\5&a&3\\-1&1&-2\end{bmatrix}$ 的特征值,则 $a=$__________.

(2) 设 $\boldsymbol{A}$ 是三阶矩阵,且矩阵 $\boldsymbol{A}$ 的各行元素之和均为 5,则矩阵 $\boldsymbol{A}$ 必有特征向量__________.

(3) 已知矩阵 $\boldsymbol{A}=\begin{bmatrix}3&a\\1&5\end{bmatrix}$ 只有一个线性无关的特征向量,则 $a=$__________.

(4) $\boldsymbol{A}$ 是四阶矩阵,伴随矩阵 $\boldsymbol{A}^*$ 的特征值是 $1,-2,-4,8$,则矩阵 $\boldsymbol{A}$ 的特征值是__________.

(5) 已知 $\boldsymbol{\alpha}=(1,a,1)^{\mathrm{T}}$ 是 $\boldsymbol{A}=\begin{bmatrix}2&1&1\\1&2&1\\1&1&2\end{bmatrix}$ 的特征向量,则 $a=$__________.

2. 选择题

(1) 矩阵 $\boldsymbol{A}=\begin{bmatrix}1&1&1\\1&3&1\\1&1&1\end{bmatrix}$ 的三个特征值是

(A) $1,4,0$.　　(B) $2,3,0$.

(C) $2,4,0$.　　(D) $2,4,-1$.

(2) 设 $\boldsymbol{A}$ 是三阶不可逆矩阵,$\boldsymbol{\alpha}_1,\boldsymbol{\alpha}_2$ 是 $\boldsymbol{Ax}=\boldsymbol{0}$ 的基础解系,$\boldsymbol{\alpha}_3$ 是 $\boldsymbol{A}$ 属于特征值 $\lambda=1$ 的特征向量,则下列不是 $\boldsymbol{A}$ 的特征向量的是

(A) $\boldsymbol{\alpha}_1+3\boldsymbol{\alpha}_2$.　　(B) $5\boldsymbol{\alpha}_3$.

(C) $\boldsymbol{\alpha}_1-\boldsymbol{\alpha}_2$.　　(D) $\boldsymbol{\alpha}_2-\boldsymbol{\alpha}_3$.

(3) 与矩阵 $\boldsymbol{A}=\begin{bmatrix}1&2\\0&3\end{bmatrix}$ 不相似的矩阵是

(A) $\begin{bmatrix}1&0\\2&3\end{bmatrix}$.　　(B) $\begin{bmatrix}3&5\\0&1\end{bmatrix}$.

(C) $\begin{bmatrix}1&1\\3&3\end{bmatrix}$.　　(D) $\begin{bmatrix}2&1\\1&2\end{bmatrix}$.

学习札记

(4) 不能相似对角化的矩阵是

(A) $\begin{bmatrix}1 & 2 & -1\\2 & 0 & 0\\-1 & 0 & 0\end{bmatrix}$.　　(B) $\begin{bmatrix}0 & 0 & 0\\1 & 0 & 0\\0 & 2 & 1\end{bmatrix}$.

(C) $\begin{bmatrix}0 & 0 & 0\\0 & 0 & 0\\1 & 2 & -1\end{bmatrix}$.　　(D) $\begin{bmatrix}0 & 0 & 0\\0 & 1 & 0\\0 & 1 & 2\end{bmatrix}$.

3. 解答题

(1) 已知 $\boldsymbol{A}$ 是三阶实对称矩阵,特征值是 $1,1,-2$,其中属于 $\lambda=-2$ 的特征向量是 $\boldsymbol{\alpha}=(1,0,1)^{\mathrm{T}}$,求 $\boldsymbol{A}^3$.

(2) 已知矩阵 $\boldsymbol{A}=\begin{bmatrix}2 & 1 & 1\\3 & 0 & a\\0 & 0 & 3\end{bmatrix}$ 与对角矩阵 $\boldsymbol{\Lambda}$ 相似,求 a 的值. 并求可逆矩阵 $\boldsymbol{P}$,使 $\boldsymbol{P}^{-1}\boldsymbol{AP}=\boldsymbol{\Lambda}$.

(3) 已知 $\lambda=2$ 是矩阵 $\boldsymbol{A}=\begin{bmatrix}4 & 2 & 2\\2 & 4 & a\\2 & a & a+2\end{bmatrix}$ 的二重特征值,求 a 的值并求正交矩阵 $\boldsymbol{Q}$ 使 $\boldsymbol{Q}^{-1}\boldsymbol{AQ}=\boldsymbol{\Lambda}$.

(4) 设 $\boldsymbol{\alpha}_1,\boldsymbol{\alpha}_2$ 是矩阵 $\boldsymbol{A}$ 属于不同特征值的特征向量,证明 $\boldsymbol{\alpha}_1+\boldsymbol{\alpha}_2$ 不是矩阵 $\boldsymbol{A}$ 的特征向量.

(5) 设 $\boldsymbol{A}$ 是 n 阶矩阵,$\boldsymbol{A}\neq\boldsymbol{O}$ 但 $\boldsymbol{A}^3=\boldsymbol{O}$,证明 $\boldsymbol{A}$ 不能相似对角化.

参考答案与提示

1. (1) -4.　(2) $(1,1,1)^{\mathrm{T}}$　(3) -1.　(4) $4,-2,-1,\dfrac{1}{2}$.

(5) 1 或 -2.

【提示】 (1) 1 是 $\boldsymbol{A}$ 的特征值,即 $|\boldsymbol{E}-\boldsymbol{A}|=0$,

$$|\boldsymbol{E}-\boldsymbol{A}|=\begin{vmatrix}-1 & 1 & -2\\-5 & 1-a & -3\\1 & -1 & 3\end{vmatrix}=\begin{vmatrix}-1 & 1 & -2\\-5 & 1-a & -3\\0 & 0 & 1\end{vmatrix}=a+4.$$

(2) $\begin{cases}a_{11}+a_{12}+a_{13}=5,\\a_{21}+a_{22}+a_{23}=5,\\a_{31}+a_{32}+a_{33}=5.\end{cases}$ 即

$$\begin{bmatrix}a_{11} & a_{12} & a_{13}\\a_{21} & a_{22} & a_{23}\\a_{31} & a_{32} & a_{33}\end{bmatrix}\begin{bmatrix}1\\1\\1\end{bmatrix}=\begin{bmatrix}5\\5\\5\end{bmatrix}.$$

学习札记

(3) 因为矩阵 $\boldsymbol{A}$ 只有一个线性无关的特征向量，故 $\boldsymbol{A}$ 的特征值必是二重根. 又 $\sum a_{ii}=8$，4 是特征值.

$$|\lambda\boldsymbol{E}-\boldsymbol{A}|=\begin{vmatrix}\lambda-3 & -a\\ -1 & \lambda-5\end{vmatrix}=\lambda^2-8\lambda+15-a=(\lambda-4)^2,$$

故 $a=-1$.

(4) 由 $|\boldsymbol{A}|=\prod\lambda_i$ 及 $|\boldsymbol{A}^*|=|\boldsymbol{A}|^{n-1}$ 知

$$|\boldsymbol{A}^*|=1\cdot(-2)\cdot(-4)\cdot 8=|\boldsymbol{A}|^3\Rightarrow|\boldsymbol{A}|=4.$$

又若 $\boldsymbol{A}$ 的特征值是 λ，则 $\boldsymbol{A}^*$ 的特征值是 $\dfrac{|\boldsymbol{A}|}{\lambda}$，从而知 $\boldsymbol{A}$ 的特征值是 $4,-2,-1,\dfrac{1}{2}$.

(5) 用定义 $\boldsymbol{A\alpha}=\lambda\boldsymbol{\alpha}$ 有 $\begin{cases}3+a=\lambda,\\ 2+2a=a\lambda.\end{cases}$

2. (1)A.　(2)D.　(3)C.　(4)B.

【提示】 (1) 易见 $|\boldsymbol{A}|=0$，0 必是 $\boldsymbol{A}$ 的特征值，可排除(D).

由 $\sum\lambda_i=\sum a_{ii}=5$，可排除(C).

对于(A) 和(B) 可任选一个不同的特征值计算，由于

$$|\boldsymbol{E}-\boldsymbol{A}|=\begin{vmatrix}0 & -1 & -1\\ -1 & -2 & -1\\ -1 & -1 & 0\end{vmatrix}=0,$$

知 $\lambda=1$ 必是特征值，因而应选(A).

(2) 注意结合定理 5.1 和解答题(4).

(3) 矩阵 $\boldsymbol{A}$ 的特征值是 1,3. $\boldsymbol{A}\sim\boldsymbol{\Lambda}=\begin{bmatrix}1 & \\ & 3\end{bmatrix}$，矩阵(A)(B)(D) 的特征值也均是 1,3，它们都可相似对角化，也就都与 $\boldsymbol{A}$ 相似.

矩阵(C) 的特征值是 4,0，它不与 $\boldsymbol{A}$ 相似. 因为相似的必要条件是有相同的特征值.

(4)(A) 是实对称矩阵，(D) 有 3 个不同的特征值，都可对角化. (B)(C) 特征值有重根，用秩来判断.

3. (1) 设 $\lambda=1$ 的特征向量是 $\boldsymbol{\beta}=(x_1,x_2,x_3)^{\mathrm T}$，因为 $\boldsymbol{A}$ 是实对称矩阵，$\boldsymbol{\alpha}$ 与 $\boldsymbol{\beta}$ 正交，即 $\boldsymbol{\alpha}^{\mathrm T}\boldsymbol{\beta}=x_1+x_3=0$，解得属于 $\lambda=1$ 的特征向量 $\boldsymbol{\beta}_1=(0,1,0)^{\mathrm T}$，$\boldsymbol{\beta}_2=(-1,0,1)^{\mathrm T}$.

因为 $\boldsymbol{A}$ 是实对称矩阵，必可相似对角化，有

$$\boldsymbol{P}^{-1}\boldsymbol{AP}=\boldsymbol{\Lambda}=\begin{bmatrix}1 & & \\ & 1 & \\ & & -2\end{bmatrix}，其中\ \boldsymbol{P}=[\boldsymbol{\beta}_1,\boldsymbol{\beta}_2,\boldsymbol{\alpha}],$$

那么

$$\boldsymbol{A}=\boldsymbol{P\Lambda P}^{-1},$$

$$\boldsymbol{A}^3=(\boldsymbol{P\Lambda P}^{-1})(\boldsymbol{P\Lambda P}^{-1})(\boldsymbol{P\Lambda P}^{-1})=\boldsymbol{P\Lambda}^3\boldsymbol{P}^{-1}$$

学习札记

$$=\begin{bmatrix}-\frac{7}{2} & 0 & -\frac{9}{2}\\ 0 & 1 & 0\\ -\frac{9}{2} & 0 & -\frac{7}{2}\end{bmatrix}.$$

(2)$\boldsymbol{A}$ 的特征值是 $3,3,-1$.

由 $\boldsymbol{A}\sim\boldsymbol{\Lambda}$,$r(3\boldsymbol{E}-\boldsymbol{A})=1$,求出 $a=-3$.

$$\boldsymbol{P}=\begin{bmatrix}1 & 1 & 1\\ 1 & 0 & -3\\ 0 & 1 & 0\end{bmatrix},\boldsymbol{\Lambda}=\begin{bmatrix}3 & & \\ & 3 & \\ & & -1\end{bmatrix}.$$

(3)$\boldsymbol{A}$ 是实对称矩阵,$\lambda=2$ 是二重根,故 $\lambda=2$ 必有 2 个线性无关的特征向量,从而秩 $r(2\boldsymbol{E}-\boldsymbol{A})=1$,可求出 $a=2$.

由 $\sum\lambda_i=\sum a_{ii}$ 可求出所有特征值.

$$\boldsymbol{Q}=\begin{bmatrix}-\frac{1}{\sqrt{2}} & -\frac{1}{\sqrt{6}} & \frac{1}{\sqrt{3}}\\ \frac{1}{\sqrt{2}} & -\frac{1}{\sqrt{6}} & \frac{1}{\sqrt{3}}\\ 0 & \frac{2}{\sqrt{6}} & \frac{1}{\sqrt{3}}\end{bmatrix},\text{则 }\boldsymbol{Q}^{-1}\boldsymbol{A}\boldsymbol{Q}=\begin{bmatrix}2 & & \\ & 2 & \\ & & 8\end{bmatrix}.$$

(4)【提示】 用反证法.

(5) 设 λ 是 $\boldsymbol{A}$ 的任一特征值,$\boldsymbol{\alpha}$ 是属于 λ 的特征向量,即

$$\boldsymbol{A\alpha}=\lambda\boldsymbol{\alpha},\boldsymbol{\alpha}\neq\boldsymbol{0}.$$

那么 $\boldsymbol{A}^3\boldsymbol{\alpha}=\lambda^3\boldsymbol{\alpha}$. 又因 $\boldsymbol{A}^3=\boldsymbol{O}$,可知 $\lambda=0$,即矩阵 $\boldsymbol{A}$ 的特征值是 $\lambda=0$(n个).

对于齐次线性方程组 $(0\boldsymbol{E}-\boldsymbol{A})\boldsymbol{x}=\boldsymbol{0}$,由于

$$r(0\boldsymbol{E}-\boldsymbol{A})=r(\boldsymbol{A})\geqslant 1,$$

那么 $n-r(0\boldsymbol{E}-\boldsymbol{A})\leqslant n-1$,从而 $\lambda=0$ 没有 n 个线性无关的特征向量.

第六章　二次型

——重点,注意和特征值、特征向量的联系

一、知识结构网络图

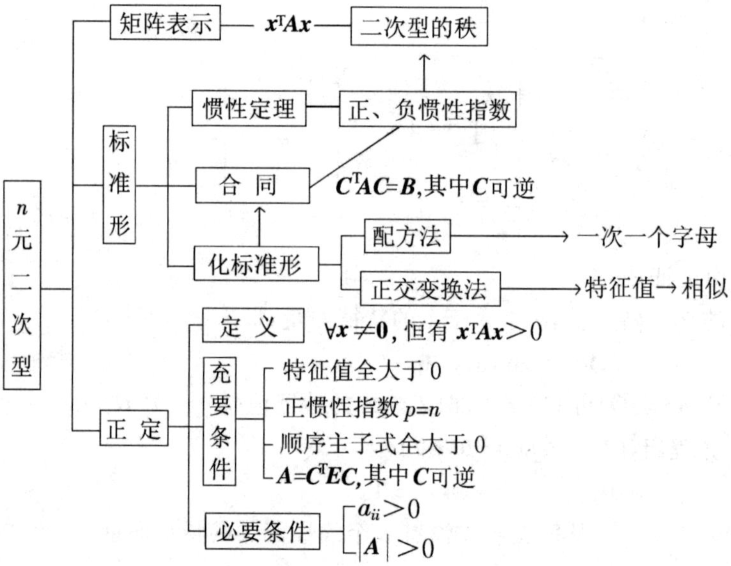

注:二次型的标准形不唯一,可以用不同的坐标变换化二次型为标准形.

二次型的规范形唯一,可以用正交变换先把二次型化为标准形,然后再做“伸缩”化为规范形,亦可用配方法直接得规范形.

学习札记

【评注】 二次型的两大板块要复习整理清楚，一个是标准形，另一个是正定性.

(1) 了解二次型的概念，掌握用矩阵形式表示二次型，了解合同变换和合同矩阵的概念.

(2) 理解二次型秩的概念，了解二次型的标准形、规范形等概念，了解惯性定理的条件和结论，掌握用正交变换化二次型为标准形的方法，了解用配方法化二次型为标准形的方法.

(3) 理解正定二次型、正定矩阵的概念，掌握正定矩阵的性质.

今年考题

(2024,1) 设实矩阵 $\boldsymbol{A}=\begin{bmatrix}a+1 & a\\ a & a\end{bmatrix}$，若对任意实向量 $\boldsymbol{\alpha}=\begin{pmatrix}x_1\\x_2\end{pmatrix}$，$\boldsymbol{\beta}=\begin{pmatrix}y_1\\y_2\end{pmatrix}$，$(\boldsymbol{\alpha}^{\mathrm{T}}\boldsymbol{A}\boldsymbol{\beta})^2\leqslant\boldsymbol{\alpha}^{\mathrm{T}}\boldsymbol{A}\boldsymbol{\alpha}\cdot\boldsymbol{\beta}^{\mathrm{T}}\boldsymbol{A}\boldsymbol{\beta}$ 都成立，则 a 的取值范围是________.

(2024,2) 设 $\boldsymbol{A}=\begin{bmatrix}0 & 1 & a\\ 1 & 0 & 1\end{bmatrix}$，$\boldsymbol{B}=\begin{bmatrix}1 & 1\\ 1 & 1\\ b & 2\end{bmatrix}$，二次型 $f(x_1,x_2,x_3)=\boldsymbol{x}^{\mathrm{T}}\boldsymbol{B}\boldsymbol{A}\boldsymbol{x}$. 已知方程组 $\boldsymbol{A}\boldsymbol{x}=\boldsymbol{0}$ 的解均是 $\boldsymbol{B}^{\mathrm{T}}\boldsymbol{x}=\boldsymbol{0}$ 的解，但这两个方程组不同解.

(Ⅰ) 求 a,b 的值.

(Ⅱ) 求正交变换 $\boldsymbol{x}=\boldsymbol{Q}\boldsymbol{y}$ 将 $f(x_1,x_2,x_3)$ 化为标准形.

学习札记

二、基本内容与重要结论

基础知识

定义 6.1　含有 n 个变量 $x_1, x_2, \cdots, x_n$ 的二次齐次函数

$$\begin{aligned} f(x_1, x_2, \cdots, x_n) = &a_{11}x_1^2 + a_{22}x_2^2 + \cdots + a_{nn}x_n^2 \\ &+ 2a_{12}x_1x_2 + 2a_{13}x_1x_3 + \cdots + 2a_{1n}x_1x_n \\ &+ 2a_{23}x_2x_3 + \cdots + 2a_{2n}x_2x_n \\ &+ \cdots + 2a_{n-1,n}x_{n-1}x_n \end{aligned}$$

称为 n 元二次型. 若规定 $a_{ij} = a_{ji}, \forall i, j = 1, 2, \cdots, n$，则二次型有矩阵表示

$$f(x_1, x_2, \cdots, x_n) = \boldsymbol{x}^{\mathrm{T}}\boldsymbol{A}\boldsymbol{x}, \tag{6.1}$$

其中 $\boldsymbol{x} = (x_1, x_2, \cdots, x_n)^{\mathrm{T}}, \boldsymbol{A} = [a_{ij}]$ 且 $\boldsymbol{A}^{\mathrm{T}} = \boldsymbol{A}$ 是对称矩阵，称 $\boldsymbol{A}$ 为二次型的矩阵. 秩 $r(\boldsymbol{A})$ 称为二次型的秩，记为 $r(f)$.

例如，二元二次型 $f(x_1, x_2) = x_1^2 + 5x_2^2 + 6x_1x_2$，有

$$\begin{aligned} f(x_1, x_2) &= x_1^2 + 3x_1x_2 + 3x_1x_2 + 5x_2^2 \\ &= x_1(x_1 + 3x_2) + x_2(3x_1 + 5x_2) \\ &= [x_1, x_2]\begin{bmatrix} x_1 + 3x_2 \\ 3x_1 + 5x_2 \end{bmatrix} \\ &= [x_1, x_2]\begin{bmatrix} 1 & 3 \\ 3 & 5 \end{bmatrix}\begin{bmatrix} x_1 \\ x_2 \end{bmatrix} = \boldsymbol{x}^{\mathrm{T}}\boldsymbol{A}\boldsymbol{x} \end{aligned}$$

为二次型的矩阵表示.

定义 6.2　如果二次型中只含有变量的平方项，所有混合项 $x_ix_j(i \neq j)$ 的系数全是零，即

$$\boldsymbol{x}^{\mathrm{T}}\boldsymbol{A}\boldsymbol{x} = d_1x_1^2 + d_2x_2^2 + \cdots + d_nx_n^2, \tag{6.2}$$

这样的二次型称为标准形.

在标准形中，若平方项的系数 d_j 为 $1, -1$ 或 0，即

$$\boldsymbol{x}^{\mathrm{T}}\boldsymbol{A}\boldsymbol{x} = x_1^2 + x_2^2 + \cdots + x_p^2 - x_{p+1}^2 - \cdots - x_{p+q}^2, \tag{6.3}$$

则称其为二次型的规范形.

定义 6.3　在二次型 $\boldsymbol{x}^{\mathrm{T}}\boldsymbol{A}\boldsymbol{x}$ 的标准形中，正平方项的个数 p 称为二次型的正惯性指数，负平方项的个数 q 称为二次型的负惯性指数.

定义 6.4　如果

$$\begin{cases} x_1 = c_{11}y_1 + c_{12}y_2 + c_{13}y_3, \\ x_2 = c_{21}y_1 + c_{22}y_2 + c_{23}y_3, \\ x_3 = c_{31}y_1 + c_{32}y_2 + c_{33}y_3 \end{cases} \tag{6.4}$$

满足

$$|\boldsymbol{C}| = \begin{vmatrix} c_{11} & c_{12} & c_{13} \\ c_{21} & c_{22} & c_{23} \\ c_{31} & c_{32} & c_{33} \end{vmatrix} \neq 0,$$

学习札记

称(6.4)为由 $\boldsymbol{x}=(x_1,x_2,x_3)^{\mathrm{T}}$ 到 $\boldsymbol{y}=(y_1,y_2,y_3)^{\mathrm{T}}$ 的坐标变换.

【注】　坐标变换(6.4)用矩阵表示,即

$$\begin{bmatrix}x_1\\x_2\\x_3\end{bmatrix}=\begin{bmatrix}c_{11}&c_{12}&c_{13}\\c_{21}&c_{22}&c_{23}\\c_{31}&c_{32}&c_{33}\end{bmatrix}\begin{bmatrix}y_1\\y_2\\y_3\end{bmatrix},\text{或}\quad \boldsymbol{x}=\boldsymbol{C}\boldsymbol{y},$$

其中 $\boldsymbol{C}$ 是可逆矩阵.

定义 6.5　两个 n 阶矩阵 $\boldsymbol{A}$ 和 $\boldsymbol{B}$,如果存在可逆矩阵 $\boldsymbol{C}$,使得

$$\boldsymbol{C}^{\mathrm{T}}\boldsymbol{A}\boldsymbol{C}=\boldsymbol{B}, \tag{6.5}$$

就称矩阵 $\boldsymbol{A}$ 和 $\boldsymbol{B}$ 合同,记作 $\boldsymbol{A}\simeq\boldsymbol{B}$. 并称由 $\boldsymbol{A}$ 到 $\boldsymbol{B}$ 的变换为合同变换,称 $\boldsymbol{C}$ 为合同变换的矩阵.

如 $\boldsymbol{A}\simeq\boldsymbol{B},\boldsymbol{B}\simeq\boldsymbol{C}$,则 $\boldsymbol{A}\simeq\boldsymbol{C}$.

因 $\boldsymbol{P}_1^{\mathrm{T}}\boldsymbol{A}\boldsymbol{P}_1=\boldsymbol{B},\boldsymbol{P}_2^{\mathrm{T}}\boldsymbol{B}\boldsymbol{P}_2=\boldsymbol{C},\boldsymbol{P}_1,\boldsymbol{P}_2$ 可逆.

于是 $\boldsymbol{P}_2^{\mathrm{T}}(\boldsymbol{P}_1^{\mathrm{T}}\boldsymbol{A}\boldsymbol{P}_1)\boldsymbol{P}_2=\boldsymbol{C}$,有 $\boldsymbol{P}=\boldsymbol{P}_1\boldsymbol{P}_2$ 可逆且 $\boldsymbol{P}^{\mathrm{T}}\boldsymbol{A}\boldsymbol{P}=\boldsymbol{C}$.

定义 6.6　对二次型 $\boldsymbol{x}^{\mathrm{T}}\boldsymbol{A}\boldsymbol{x}$,如果对任何 $\boldsymbol{x}\neq\boldsymbol{0}$,恒有 $\boldsymbol{x}^{\mathrm{T}}\boldsymbol{A}\boldsymbol{x}>0$,则称二次型 $\boldsymbol{x}^{\mathrm{T}}\boldsymbol{A}\boldsymbol{x}$ 是正定二次型,并称实对称矩阵 $\boldsymbol{A}$ 是正定矩阵.

例如,二次型 $f(x_1,x_2,x_3)=x_1^2+5x_2^2-4x_3^2+2x_1x_2$,平方项 x_3^2 的系数是 -4,如果取 $\boldsymbol{x}=(0,0,1)^{\mathrm{T}}\neq\boldsymbol{0}$,则有

$$f(0,0,1)=-4<0,$$

说明这个二次型不是正定的. 二次型的矩阵

$$\boldsymbol{A}=\begin{bmatrix}1&1&0\\1&5&0\\0&0&-4\end{bmatrix}$$

也不是正定矩阵.

类似地,请考查 $f(x_1,x_2,x_3)=x_1^2+5x_3^2+2x_1x_3$,若取 $\boldsymbol{x}=(0,1,0)^{\mathrm{T}}\neq\boldsymbol{0}$,有 $f(0,1,0)=0$,由此知 $\boldsymbol{A}$ 正定的必要条件是 $a_{ii}>0(i=1,2,3)$.

如何判断 $\begin{bmatrix}1&2&0\\2&-3&5\\0&5&6\end{bmatrix},\begin{bmatrix}1&2&1\\2&5&2\\1&2&0\end{bmatrix},\begin{bmatrix}1&2&1\\2&3&2\\1&2&5\end{bmatrix},\begin{bmatrix}1&-1&1\\-1&2&1\\1&1&6\end{bmatrix}$ 是否正定?

主要定理

定理 6.1　变量 $\boldsymbol{x}=(x_1,x_2,\cdots,x_n)^{\mathrm{T}}$ 的 n 元二次型 $\boldsymbol{x}^{\mathrm{T}}\boldsymbol{A}\boldsymbol{x}$ 经坐标变换 $\boldsymbol{x}=\boldsymbol{C}\boldsymbol{y}$ 后,化为变量 $\boldsymbol{y}=(y_1,y_2,\cdots,y_n)^{\mathrm{T}}$ 的 n 元二次型 $\boldsymbol{y}^{\mathrm{T}}\boldsymbol{B}\boldsymbol{y}$,其中 $\boldsymbol{B}=\boldsymbol{C}^{\mathrm{T}}\boldsymbol{A}\boldsymbol{C}$.

注意,n 元二次型 $f(x_1,x_2,\cdots,x_n)=\boldsymbol{x}^{\mathrm{T}}\boldsymbol{A}\boldsymbol{x}$ 经坐标变换 $\boldsymbol{x}=\boldsymbol{C}\boldsymbol{y}$,有

$$\boldsymbol{x}^{\mathrm{T}}\boldsymbol{A}\boldsymbol{x}=(\boldsymbol{C}\boldsymbol{y})^{\mathrm{T}}\boldsymbol{A}(\boldsymbol{C}\boldsymbol{y})=\boldsymbol{y}^{\mathrm{T}}\boldsymbol{C}^{\mathrm{T}}\boldsymbol{A}\boldsymbol{C}\boldsymbol{y}=\boldsymbol{y}^{\mathrm{T}}\boldsymbol{B}\boldsymbol{y},$$

其中 $\boldsymbol{B}=\boldsymbol{C}^{\mathrm{T}}\boldsymbol{A}\boldsymbol{C}$.

因为　$\boldsymbol{B}^{\mathrm{T}}=(\boldsymbol{C}^{\mathrm{T}}\boldsymbol{A}\boldsymbol{C})^{\mathrm{T}}=\boldsymbol{C}^{\mathrm{T}}\boldsymbol{A}^{\mathrm{T}}(\boldsymbol{C}^{\mathrm{T}})^{\mathrm{T}}=\boldsymbol{C}^{\mathrm{T}}\boldsymbol{A}\boldsymbol{C}=\boldsymbol{B}$,

说明 $\boldsymbol{y}^{\mathrm{T}}\boldsymbol{B}\boldsymbol{y}$ 是二次型的矩阵表示. 即以 $x_1,x_2,\cdots,x_n$ 为自变量的二次型经坐

学习札记

标变换 $x = Cy$ 化为以 $y_1, y_2, \cdots, y_n$ 为自变量的二次型. 二次型矩阵由 A 转换为 B, 经坐标变换二次型矩阵是合同的.

特别地, 若 $x = Cy$ 是正交变换, 即 C 是正交矩阵, 则有

$$B = C^{T}AC = C^{-1}AC,$$

即经过正交变换, 二次型矩阵不仅合同而且相似.

定理 6.2 任意的 n 元二次型 $x^{T}Ax$ 都可以通过坐标变换化成标准形

$$d_1 y_1^2 + d_2 y_2^2 + \cdots + d_n y_n^2,$$

其中 $d_i (i = 1, 2, \cdots, n)$ 是实数.

定理 6.3 任一 n 阶实对称矩阵 A, 总可以合同于一个对角矩阵, 即

$$C^{T}AC = \begin{bmatrix} d_1 & & & \\ & d_2 & & \\ & & \ddots & \\ & & & d_n \end{bmatrix}. \tag{6.6}$$

定理 6.4 (惯性定理) 对于一个二次型, 不论选取怎样的坐标变换使它化为仅含平方项的标准形, 其中正平方项的个数 p、负平方项的个数 q 都是由所给二次型唯一确定的.

若二次型 $x^{T}Ax$ 经坐标变换 $x = Cy$ 化为二次型 $y^{T}By$

$\Leftrightarrow C^{T}AC = B$

$\Leftrightarrow p_A = p_B, q_A = q_B$

$\Leftrightarrow x^{T}Ax$ 与 $y^{T}By$ 有相同的规范形.

定理 6.5 对任一个 n 元二次型 $x^{T}Ax$, 其中 A 是 n 阶实对称矩阵, 必存在正交变换 $x = Qy$ (Q 是正交矩阵), 使得 $x^{T}Ax$ 化成标准形

$$\lambda_1 y_1^2 + \lambda_2 y_2^2 + \cdots + \lambda_n y_n^2,$$

这里 $\lambda_1, \lambda_2, \cdots, \lambda_n$ 是 A 的 n 个特征值.

【评注】 A 为 3 阶实对称矩阵, $\exists$ 正交矩阵 Q, 使 $Q^{-1}AQ = \Lambda$. 对 $x^{T}Ax$, 令 $x = Qy$, 则

$$\begin{aligned} x^{T}Ax &= (Qy)^{T}A(Qy) = y^{T}Q^{T}AQy \\ &= y^{T}Q^{-1}AQy = y^{T}\Lambda y \\ &= \lambda_1 y_1^2 + \lambda_2 y_2^2 + \lambda_3 y_3^2. \end{aligned}$$

定理 6.6 n 元二次型 $x^{T}Ax$ 正定的充分必要条件有:

(1) A 的正惯性指数是 n.

(2) A 与 E 合同, 即存在可逆矩阵 C, 使 $C^{T}AC = E$.

(3) A 的所有特征值 $\lambda (i = 1, 2, \cdots, n)$ 均为正数.

(4) A 的各阶顺序主子式均大于零.

推论 $x^{T}Ax$ 正定的必要条件是:

(1) $a_{ii} > 0 (i = 1, 2, \cdots, n)$.

(2) $|A| > 0$.

学习札记

三、典型例题分析选讲

二次型基本概念

提示　二次型矩阵 $\boldsymbol{A}$— 对称;唯一;秩 $r(f)$;正、负惯性指数 p,q.
坐标变换 $\boldsymbol{x}=\boldsymbol{C}\boldsymbol{y}$,$\boldsymbol{C}$ 可逆;合同.

【例 6.1】　二次型

$$f(x_1,x_2,x_3)=(x_1+2x_2+3x_3)(x_1-2x_2+x_3)$$

的矩阵 $\boldsymbol{A}=$ ________.

分析

$$f(x_1,x_2,x_3)=(x_1,x_2,x_3)\begin{bmatrix}1\\2\\3\end{bmatrix}(1,-2,1)\begin{bmatrix}x_1\\x_2\\x_3\end{bmatrix}$$

$$=(x_1,x_2,x_3)\begin{bmatrix}1&-2&1\\2&-4&2\\3&-6&3\end{bmatrix}\begin{bmatrix}x_1\\x_2\\x_3\end{bmatrix}$$

$$=(x_1,x_2,x_3)\begin{bmatrix}1&0&2\\0&-4&-2\\2&-2&3\end{bmatrix}\begin{bmatrix}x_1\\x_2\\x_3\end{bmatrix},$$

故二次型矩阵 $\boldsymbol{A}=\begin{bmatrix}1&0&2\\0&-4&-2\\2&-2&3\end{bmatrix}$.

【评注】　本题中矩阵 $\boldsymbol{B}=\begin{bmatrix}1&-2&1\\2&-4&2\\3&-6&3\end{bmatrix}$ 不是对称矩阵,因而不是二次型的矩阵,改成对称矩阵 $\boldsymbol{A}$ 的方法:$a_{ii}=b_{ii}$,$a_{ij}=\dfrac{1}{2}(b_{ij}+b_{ji})$.

【例 6.2】　二次型 $f(x_1,x_2,x_3)=x_1^2+ax_2^2+x_3^2+2x_1x_2+2ax_1x_3+2x_2x_3$ 的秩为 2,则 $a=$ ________.

分析　二次型 f 的秩为 2,即矩阵 $\boldsymbol{A}$ 的秩为 2.由于

$$\boldsymbol{A}=\begin{bmatrix}1&1&a\\1&a&1\\a&1&1\end{bmatrix},$$

由 $|\boldsymbol{A}|=-(a-1)^2(a+2)=0$,知 $a=1$ 或 -2.易见 $a=1$ 时,$r(\boldsymbol{A})=$

学习札记

1,故 $a=-2$.

【例 6.3】 二次型 $f(x_1,x_2,x_3)=(x_1+x_2)^2+(x_2-x_3)^2+(x_3+x_1)^2$ 的正惯性指数 $p=$ ________.

分析
$$\begin{aligned}f(x_1,x_2,x_3)&=2x_1^2+2x_2^2+2x_3^2+2x_1x_2-2x_2x_3+2x_3x_1\\&=2\left[x_1^2+x_1(x_2+x_3)+\frac{1}{4}(x_2+x_3)^2\right]+2x_2^2+\\&\quad 2x_3^2-2x_2x_3-\frac{1}{2}(x_2+x_3)^2\\&=2\left(x_1+\frac{1}{2}x_2+\frac{1}{2}x_3\right)^2+\frac{3}{2}(x_2-x_3)^2,\end{aligned}$$
可见 $p=2$.

【评注】 如果认为二次型的标准形是
$$f=y_1^2+y_2^2+y_3^2, \tag{1}$$
从而得 $p=3,q=0$ 就不正确了.

因为对于
$$\begin{cases}y_1=x_1+x_2,\\y_2=\quad\quad x_2-x_3,\\y_3=x_1\quad\quad+x_3,\end{cases} \tag{2}$$
有行列式
$$\begin{vmatrix}1&1&0\\0&1&-1\\1&0&1\end{vmatrix}=0,$$
从而(2) 不是坐标变换,那么(1) 也就不是本题中二次型 f 的标准形.

二次型的标准形、规范形

提示 $d_1x_1^2+d_2x_2^2+\cdots+d_nx_n^2$(不唯一)

$x_1^2+\cdots+x_p^2-x_{p+1}^2-\cdots-x_{p+q}^2$

坐标变换:(1) 配方法;(2) 正交变换法.

1. 配方法化标准形

【例 6.4】 用配方法化二次型
$$f(x_1,x_2,x_3)=x_1^2+3x_2^2+3x_3^2+2x_1x_2-4x_1x_3$$
为标准形,并写出所用坐标变换.

解
$$\begin{aligned}&f(x_1,x_2,x_3)\\&=x_1^2+3x_2^2+3x_3^2+2x_1x_2-4x_1x_3\\&=x_1^2+2x_1(x_2-2x_3)+(x_2-2x_3)^2+3x_2^2+3x_3^2-(x_2-2x_3)^2\\&=(x_1+x_2-2x_3)^2+2x_2^2+4x_2x_3-x_3^2\end{aligned}$$

学习札记

$$= (x_1 + x_2 - 2x_3)^2 + 2(x_2 + x_3)^2 - 3x_3^2.$$

令$\begin{cases} y_1 = x_1 + x_2 - 2x_3, \\ y_2 = \quad\quad x_2 + x_3, \\ y_3 = \quad\quad\quad\quad x_3, \end{cases}$ 即经坐标变换

$$\begin{cases} x_1 = y_1 - y_2 + 3y_3, \\ x_2 = \quad\quad y_2 - y_3, \\ x_3 = \quad\quad\quad\quad y_3, \end{cases} \text{或 } \boldsymbol{x} = \begin{bmatrix} 1 & -1 & 3 \\ 0 & 1 & -1 \\ 0 & 0 & 1 \end{bmatrix} \boldsymbol{y}$$

则有 $f = y_1^2 + 2y_2^2 - 3y_3^2$.

【例 6.5】 用配方法化二次型

$$f(x_1, x_2, x_3) = 2x_1x_2 + 4x_1x_3$$

为标准形,并写出所用坐标变换.

解 f 中不含平方项,由于含有 x_1x_2,故可先令

$$\begin{cases} x_1 = y_1 + y_2, \\ x_2 = y_1 - y_2, \\ x_3 = \quad\quad\quad y_3, \end{cases} \text{即 } \boldsymbol{x} = \begin{bmatrix} 1 & 1 & 0 \\ 1 & -1 & 0 \\ 0 & 0 & 1 \end{bmatrix} \boldsymbol{y} = \boldsymbol{C}_1 \boldsymbol{y}. \tag{1}$$

作出平方项,然后再配方,即

$$\begin{aligned} f(x_1, x_2, x_3) &= 2x_1x_2 + 4x_1x_3 \\ &= 2(y_1 + y_2)(y_1 - y_2) + 4(y_1 + y_2)y_3 \\ &= 2y_1^2 - 2y_2^2 + 4y_1y_3 + 4y_2y_3 \\ &= 2y_1^2 + 4y_1y_3 + 2y_3^2 - 2y_2^2 + 4y_2y_3 - 2y_3^2 \\ &= 2(y_1 + y_3)^2 - 2(y_2 - y_3)^2, \end{aligned}$$

再令$\begin{cases} z_1 = y_1 \quad + y_3, \\ z_2 = \quad y_2 - y_3, \\ z_3 = \quad\quad\quad y_3, \end{cases}$ 即$\begin{cases} y_1 = z_1 \quad - z_3, \\ y_2 = \quad z_2 + z_3, \\ y_3 = \quad\quad\quad z_3, \end{cases}$

$$\text{或 } \boldsymbol{y} = \begin{bmatrix} 1 & 0 & -1 \\ 0 & 1 & 1 \\ 0 & 0 & 1 \end{bmatrix} \boldsymbol{z} = \boldsymbol{C}_2 \boldsymbol{z}. \tag{2}$$

二次型化为标准形 $f = 2z_1^2 - 2z_2^2$.

所用坐标变换 $\boldsymbol{x} = \boldsymbol{C}\boldsymbol{z}$,其中

$$\boldsymbol{C} = \boldsymbol{C}_1\boldsymbol{C}_2 = \begin{bmatrix} 1 & 1 & 0 \\ 1 & -1 & 0 \\ 0 & 0 & 1 \end{bmatrix} \begin{bmatrix} 1 & 0 & -1 \\ 0 & 1 & 1 \\ 0 & 0 & 1 \end{bmatrix} = \begin{bmatrix} 1 & 1 & 0 \\ 1 & -1 & -2 \\ 0 & 0 & 1 \end{bmatrix}.$$

2. 正交变换法化标准形

> **提示**　3 元二次型 $\boldsymbol{x}^{\mathrm{T}}\boldsymbol{A}\boldsymbol{x} \xlongequal{\boldsymbol{x} = \boldsymbol{Q}\boldsymbol{y}} \lambda_1 y_1^2 + \lambda_2 y_2^2 + \lambda_3 y_3^2$.
> $\boldsymbol{Q} = [\boldsymbol{\gamma}_1, \boldsymbol{\gamma}_2, \boldsymbol{\gamma}_3]$　特征向量

学习札记

【例 6.6】 已知二次型 $f(x_1,x_2,x_3)=2x_1^2+ax_3^2+2x_2x_3$ 经正交变换 $\boldsymbol{x}=\boldsymbol{P}\boldsymbol{y}$ 可化成标准形 $y_1^2+by_2^2-y_3^2$，则 $a=$ ________.

分析 二次型 $\boldsymbol{x}^{\mathrm{T}}\boldsymbol{A}\boldsymbol{x}$ 必存在坐标变换 $\boldsymbol{x}=\boldsymbol{C}\boldsymbol{y}$ 化其为标准形 $\boldsymbol{y}^{\mathrm{T}}\boldsymbol{\Lambda}\boldsymbol{y}$. 即实对称矩阵 $\boldsymbol{A}$ 必存在可逆矩阵 $\boldsymbol{C}$ 使其与对角矩阵 $\boldsymbol{\Lambda}$ 合同，亦即 $\boldsymbol{C}^{\mathrm{T}}\boldsymbol{A}\boldsymbol{C}=\boldsymbol{\Lambda}$.

如果选择正交变换，即 $\boldsymbol{C}$ 是正交矩阵，那么

$$\boldsymbol{\Lambda}=\boldsymbol{C}^{\mathrm{T}}\boldsymbol{A}\boldsymbol{C}=\boldsymbol{C}^{-1}\boldsymbol{A}\boldsymbol{C}$$

说明在正交变换下，$\boldsymbol{A}$ 不仅与 $\boldsymbol{\Lambda}$ 合同而且 $\boldsymbol{A}$ 与 $\boldsymbol{\Lambda}$ 相似，因此 $\boldsymbol{\Lambda}$ 就是 $\boldsymbol{A}$ 的特征值. 另一方面，在二次型 $\boldsymbol{y}^{\mathrm{T}}\boldsymbol{\Lambda}\boldsymbol{y}$ 中，$\boldsymbol{\Lambda}$ 的主对角线元素就是标准形平方项的系数.

因此，二次型 $\boldsymbol{x}^{\mathrm{T}}\boldsymbol{A}\boldsymbol{x}$ 经正交变换化为标准形时，标准形中平方项的系数就是二次型矩阵 $\boldsymbol{A}$ 的特征值.

由 $\begin{bmatrix}2&0&0\\0&0&1\\0&1&a\end{bmatrix}\sim\begin{bmatrix}1&&\\&b&\\&&-1\end{bmatrix}$，有 $\sum a_{ii}=\sum b_{ii}$ 和 $|\boldsymbol{A}|=|\boldsymbol{B}|$，即

$$\begin{cases}2+0+a=1+b+(-1),\\-2=-b,\end{cases}$$

解得 $a=0$.

或者，$|\lambda\boldsymbol{E}-\boldsymbol{A}|=\begin{vmatrix}\lambda-2&0&0\\0&\lambda&-1\\0&-1&\lambda-a\end{vmatrix}=(\lambda-2)(\lambda^2-a\lambda-1)$， （*）

又 $\boldsymbol{A}$ 的特征值是 $1,b,-1$，把 $\lambda=1$ 代入（*），得 $a=0$.

【例 6.7】 已知二次型 $\boldsymbol{x}^{\mathrm{T}}\boldsymbol{A}\boldsymbol{x}=x_1^2-5x_2^2+x_3^2+2ax_1x_2+2x_1x_3+2bx_2x_3$ 的秩为 2，$(2,1,2)^{\mathrm{T}}$ 是 $\boldsymbol{A}$ 的特征向量，那么经正交变换二次型的标准形是______.

分析 求二次型 $\boldsymbol{x}^{\mathrm{T}}\boldsymbol{A}\boldsymbol{x}$ 在正交变换下的标准形也就是求二次型矩阵 $\boldsymbol{A}$ 的特征值. 由于

$$\boldsymbol{A}=\begin{bmatrix}1&a&1\\a&-5&b\\1&b&1\end{bmatrix},$$

又 $(2,1,2)^{\mathrm{T}}$ 是 $\boldsymbol{A}$ 的特征向量，有 $\begin{bmatrix}1&a&1\\a&-5&b\\1&b&1\end{bmatrix}\begin{bmatrix}2\\1\\2\end{bmatrix}=\lambda_1\begin{bmatrix}2\\1\\2\end{bmatrix}$，即

$$\begin{cases}2+a+2=2\lambda_1,\\2a-5+2b=\lambda_1,\\2+b+2=2\lambda_1,\end{cases}$$

解出 $a=b=2,\lambda_1=3$.

由秩 $r(\boldsymbol{A})=2$，知 $|\boldsymbol{A}|=0$，于是 $\lambda_2=0$ 是 $\boldsymbol{A}$ 的特征值. 再由 $\sum a_{ii}=$

学习札记

$\sum\lambda_i$,有 $1+(-5)+1=3+0+\lambda_3$,知 $\lambda_3=-6$ 是 $\boldsymbol{A}$ 的特征值.

因此,正交变换下二次型的标准形是 $3y_1^2-6y_3^2$.

【例 6.8】　已知二次型

$$f(x_1,x_2,x_3)=x_1^2-3x_2^2-3x_3^2+2x_1x_2-4x_1x_3.$$

(1) 写出二次型 f 的矩阵表达式.

(2) 用正交变换把二次型 f 化成标准形,并写出相应的正交矩阵.

(3) 如 $\boldsymbol{x}^{\mathrm{T}}\boldsymbol{x}=5$,求 $f(x_1,x_2,x_3)$ 的最大值.

解　(1)f 的矩阵表示为

$$f(x_1,x_2,x_3)=\boldsymbol{x}^{\mathrm{T}}\boldsymbol{A}\boldsymbol{x}=(x_1,x_2,x_3)\begin{bmatrix}1&1&-2\\1&-3&0\\-2&0&-3\end{bmatrix}\begin{bmatrix}x_1\\x_2\\x_3\end{bmatrix}.$$

(2) 由矩阵 $\boldsymbol{A}$ 的特征多项式

$$|\lambda\boldsymbol{E}-\boldsymbol{A}|=\begin{vmatrix}\lambda-1&-1&2\\-1&\lambda+3&0\\2&0&\lambda+3\end{vmatrix}=(\lambda-2)(\lambda+3)(\lambda+4),$$

得到 $\boldsymbol{A}$ 的特征值是 $2,-3,-4$.

当 $\lambda=2$ 时,由 $(2\boldsymbol{E}-\boldsymbol{A})\boldsymbol{x}=\boldsymbol{0}$,即

$$\begin{bmatrix}1&-1&2\\-1&5&0\\2&0&5\end{bmatrix}\to\begin{bmatrix}1&-5&0\\0&2&1\\0&0&0\end{bmatrix},$$

得基础解系 $\boldsymbol{\alpha}_1=(5,1,-2)^{\mathrm{T}}$,即 $\lambda=2$ 的特征向量.

当 $\lambda=-3$ 时,由 $(-3\boldsymbol{E}-\boldsymbol{A})\boldsymbol{x}=\boldsymbol{0}$,即

$$\begin{bmatrix}-4&-1&2\\-1&0&0\\2&0&0\end{bmatrix}\to\begin{bmatrix}1&0&0\\0&1&-2\\0&0&0\end{bmatrix},$$

得基础解系 $\boldsymbol{\alpha}_2=(0,2,1)^{\mathrm{T}}$,即 $\lambda=-3$ 的特征向量.

当 $\lambda=-4$ 时,由 $(-4\boldsymbol{E}-\boldsymbol{A})\boldsymbol{x}=\boldsymbol{0}$,即

$$\begin{bmatrix}-5&-1&2\\-1&-1&0\\2&0&-1\end{bmatrix}\to\begin{bmatrix}1&1&0\\0&2&1\\0&0&0\end{bmatrix},$$

得基础解系 $\boldsymbol{\alpha}_3=(-1,1,-2)^{\mathrm{T}}$,即 $\lambda=-4$ 的特征向量.

对于实对称矩阵,对应于不同特征值的特征向量相互正交,即 $\boldsymbol{\alpha}_1,\boldsymbol{\alpha}_2,\boldsymbol{\alpha}_3$ 相互正交,故只需单位化,令

$$\boldsymbol{\gamma}_1=\frac{1}{\sqrt{30}}\begin{bmatrix}5\\1\\-2\end{bmatrix},\boldsymbol{\gamma}_2=\frac{1}{\sqrt{5}}\begin{bmatrix}0\\2\\1\end{bmatrix},\boldsymbol{\gamma}_3=\frac{1}{\sqrt{6}}\begin{bmatrix}-1\\1\\-2\end{bmatrix},$$

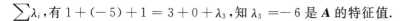

学习札记

$$Q=[\gamma_1,\gamma_2,\gamma_3]=\begin{bmatrix}\frac{5}{\sqrt{30}} & 0 & -\frac{1}{\sqrt{6}}\\ \frac{1}{\sqrt{30}} & \frac{2}{\sqrt{5}} & \frac{1}{\sqrt{6}}\\ -\frac{2}{\sqrt{30}} & \frac{1}{\sqrt{5}} & -\frac{2}{\sqrt{6}}\end{bmatrix},$$

则经正交变换 $x=Qy$,二次型化为标准形

$$f(x_1,x_2,x_3)=x^{\mathrm{T}}Ax=y^{\mathrm{T}}\Lambda y=2y_1^2-3y_2^2-4y_3^2.$$

(3) 因 $x^{\mathrm{T}}x=(Qy)^{\mathrm{T}}(Qy)=y^{\mathrm{T}}Q^{\mathrm{T}}Qy=y^{\mathrm{T}}y=5$,求 $f(x_1,x_2,x_3)$ 在 $x^{\mathrm{T}}x=5$ 的最大值,即是求 $g(y_1,y_2,y_3)$ 在 $y^{\mathrm{T}}y=5$ 的最大值,

$$x^{\mathrm{T}}Ax=y^{\mathrm{T}}\Lambda y=2y_1^2-3y_2^2-4y_3^2\leqslant 2(y_1^2+y_2^2+y_3^2)=10.$$

注:极大值点 $x=Q\begin{bmatrix}\sqrt{5}\\0\\0\end{bmatrix}=\begin{bmatrix}\frac{5}{\sqrt{6}}\\ \frac{1}{\sqrt{6}}\\ -\frac{2}{\sqrt{6}}\end{bmatrix}$.

【评注】 要掌握用正交变换化二次型为标准形的方法,标准形中平方项的系数是二次型矩阵的特征值,所用的正交变换矩阵就是经过改造的二次型矩阵的特征向量.具体解题步骤如下:(下设 $n=3$)

(1) 写出二次型矩阵 A.

(2) 求矩阵 A 的特征值 $\lambda_1,\lambda_2,\lambda_3$.

(3) 求矩阵 A 的特征向量 $\alpha_1,\alpha_2,\alpha_3$.

(4) 改造特征向量(Schmidt 正交化、单位化)$\gamma_1,\gamma_2,\gamma_3$.

(5) 构造正交矩阵 $P=[\gamma_1,\gamma_2,\gamma_3]$,

则经坐标变换 $x=Py$,得

$$x^{\mathrm{T}}Ax=y^{\mathrm{T}}\Lambda y=\lambda_1y_1^2+\lambda_2y_2^2+\lambda_3y_3^2.$$

【注意】 特征值的顺序与正交矩阵 P 中对应的特征向量的顺序是一致的.

如果涉及求参数的问题,其方法与特征值中所归纳的方法是一样的.

【例 6.9】 已知二次型

$$f(x_1,x_2,x_3)=x_1^2+x_2^2-x_3^2+4x_1x_3+4x_2x_3,$$

$$g(y_1,y_2,y_3)=y_3^2+6y_1y_2.$$

是否存在正交变换 $x=Qy$ 可将 f 化成 g.若存在,则求正交矩阵 Q,若不存在,则讲明原因.

解 二次型 f 和 g 的矩阵分别是

$$A=\begin{bmatrix}1&0&2\\0&1&2\\2&2&-1\end{bmatrix}\text{和 }B=\begin{bmatrix}0&3&0\\3&0&0\\0&0&1\end{bmatrix}.$$

由 $|\lambda E-A|=\begin{vmatrix}\lambda-1&0&-2\\0&\lambda-1&-2\\-2&-2&\lambda+1\end{vmatrix}=(\lambda-1)(\lambda^2-9)$.

A 的特征值：1，3，－3.

$$|\lambda E-B|=\begin{vmatrix}\lambda&-3&0\\-3&\lambda&0\\0&0&\lambda-1\end{vmatrix}=(\lambda-1)(\lambda^2-9).$$

B 的特征值：1，3，－3.

A,B 为实对称矩阵，且有相同特征值，故 $A\sim B$.

分别求出 A 和 B 的特征向量且单位化，有

A 对于$\lambda=1$ 的特征向量 $\alpha_1=\frac{1}{\sqrt{2}}(1,-1,0)^T$,

$\lambda=3$ 的特征向量 $\alpha_2=\frac{1}{\sqrt{3}}(1,1,1)^T$,

$\lambda=-3$ 的特征向量 $\alpha_3=\frac{1}{\sqrt{6}}(1,1,-2)^T$.

B 对于$\lambda=1$ 的特征向量 $\beta_1=(0,0,1)^T$,

$\lambda=3$ 的特征向量 $\beta_2=\frac{1}{\sqrt{2}}(1,1,0)^T$,

$\lambda=-3$ 的特征向量 $\beta_3=\frac{1}{\sqrt{2}}(1,-1,0)^T$.

令 $Q_1=[\alpha_1,\alpha_2,\alpha_3]$，得 $x=Q_1z$，

$$x^TAx=z^T\Lambda z=z_1^2+3z_2^2-3z_3^2.$$

令 $Q_2=[\beta_1,\beta_2,\beta_3]$，得 $y=Q_2z$，

$$y^TBy=z^T\Lambda z=z_1^2+3z_2^2-3z_3^2.$$

于是

$$x^TAx=y^TBy,\ x=Q_1z=Q_1Q_2^{-1}y=Q_1Q_2^Ty=Qy,$$

$$Q=Q_1Q_2^T=\begin{bmatrix}\frac{1}{\sqrt{2}}&\frac{1}{\sqrt{3}}&\frac{1}{\sqrt{6}}\\-\frac{1}{\sqrt{2}}&\frac{1}{\sqrt{3}}&\frac{1}{\sqrt{6}}\\0&\frac{1}{\sqrt{3}}&-\frac{2}{\sqrt{6}}\end{bmatrix}\begin{bmatrix}0&0&1\\\frac{1}{\sqrt{2}}&\frac{1}{\sqrt{2}}&0\\\frac{1}{\sqrt{2}}&-\frac{1}{\sqrt{2}}&0\end{bmatrix}$$

学习札记

学习札记

$$=\begin{bmatrix}\frac{1}{\sqrt{6}}+\frac{1}{\sqrt{12}} & \frac{1}{\sqrt{6}}-\frac{1}{\sqrt{12}} & \frac{1}{\sqrt{2}}\\ \frac{1}{\sqrt{6}}+\frac{1}{\sqrt{12}} & \frac{1}{\sqrt{6}}-\frac{1}{\sqrt{12}} & -\frac{1}{\sqrt{2}}\\ \frac{1}{\sqrt{6}}-\frac{1}{\sqrt{3}} & \frac{1}{\sqrt{6}}+\frac{1}{\sqrt{3}} & 0\end{bmatrix}.$$

3. 规范形

提示 $x_1^2+\cdots+x_p^2-x_{p+1}^2-\cdots-x_{p+q}^2$.

【例 6.10】 二次型 $\boldsymbol{x}^{\mathrm{T}}\boldsymbol{A}\boldsymbol{x}$ 经坐标变换 $\boldsymbol{x}=\boldsymbol{C}\boldsymbol{y}$ 得二次型 $\boldsymbol{y}^{\mathrm{T}}\boldsymbol{B}\boldsymbol{y}=2y_2^2+2y_3^2+2y_2y_3$，则二次型 $\boldsymbol{x}^{\mathrm{T}}\boldsymbol{A}\boldsymbol{x}$ 的规范形是________.

分析 经坐标变换，二次型矩阵 $\boldsymbol{A}$ 和 $\boldsymbol{B}$ 合同，正、负惯性指数不变.

由 $|\lambda\boldsymbol{E}-\boldsymbol{B}|=\begin{vmatrix}\lambda & 0 & 0\\ 0 & \lambda-2 & -1\\ 0 & -1 & \lambda-2\end{vmatrix}=\lambda(\lambda-1)(\lambda-3)$.

$\boldsymbol{B}$ 的特征值为 $1,3,0$，于是 $p=2,q=0$.

故 $\boldsymbol{x}^{\mathrm{T}}\boldsymbol{A}\boldsymbol{x}$ 的规范形是 $z_1^2+z_2^2$.

或由配方法

$$\begin{aligned}2y_2^2+2y_3^2+2y_2y_3&=2\left(y_2^2+y_2y_3+\frac{1}{4}y_3^2\right)+2y_3^2-\frac{1}{2}y_3^2\\&=2\left(y_2+\frac{1}{2}y_3\right)^2+\frac{3}{2}y_3^2.\end{aligned}$$

亦知 $p=2,q=0$，可得规范形是 $z_1^2+z_2^2$.

练习 $f(x_1,x_2,x_3)=ax_1^2+(a-1)x_2^2+(a+2)x_3^2$ 的规范形是 $y_1^2-y_2^2-y_3^2$，则 a ________.

解题笔记

【例 6.11】 化二次型

$$f=2x_2^2+2x_1x_3$$

为规范形，并写出所用坐标变换.

解 （方法一） （配方法）

令 $\begin{cases}x_1=y_1+y_3,\\ x_2=y_2,\\ x_3=y_1-y_3,\end{cases}$ 即 $\boldsymbol{x}=\begin{bmatrix}1 & 0 & 1\\ 0 & 1 & 0\\ 1 & 0 & -1\end{bmatrix}\boldsymbol{y}=\boldsymbol{P}_1\boldsymbol{y}$.

学习札记

$$f = 2y_2^2 + 2(y_1 + y_3)(y_1 - y_3) = 2y_1^2 + 2y_2^2 - 2y_3^2$$

再令$\begin{cases} y_1 = \frac{1}{\sqrt{2}}z_1, \\ y_2 = \frac{1}{\sqrt{2}}z_2, \\ y_3 = \frac{1}{\sqrt{2}}z_3, \end{cases}$即 $\boldsymbol{y} = \begin{bmatrix} \frac{1}{\sqrt{2}} & & \\ & \frac{1}{\sqrt{2}} & \\ & & \frac{1}{\sqrt{2}} \end{bmatrix}\boldsymbol{z} = \boldsymbol{P}_2\boldsymbol{z}$,

得规范形 $f = z_1^2 + z_2^2 - z_3^2$.

所用坐标变换 $\boldsymbol{x} = \boldsymbol{C}\boldsymbol{z}$,其中

$$\boldsymbol{C} = \boldsymbol{P}_1\boldsymbol{P}_2 = \begin{bmatrix} 1 & 0 & 1 \\ 0 & 1 & 0 \\ 1 & 0 & -1 \end{bmatrix}\begin{bmatrix} \frac{1}{\sqrt{2}} & & \\ & \frac{1}{\sqrt{2}} & \\ & & \frac{1}{\sqrt{2}} \end{bmatrix} = \begin{bmatrix} \frac{1}{\sqrt{2}} & 0 & \frac{1}{\sqrt{2}} \\ 0 & \frac{1}{\sqrt{2}} & 0 \\ \frac{1}{\sqrt{2}} & 0 & -\frac{1}{\sqrt{2}} \end{bmatrix}.$$

(方法二)　(通过正交变换)

二次型矩阵 $\boldsymbol{A} = \begin{bmatrix} 0 & 0 & 1 \\ 0 & 2 & 0 \\ 1 & 0 & 0 \end{bmatrix}$,

由 $|\lambda\boldsymbol{E} - \boldsymbol{A}| = \begin{vmatrix} \lambda & 0 & -1 \\ 0 & \lambda - 2 & 0 \\ -1 & 0 & \lambda \end{vmatrix} = (\lambda - 2)(\lambda^2 - 1)$,

$\boldsymbol{A}$ 的特征值:2,1,−1.解出 $\boldsymbol{A}$ 的特征向量依次为

$$\boldsymbol{\alpha}_1 = (0,1,0)^{\mathrm{T}},\boldsymbol{\alpha}_2 = (1,0,1)^{\mathrm{T}},\boldsymbol{\alpha}_3 = (1,0,-1)^{\mathrm{T}}$$

单位化:$\boldsymbol{\gamma}_1 = (0,1,0)^{\mathrm{T}},\boldsymbol{\gamma}_2 = \frac{1}{\sqrt{2}}(1,0,1)^{\mathrm{T}},\boldsymbol{\gamma}_3 = \frac{1}{\sqrt{2}}(1,0,-1)^{\mathrm{T}}$.

令 $\boldsymbol{Q} = [\boldsymbol{\gamma}_1,\boldsymbol{\gamma}_2,\boldsymbol{\gamma}_3]$,则经 $\boldsymbol{x} = \boldsymbol{Q}\boldsymbol{y}$ 有

$$\boldsymbol{x}^{\mathrm{T}}\boldsymbol{A}\boldsymbol{x} = \boldsymbol{y}^{\mathrm{T}}\boldsymbol{Q}^{\mathrm{T}}\boldsymbol{A}\boldsymbol{Q}\boldsymbol{y} = \boldsymbol{y}^{\mathrm{T}}\boldsymbol{\Lambda}\boldsymbol{y} = 2y_1^2 + y_2^2 - y_3^2$$

再令$\begin{cases} z_1 = \sqrt{2}y_1, \\ z_2 = \qquad y_2, \\ z_3 = \qquad y_3, \end{cases}$　即 $\boldsymbol{y} = \begin{bmatrix} \frac{1}{\sqrt{2}} & & \\ & 1 & \\ & & 1 \end{bmatrix}\boldsymbol{z} = \boldsymbol{P}\boldsymbol{z}$,

得规范形 $f = z_1^2 + z_2^2 - z_3^2$,所用坐标变换 $\boldsymbol{x} = \boldsymbol{C}\boldsymbol{z}$,其中

$$\boldsymbol{C} = \boldsymbol{Q}\boldsymbol{P} = \begin{bmatrix} 0 & \frac{1}{\sqrt{2}} & \frac{1}{\sqrt{2}} \\ 1 & 0 & 0 \\ 0 & \frac{1}{\sqrt{2}} & -\frac{1}{\sqrt{2}} \end{bmatrix}\begin{bmatrix} \frac{1}{\sqrt{2}} & & \\ & 1 & \\ & & 1 \end{bmatrix} = \begin{bmatrix} 0 & \frac{1}{\sqrt{2}} & \frac{1}{\sqrt{2}} \\ \frac{1}{\sqrt{2}} & 0 & 0 \\ 0 & \frac{1}{\sqrt{2}} & -\frac{1}{\sqrt{2}} \end{bmatrix}.$$

学习札记

【例 6.12】 已知二次型

$$f(x_1,x_2,x_3)=\boldsymbol{x}^{\mathrm{T}}\boldsymbol{A}\boldsymbol{x}=ax_1^2+ax_2^2+ax_3^2+2x_1x_2+2x_1x_3-2x_2x_3$$

的规范形是 $y_1^2+y_2^2$.

（Ⅰ）求 a 的值.

（Ⅱ）利用正交变换将二次型 f 化为标准形,并写出所用的正交变换.

解 （Ⅰ）二次型 f 的矩阵

$$\boldsymbol{A}=\begin{bmatrix}a&1&1\\1&a&-1\\1&-1&a\end{bmatrix},$$

由 $|\lambda\boldsymbol{E}-\boldsymbol{A}|=\begin{vmatrix}\lambda-a&-1&-1\\-1&\lambda-a&1\\-1&1&\lambda-a\end{vmatrix}$

$$=\begin{vmatrix}\lambda-a-1&0&\lambda-a-1\\-1&\lambda-a&1\\-1&1&\lambda-a\end{vmatrix}$$

$$=(\lambda-a-1)^2(\lambda-a+2),$$

得矩阵 $\boldsymbol{A}$ 的特征值符号为 $a+1,a+1,a-2$.

因为二次型的规范形是 $y_1^2+y_2^2$,说明 $\boldsymbol{A}$ 的特征值符号为 $+,+,0$. 所以 $a=2$.

（Ⅱ）将 $a=2$ 代入矩阵 $\boldsymbol{A}$ 中.

对 $\lambda=3$,由 $(3\boldsymbol{E}-\boldsymbol{A})\boldsymbol{x}=\boldsymbol{0}$,即

$$\begin{bmatrix}1&-1&-1\\-1&1&1\\-1&1&1\end{bmatrix}\to\begin{bmatrix}1&-1&-1\\0&0&0\\0&0&0\end{bmatrix},$$

得特征向量 $\boldsymbol{\alpha}_1=(1,1,0)^{\mathrm{T}},\boldsymbol{\alpha}_2=(1,0,1)^{\mathrm{T}}$.

对 $\lambda=0$,由 $(0\boldsymbol{E}-\boldsymbol{A})\boldsymbol{x}=\boldsymbol{0}$,即

$$\begin{bmatrix}-2&-1&-1\\-1&-2&1\\-1&1&-2\end{bmatrix}\to\begin{bmatrix}1&0&1\\0&1&-1\\0&0&0\end{bmatrix},$$

得特征向量 $\boldsymbol{\alpha}_3=(-1,1,1)^{\mathrm{T}}$.

因为 $\lambda=3$ 时,特征向量 $\boldsymbol{\alpha}_1,\boldsymbol{\alpha}_2$ 不正交,故需 Schmidt 正交化. 令

$$\boldsymbol{\beta}_1=\boldsymbol{\alpha}_1=\begin{bmatrix}1\\1\\0\end{bmatrix},$$

$$\boldsymbol{\beta}_2=\boldsymbol{\alpha}_2-\frac{(\boldsymbol{\alpha}_2,\boldsymbol{\beta}_1)}{(\boldsymbol{\beta}_1,\boldsymbol{\beta}_1)}\boldsymbol{\beta}_1=\begin{bmatrix}1\\0\\1\end{bmatrix}-\frac{1}{2}\begin{bmatrix}1\\1\\0\end{bmatrix}=\frac{1}{2}\begin{bmatrix}1\\-1\\2\end{bmatrix},$$

学习札记

再将 $\boldsymbol{\beta}_1,\boldsymbol{\beta}_2$ 和 $\boldsymbol{\alpha}_3$ 单位化,有

$$\boldsymbol{\gamma}_1=\frac{1}{\sqrt{2}}\begin{bmatrix}1\\1\\0\end{bmatrix},\boldsymbol{\gamma}_2=\frac{1}{\sqrt{6}}\begin{bmatrix}1\\-1\\2\end{bmatrix},\boldsymbol{\gamma}_3=\frac{1}{\sqrt{3}}\begin{bmatrix}-1\\1\\1\end{bmatrix}.$$

那么,经正交变换

$$\begin{bmatrix}x_1\\x_2\\x_3\end{bmatrix}=\begin{bmatrix}\frac{1}{\sqrt{2}}&\frac{1}{\sqrt{6}}&-\frac{1}{\sqrt{3}}\\\frac{1}{\sqrt{2}}&-\frac{1}{\sqrt{6}}&\frac{1}{\sqrt{3}}\\0&\frac{2}{\sqrt{6}}&\frac{1}{\sqrt{3}}\end{bmatrix}\begin{bmatrix}y_1\\y_2\\y_3\end{bmatrix},$$

有 $\boldsymbol{x}^{\mathrm{T}}\boldsymbol{A}\boldsymbol{x}=\boldsymbol{y}^{\mathrm{T}}\boldsymbol{\Lambda}\boldsymbol{y}=3y_1^2+3y_2^2$.

【例 6.13】 设三元二次型 $f(x_1,x_2,x_3)=\boldsymbol{x}^{\mathrm{T}}\boldsymbol{A}\boldsymbol{x}$ 的矩阵 $\boldsymbol{A}$ 满足 $\boldsymbol{A}^2-2\boldsymbol{A}=\boldsymbol{O}$,且 $\boldsymbol{\alpha}_1=(0,1,1)^{\mathrm{T}}$ 是齐次线性方程组 $\boldsymbol{A}\boldsymbol{x}=\boldsymbol{0}$ 的基础解系.

(Ⅰ)求二次型 $f(x_1,x_2,x_3)$ 的表达式.

(Ⅱ)若二次型 $\boldsymbol{x}^{\mathrm{T}}(\boldsymbol{A}+k\boldsymbol{E})\boldsymbol{x}$ 的规范形是 $y_1^2+y_2^2-y_3^2$,求 k.

分析 求二次型表达式就是求矩阵 $\boldsymbol{A}$,故应由特征值、特征向量开始.

解 (Ⅰ)设 λ 是 $\boldsymbol{A}$ 的任一特征值,$\boldsymbol{\alpha}$ 是属于 λ 的特征向量,即 $\boldsymbol{A}\boldsymbol{\alpha}=\lambda\boldsymbol{\alpha}$,$\boldsymbol{\alpha}\neq\boldsymbol{0}$. 那么由 $\boldsymbol{A}^2-2\boldsymbol{A}=\boldsymbol{O}$,有$(\lambda^2-2\lambda)\boldsymbol{\alpha}=\boldsymbol{0}$.

又 $\boldsymbol{\alpha}\neq\boldsymbol{0}$,故 $\lambda^2-2\lambda=0$,从而 $\boldsymbol{A}$ 的特征值为 0 或 2.

又因 $\boldsymbol{\alpha}_1$ 是 $\boldsymbol{A}\boldsymbol{x}=\boldsymbol{0}$ 的基础解系,知 $r(\boldsymbol{A})=2$,且 $\boldsymbol{A}\boldsymbol{\alpha}_1=\boldsymbol{0}=0\boldsymbol{\alpha}_1$,即 $\boldsymbol{\alpha}_1$ 是 $\boldsymbol{A}$ 关于 $\lambda=0$ 的特征向量.

因实对称 $\boldsymbol{A}\sim\boldsymbol{\Lambda}$,$r(\boldsymbol{A})=r(\boldsymbol{\Lambda})=2$.

因此,$\boldsymbol{A}$ 的特征值为 0,2,2.

设$(x_1,x_2,x_3)^{\mathrm{T}}$ 是 $\boldsymbol{A}$ 关于 $\lambda=2$ 的特征向量,那么$(x_1,x_2,x_3)^{\mathrm{T}}$ 与$(0,1,1)^{\mathrm{T}}$ 正交,得 $x_2+x_3=0$.

解得 $\boldsymbol{\alpha}_2=(1,0,0)^{\mathrm{T}}$,$\boldsymbol{\alpha}_3=(0,-1,1)^{\mathrm{T}}$ 是 $\lambda=2$ 的特征向量.

于是 $\boldsymbol{A}[\boldsymbol{\alpha}_1,\boldsymbol{\alpha}_2,\boldsymbol{\alpha}_3]=[\boldsymbol{0},2\boldsymbol{\alpha}_2,2\boldsymbol{\alpha}_3]$,故

$$\boldsymbol{A}=[\boldsymbol{0},2\boldsymbol{\alpha}_2,2\boldsymbol{\alpha}_3][\boldsymbol{\alpha}_1,\boldsymbol{\alpha}_2,\boldsymbol{\alpha}_3]^{-1}$$

$$=\begin{bmatrix}0&2&0\\0&0&-2\\0&0&2\end{bmatrix}\begin{bmatrix}0&1&0\\1&0&-1\\1&0&1\end{bmatrix}^{-1}=\begin{bmatrix}2&0&0\\0&1&-1\\0&-1&1\end{bmatrix},$$

所以二次型 $\boldsymbol{x}^{\mathrm{T}}\boldsymbol{A}\boldsymbol{x}=2x_1^2+x_2^2+x_3^2-2x_2x_3$.

(Ⅱ)因为 $\boldsymbol{A}$ 的特征值为 0,2,2,故 $\boldsymbol{A}+k\boldsymbol{E}$ 的特征值为 $k,k+2,k+2$.

由规范形为 $y_1^2+y_2^2-y_3^2$ 知$\begin{cases}k<0,\\k+2>0,\end{cases}$ 即 $-2<k<0$.

学习札记

二次型的正定性

提示 $\forall \boldsymbol{x} \neq \boldsymbol{0}, \boldsymbol{x}^{\mathrm{T}}\boldsymbol{A}\boldsymbol{x} > 0$

特征值 λ_i 全大于 0；顺序主子式全大于 0；$p = n$；$\boldsymbol{A} = \boldsymbol{C}^{\mathrm{T}}\boldsymbol{C}$，$\boldsymbol{C}$ 可逆.

【例 6.14】下列矩阵中，正定矩阵是

(A) $\begin{bmatrix} 1 & 2 & 1 \\ 2 & 5 & 0 \\ 1 & 0 & -3 \end{bmatrix}$.　　(B) $\begin{bmatrix} 1 & 3 & 4 \\ 3 & 9 & 2 \\ 4 & 2 & 6 \end{bmatrix}$.

(C) $\begin{bmatrix} 1 & 2 & 3 \\ 2 & 5 & 7 \\ 3 & 7 & 10 \end{bmatrix}$.　　(D) $\begin{bmatrix} 2 & -2 & 0 \\ -2 & 5 & -1 \\ 0 & -1 & 2 \end{bmatrix}$.

分析 (A) 中 $a_{33} = -3 < 0$，(B) 中二阶顺序主子式 $\begin{vmatrix} 1 & 3 \\ 3 & 9 \end{vmatrix} = 0$，(C) 中行列式 $|\boldsymbol{A}| = 0$，故它们均不是正定矩阵. 所以应选(D).

或直接地，(D) 中 3 个顺序主子式 $\Delta_1 = 2, \Delta_2 = 6, \Delta_3 = 10$ 全大于 0，从而知(D) 正定.

【例 6.15】　二次型 $x_1^2 + 4x_2^2 + 4x_3^2 + 2tx_1x_2 - 2x_1x_3 + 4x_2x_3$ 正定，则 t 的取值范围是______.

分析 二次型矩阵

$$\boldsymbol{A} = \begin{bmatrix} 1 & t & -1 \\ t & 4 & 2 \\ -1 & 2 & 4 \end{bmatrix}$$

的顺序主子式应全大于 0，即

$$\Delta_1 = 1 > 0,$$

$$\Delta_2 = \begin{vmatrix} 1 & t \\ t & 4 \end{vmatrix} = 4 - t^2 > 0 \quad \Rightarrow t \in (-2, 2),$$

$$\Delta_3 = |\boldsymbol{A}| = -4t^2 - 4t + 8 > 0 \quad \Rightarrow t \in (-2, 1).$$

可见 $t \in (-2, 1)$ 时，二次型正定.

【例 6.16】　判断 n 元二次型 $\sum\limits_{i=1}^{n} x_i^2 + \sum\limits_{1 \leqslant i < j \leqslant n} x_i x_j$ 的正定性.

解 (方法一) (特征值) 二次型矩阵

学习札记

$$A=\begin{bmatrix}1&\frac{1}{2}&\frac{1}{2}&\cdots&\frac{1}{2}\\ \frac{1}{2}&1&\frac{1}{2}&\cdots&\frac{1}{2}\\ \frac{1}{2}&\frac{1}{2}&1&\cdots&\frac{1}{2}\\ \vdots&\vdots&\vdots&&\vdots\\ \frac{1}{2}&\frac{1}{2}&\frac{1}{2}&\cdots&1\end{bmatrix}=\frac{1}{2}\begin{bmatrix}2&1&1&\cdots&1\\1&2&1&\cdots&1\\1&1&2&\cdots&1\\ \vdots&\vdots&\vdots&&\vdots\\1&1&1&\cdots&2\end{bmatrix}$$

$$=\frac{1}{2}E+\frac{1}{2}B,$$

其中 $B=\begin{bmatrix}1&1&\cdots&1\\1&1&\cdots&1\\ \vdots&\vdots&\vdots&\\1&1&\cdots&1\end{bmatrix}$，

$r(B)=1$，迹为 n. 那么 B 的特征值：$n,0(n-1$ 重)，

故 A 的特征值：$\frac{1}{2}(n+1),\frac{1}{2},\frac{1}{2},\cdots,\frac{1}{2}(n-1$ 重).

因 A 的特征值大于 0，A 是正定矩阵，所以二次型是正定二次型.

（方法二）（顺序主子式）

$$\Delta_k=\begin{vmatrix}1&\frac{1}{2}&\frac{1}{2}&\cdots&\frac{1}{2}\\ \frac{1}{2}&1&\frac{1}{2}&\cdots&\frac{1}{2}\\ \frac{1}{2}&\frac{1}{2}&1&\cdots&\frac{1}{2}\\ \vdots&\vdots&\vdots&&\vdots\\ \frac{1}{2}&\frac{1}{2}&\frac{1}{2}&\cdots&1\end{vmatrix}\xlongequal{\text{展成爪型消元}}\frac{k+1}{2^k}.$$

【例 6.17】　设 A 是三阶非零实对称矩阵，且满足 $A^2+2A=O$，若 $kA+E$ 是正定矩阵，则 k ______.

分析　由 $A^2+2A=O$ 知矩阵 A 的特征值是 0 或 -2，那么 kA 的特征值是 0 或 $-2k$，$kA+E$ 的特征值是 1 或 $1-2k$. 又因为 A 是非零实对称矩阵，故 A 一定有非零特征值 -2，从而 $kA+E$ 一定有特征值 $1-2k$.

又因正定的充分必要条件是特征值全大于 0，故 $k<\frac{1}{2}$.

【例 6.18】　已知矩阵 A 是 n 阶正定矩阵，证明 A^{-1} 是正定矩阵.

证明　因为 A 正定，所以 $A^T=A$，那么

$$(A^{-1})^T=(A^T)^{-1}=A^{-1},$$

于是 A^{-1} 是对称矩阵.

学习札记

关于正定性的证明可以有多种思路：

（方法一）用特征值　设矩阵 A^{-1} 的特征值是 $\lambda_1,\lambda_2,\cdots,\lambda_n$，那么矩阵 A 的特征值是 $\frac{1}{\lambda_1},\frac{1}{\lambda_2},\cdots,\frac{1}{\lambda_n}$. 由于 A 正定，知其特征值 $\frac{1}{\lambda_i}>0(i=1,2,\cdots,n)$，从而矩阵 A^{-1} 的特征值 $\lambda_i(i=1,2,\cdots,n)$ 全大于 0. 因此矩阵 A^{-1} 正定.

（方法二）用与 E 合同　因为矩阵 A 正定，故存在可逆矩阵 C 使 $C^{\mathrm{T}}AC=E$，两边取逆，得到

$$(C^{\mathrm{T}}AC)^{-1}=C^{-1}A^{-1}(C^{\mathrm{T}})^{-1}=C^{-1}A^{-1}(C^{-1})^{\mathrm{T}}=E.$$

记 $P=(C^{-1})^{\mathrm{T}}$，则 P 可逆且 $P^{\mathrm{T}}=C^{-1}$，于是

$$P^{\mathrm{T}}A^{-1}P=E,$$

所以 A^{-1} 与 E 合同，故 A^{-1} 正定.

（方法三）用定义，坐标变换　因为 A 正定，那么 A 可逆，对二次型 $x^{\mathrm{T}}A^{-1}x$ 作坐标变换 $x=Ay$，有

$$x^{\mathrm{T}}A^{-1}x=(Ay)^{\mathrm{T}}A^{-1}(Ay)=y^{\mathrm{T}}A^{\mathrm{T}}y=y^{\mathrm{T}}Ay.$$

由于 A 可逆，那么 $\forall x\neq 0$，恒有 $y\neq 0$，又因 A 正定，那么有 $y^{\mathrm{T}}Ay>0$，故 $\forall x\neq 0$，恒有 $x^{\mathrm{T}}A^{-1}x>0$，所以 A^{-1} 正定.

（方法四）用与已知的正定矩阵合同　因为 A 正定，那么 A 对称且可逆，于是

$$A^{\mathrm{T}}A^{-1}A=A,$$

所以 A^{-1} 与 A 合同，即二次型 $x^{\mathrm{T}}A^{-1}x$ 与 $x^{\mathrm{T}}Ax$ 合同，故它们有相同的正、负惯性指数. 由 $x^{\mathrm{T}}Ax$ 是正定二次型，知 $x^{\mathrm{T}}A^{-1}x$ 正定，即 A^{-1} 正定.

【例 6.19】　已知 A 与 $A-E$ 均是 n 阶正定矩阵，证明 $E-A^{-1}$ 是正定矩阵.

证明　特征值法

由于 $(E-A^{-1})^{\mathrm{T}}=E^{\mathrm{T}}-(A^{-1})^{\mathrm{T}}=E-(A^{\mathrm{T}})^{-1}=E-A^{-1}$，知矩阵 $E-A^{-1}$ 是对称矩阵.

设 λ 是矩阵 A 的特征值，那么 $A-E$ 的特征值是 $\lambda-1$，$E-A^{-1}$ 的特征值是 $1-\frac{1}{\lambda}$.

由 $A,A-E$ 正定，知 $\lambda>0,\lambda-1>0$. 故 $E-A^{-1}$ 的特征值 $\frac{\lambda-1}{\lambda}>0$. 所以矩阵 $E-A^{-1}$ 正定.

【例 6.20】　已知 A 是三阶对称矩阵，证明矩阵 A 正定的充分必要条件是存在可逆矩阵 C 使 $A=C^{\mathrm{T}}C$.

证明　必要性　如果 A 是正定矩阵，即二次型 $x^{\mathrm{T}}Ax$ 是正定二次型，那么存在坐标变换 $x=C_1y$ 使

$$x^{\mathrm{T}}Ax=y^{\mathrm{T}}\Lambda y=d_1y_1^2+d_2y_2^2+d_3y_3^2,$$

其中 $d_i>0(i=1,2,3)$.

学习札记

再令 $\begin{cases} z_1 = \sqrt{d_1}y_1, \\ z_2 = \sqrt{d_2}y_2, \\ z_3 = \sqrt{d_3}y_3, \end{cases}$ 即 $\boldsymbol{y} = \boldsymbol{C}_2\boldsymbol{z}$,其中 $\boldsymbol{C}_2 = \begin{bmatrix} \frac{1}{\sqrt{d_1}} & & \\ & \frac{1}{\sqrt{d_2}} & \\ & & \frac{1}{\sqrt{d_3}} \end{bmatrix}$,

则有 $\boldsymbol{x}^{\mathrm{T}}\boldsymbol{A}\boldsymbol{x} = \boldsymbol{y}^{\mathrm{T}}\boldsymbol{\Lambda}\boldsymbol{y} = z_1^2 + z_2^2 + z_3^2$.

由于 $\boldsymbol{C}_1^{\mathrm{T}}\boldsymbol{A}\boldsymbol{C}_1 = \boldsymbol{\Lambda}, \boldsymbol{C}_2^{\mathrm{T}}\boldsymbol{\Lambda}\boldsymbol{C}_2 = \boldsymbol{E}$,故

$$\boldsymbol{A} = (\boldsymbol{C}_1^{\mathrm{T}})^{-1}\boldsymbol{\Lambda}\boldsymbol{C}_1^{-1} = (\boldsymbol{C}_1^{\mathrm{T}})^{-1}(\boldsymbol{C}_2^{\mathrm{T}})^{-1}\boldsymbol{E}\boldsymbol{C}_2^{-1}\boldsymbol{C}_1^{-1} = (\boldsymbol{C}_2^{-1}\boldsymbol{C}_1^{-1})^{\mathrm{T}}(\boldsymbol{C}_2^{-1}\boldsymbol{C}_1^{-1}).$$

记 $\boldsymbol{C} = \boldsymbol{C}_2^{-1}\boldsymbol{C}_1^{-1}$,则 $\boldsymbol{C}$ 可逆,且 $\boldsymbol{A} = \boldsymbol{C}^{\mathrm{T}}\boldsymbol{C}$.

充分性　如果 $\boldsymbol{A} = \boldsymbol{C}^{\mathrm{T}}\boldsymbol{C}$,其中 $\boldsymbol{C}$ 可逆,那么

$$\boldsymbol{A}^{\mathrm{T}} = (\boldsymbol{C}^{\mathrm{T}}\boldsymbol{C})^{\mathrm{T}} = \boldsymbol{C}^{\mathrm{T}}(\boldsymbol{C}^{\mathrm{T}})^{\mathrm{T}} = \boldsymbol{C}^{\mathrm{T}}\boldsymbol{C} = \boldsymbol{A},$$

从而 $\boldsymbol{A}$ 是对称矩阵.

$\forall \boldsymbol{x} \neq \boldsymbol{0}$,由于 $\boldsymbol{C}$ 可逆,知 $\boldsymbol{C}\boldsymbol{x} \neq \boldsymbol{0}$,于是

$$\boldsymbol{x}^{\mathrm{T}}\boldsymbol{A}\boldsymbol{x} = \boldsymbol{x}^{\mathrm{T}}\boldsymbol{C}^{\mathrm{T}}\boldsymbol{C}\boldsymbol{x} = (\boldsymbol{C}\boldsymbol{x})^{\mathrm{T}}(\boldsymbol{C}\boldsymbol{x}) = \|\boldsymbol{C}\boldsymbol{x}\|^2 > 0,$$

从而 $\boldsymbol{x}^{\mathrm{T}}\boldsymbol{A}\boldsymbol{x}$ 是正定二次型,即 $\boldsymbol{A}$ 是正定矩阵.

【评注】 关于充分性也可进行如下证明:

因为 $\boldsymbol{C}$ 可逆,那么二次型 $\boldsymbol{x}^{\mathrm{T}}\boldsymbol{A}\boldsymbol{x}$ 经坐标变换 $\boldsymbol{x} = \boldsymbol{C}^{-1}\boldsymbol{y}$,有

$$\boldsymbol{x}^{\mathrm{T}}\boldsymbol{A}\boldsymbol{x} = (\boldsymbol{C}^{-1}\boldsymbol{y})^{\mathrm{T}}(\boldsymbol{C}^{\mathrm{T}}\boldsymbol{C})(\boldsymbol{C}^{-1}\boldsymbol{y}) = \boldsymbol{y}^{\mathrm{T}}\boldsymbol{y} = y_1^2 + y_2^2 + \cdots + y_n^2,$$

可见正惯性指数 $p = n$,故 $\boldsymbol{A}$ 是正定矩阵.

【例 6.21】 已知 $\boldsymbol{A} = \begin{bmatrix} 2 & 1 & 1 \\ 1 & 2 & 1 \\ 1 & 1 & 2 \end{bmatrix}$,求正定矩阵 $\boldsymbol{B}$,使 $\boldsymbol{A} = \boldsymbol{B}^2$.

分析 如 $\boldsymbol{A} = \boldsymbol{B}^2$ 且 $\boldsymbol{B}$ 正定,由 $\boldsymbol{B}$ 可逆及 $\boldsymbol{A} = \boldsymbol{B}^{\mathrm{T}}\boldsymbol{E}\boldsymbol{B}$,知 $\boldsymbol{A}$ 必正定,那么 $\boldsymbol{A}$ 的特征值 $\lambda_i > 0$,且存在正交矩阵 $\boldsymbol{Q}$ 使得 $\boldsymbol{Q}^{\mathrm{T}}\boldsymbol{A}\boldsymbol{Q} = \boldsymbol{Q}^{-1}\boldsymbol{A}\boldsymbol{Q} = \begin{bmatrix} \lambda_1 & & \\ & \lambda_2 & \\ & & \lambda_3 \end{bmatrix}$,进而

$$\boldsymbol{A} = \boldsymbol{Q}\begin{bmatrix} \lambda_1 & & \\ & \lambda_2 & \\ & & \lambda_3 \end{bmatrix}\boldsymbol{Q}^{\mathrm{T}}$$

$$= \boldsymbol{Q}\begin{bmatrix} \sqrt{\lambda_1} & & \\ & \sqrt{\lambda_2} & \\ & & \sqrt{\lambda_3} \end{bmatrix}\boldsymbol{Q}^{\mathrm{T}}\boldsymbol{Q}\begin{bmatrix} \sqrt{\lambda_1} & & \\ & \sqrt{\lambda_2} & \\ & & \sqrt{\lambda_3} \end{bmatrix}\boldsymbol{Q}^{\mathrm{T}} = \boldsymbol{B}^2.$$

解 由 $|\lambda\boldsymbol{E} - \boldsymbol{A}| = \begin{vmatrix} \lambda - 2 & -1 & -1 \\ -1 & \lambda - 2 & -1 \\ -1 & -1 & \lambda - 2 \end{vmatrix} = (\lambda - 4)(\lambda - 1)^2$.

求出 $\lambda=1$ 的特征向量(正交,单位化)

$$\boldsymbol{\gamma}_1=\left(-\frac{1}{\sqrt{2}},\frac{1}{\sqrt{2}},0\right)^{\mathrm{T}},\boldsymbol{\gamma}_2=\left(\frac{1}{\sqrt{6}},\frac{1}{\sqrt{6}},-\frac{2}{\sqrt{6}}\right)^{\mathrm{T}}.$$

求出 $\lambda=4$ 的特征向量(单位化)

$$\boldsymbol{\gamma}_3=\left(\frac{1}{\sqrt{3}},\frac{1}{\sqrt{3}},\frac{1}{\sqrt{3}}\right)^{\mathrm{T}}.$$

令 $\boldsymbol{Q}=(\boldsymbol{\gamma}_1,\boldsymbol{\gamma}_2,\boldsymbol{\gamma}_3)$,$\boldsymbol{Q}$ 是正交矩阵.

$$\boldsymbol{Q}^{\mathrm{T}}\boldsymbol{A}\boldsymbol{Q}=\boldsymbol{Q}^{-1}\boldsymbol{A}\boldsymbol{Q}=\begin{bmatrix}1&&\\&1&\\&&4\end{bmatrix},$$

则 $\boldsymbol{A}=\boldsymbol{Q}\begin{bmatrix}1&&\\&1&\\&&4\end{bmatrix}\boldsymbol{Q}^{\mathrm{T}}=\boldsymbol{Q}\begin{bmatrix}1&&\\&1&\\&&2\end{bmatrix}\begin{bmatrix}1&&\\&1&\\&&2\end{bmatrix}\boldsymbol{Q}^{\mathrm{T}}$

$$=\boldsymbol{Q}\begin{bmatrix}1&&\\&1&\\&&2\end{bmatrix}\boldsymbol{Q}^{\mathrm{T}}\boldsymbol{Q}\begin{bmatrix}1&&\\&1&\\&&2\end{bmatrix}\boldsymbol{Q}^{\mathrm{T}},$$

令 $\boldsymbol{B}=\boldsymbol{Q}\begin{bmatrix}1&&\\&1&\\&&2\end{bmatrix}\boldsymbol{Q}^{\mathrm{T}}$,则 $\boldsymbol{B}$ 对称且 $\boldsymbol{B}\sim\begin{bmatrix}1&&\\&1&\\&&2\end{bmatrix}$,故 $\boldsymbol{B}$ 正定且满足 $\boldsymbol{B}^2=\boldsymbol{A}$,而

$$\boldsymbol{B}=\begin{bmatrix}-\frac{1}{\sqrt{2}}&\frac{1}{\sqrt{6}}&\frac{1}{\sqrt{3}}\\\frac{1}{\sqrt{2}}&\frac{1}{\sqrt{6}}&\frac{1}{\sqrt{3}}\\0&-\frac{2}{\sqrt{6}}&\frac{1}{\sqrt{3}}\end{bmatrix}\begin{bmatrix}1&&\\&1&\\&&2\end{bmatrix}\begin{bmatrix}-\frac{1}{\sqrt{2}}&\frac{1}{\sqrt{2}}&0\\\frac{1}{\sqrt{6}}&\frac{1}{\sqrt{6}}&-\frac{2}{\sqrt{6}}\\\frac{1}{\sqrt{3}}&\frac{1}{\sqrt{3}}&\frac{1}{\sqrt{3}}\end{bmatrix}=\begin{bmatrix}\frac{4}{3}&\frac{1}{3}&\frac{1}{3}\\\frac{1}{3}&\frac{4}{3}&\frac{1}{3}\\\frac{1}{3}&\frac{1}{3}&\frac{4}{3}\end{bmatrix}$$

为所求.

【例 6.22】 设 $\boldsymbol{A}$ 是 n 阶正定矩阵,$\boldsymbol{B}$ 是 n 阶反对称矩阵,证明矩阵 $\boldsymbol{A}-\boldsymbol{B}^2$ 可逆.

证明 由 $\boldsymbol{A}$ 是正定矩阵知 $\boldsymbol{A}^{\mathrm{T}}=\boldsymbol{A}$,由 $\boldsymbol{B}$ 是反对称矩阵知 $\boldsymbol{B}^{\mathrm{T}}=-\boldsymbol{B}$,于是

$$\begin{aligned}(\boldsymbol{A}-\boldsymbol{B}^2)^{\mathrm{T}}&=(\boldsymbol{A}+\boldsymbol{B}^{\mathrm{T}}\boldsymbol{B})^{\mathrm{T}}=\boldsymbol{A}^{\mathrm{T}}+(\boldsymbol{B}^{\mathrm{T}}\boldsymbol{B})^{\mathrm{T}}\\&=\boldsymbol{A}+\boldsymbol{B}^{\mathrm{T}}\boldsymbol{B}=\boldsymbol{A}-\boldsymbol{B}^2,\end{aligned}$$

即 $\boldsymbol{A}-\boldsymbol{B}^2$ 是对称矩阵.

构造二次型 $\boldsymbol{x}^{\mathrm{T}}(\boldsymbol{A}-\boldsymbol{B}^2)\boldsymbol{x}$,有

$$\boldsymbol{x}^{\mathrm{T}}(\boldsymbol{A}-\boldsymbol{B}^2)\boldsymbol{x}=\boldsymbol{x}^{\mathrm{T}}(\boldsymbol{A}+\boldsymbol{B}^{\mathrm{T}}\boldsymbol{B})\boldsymbol{x}=\boldsymbol{x}^{\mathrm{T}}\boldsymbol{A}\boldsymbol{x}+(\boldsymbol{B}\boldsymbol{x})^{\mathrm{T}}(\boldsymbol{B}\boldsymbol{x}).$$

因 $\forall\boldsymbol{x}\neq\boldsymbol{0}$,恒有 $\boldsymbol{x}^{\mathrm{T}}\boldsymbol{A}\boldsymbol{x}>0$,$(\boldsymbol{B}\boldsymbol{x})^{\mathrm{T}}(\boldsymbol{B}\boldsymbol{x})\geqslant0$,即 $\forall\boldsymbol{x}\neq\boldsymbol{0}$,恒有 $\boldsymbol{x}^{\mathrm{T}}(\boldsymbol{A}-\boldsymbol{B}^2)\boldsymbol{x}>0$,所以 $\boldsymbol{x}^{\mathrm{T}}(\boldsymbol{A}-\boldsymbol{B}^2)\boldsymbol{x}$ 是正定二次型.因此 $\boldsymbol{A}-\boldsymbol{B}^2$ 的各阶顺序主子式均大于零,特别地有 $|\boldsymbol{A}-\boldsymbol{B}^2|>0$,从而矩阵 $\boldsymbol{A}-\boldsymbol{B}^2$ 可逆.

学习札记

练习 1　设 $\boldsymbol{A}$ 是 $m\times n$ 矩阵,$r(\boldsymbol{A})=n$,证明 $\boldsymbol{x}^{\mathrm{T}}\boldsymbol{A}^{\mathrm{T}}\boldsymbol{A}\boldsymbol{x}$ 是正定二次型.

解题笔记

练习 2　$f(x_1,x_2,x_3)=(x_1+ax_2)^2+(x_2+ax_3)^2+(x_3+ax_1)^2$ 是正定二次型,则 a 的取值________.

解题笔记

矩阵的等价、相似、合同

1. $\boldsymbol{A}$ 和 $\boldsymbol{B}$ 均为 $m\times n$ 矩阵,即同型矩阵

$\boldsymbol{A}$ 与 $\boldsymbol{B}$ 等价$\Leftrightarrow\boldsymbol{A}$ 经过初等变换得到 $\boldsymbol{B}$

$\Leftrightarrow\boldsymbol{PAQ}=\boldsymbol{B}$,其中 $\boldsymbol{P},\boldsymbol{Q}$ 可逆

$\Leftrightarrow r(\boldsymbol{A})=r(\boldsymbol{B})$.

2. $\boldsymbol{A}$ 和 $\boldsymbol{B}$ 均为 n 阶矩阵

$\boldsymbol{A}$ 与 $\boldsymbol{B}$ 相似 $\Leftrightarrow\exists$ 可逆矩阵 $\boldsymbol{P}$,使 $\boldsymbol{P}^{-1}\boldsymbol{AP}=\boldsymbol{B}$.

判断、证明相似

(1)$\boldsymbol{A}\sim\boldsymbol{\Lambda},\boldsymbol{B}\sim\boldsymbol{\Lambda}$,则 $\boldsymbol{A}\sim\boldsymbol{B}$.

(2) 实对称矩阵 $\boldsymbol{A}\sim\boldsymbol{B}\Leftrightarrow\lambda_{\boldsymbol{A}}=\lambda_{\boldsymbol{B}}$.

判断不相似

(1) $\sum a_{ii}\neq\sum b_{ii}$ 或 $\lambda_{\boldsymbol{A}}\neq\lambda_{\boldsymbol{B}}$ 或 $r(\boldsymbol{A})\neq r(\boldsymbol{B})$ 或 $|\boldsymbol{A}|\neq|\boldsymbol{B}|$ 或 $\boldsymbol{A}+k\boldsymbol{E}$ 与 $\boldsymbol{B}+k\boldsymbol{E}$ 不相似.

(2)$\boldsymbol{A}$ 可相似对角化,$\boldsymbol{B}$ 不能相似对角化.

3. $\boldsymbol{A}$ 和 $\boldsymbol{B}$ 均为 n 阶实对称矩阵

$\boldsymbol{A}$ 与 $\boldsymbol{B}$ 合同$\Leftrightarrow\boldsymbol{C}^{\mathrm{T}}\boldsymbol{AC}=\boldsymbol{B}$,其中 $\boldsymbol{C}$ 可逆

$\Leftrightarrow\boldsymbol{x}^{\mathrm{T}}\boldsymbol{Ax}$ 与 $\boldsymbol{x}^{\mathrm{T}}\boldsymbol{Bx}$ 有相同的正、负惯性指数.

【例 6.23】　矩阵 $\boldsymbol{A}=\begin{bmatrix}1&0\\0&2\end{bmatrix}$,$\boldsymbol{B}=\begin{bmatrix}1&0\\0&4\end{bmatrix}$等价、合同但不相似.

解　因为秩 $r(\boldsymbol{A})=r(\boldsymbol{B})$,所以 $\boldsymbol{A}$ 与 $\boldsymbol{B}$ 等价.

学习札记

因为 $\boldsymbol{A}$ 与 $\boldsymbol{B}$ 特征值不相同,所以 $\boldsymbol{A},\boldsymbol{B}$ 不相似.

因为 $\boldsymbol{x}^{\mathrm{T}}\boldsymbol{A}\boldsymbol{x}=x_1^2+2x_2^2$ 与 $\boldsymbol{x}^{\mathrm{T}}\boldsymbol{B}\boldsymbol{x}=x_1^2+4x_2^2$ 有相同的正、负惯性指数,所以 $\boldsymbol{A}$ 与 $\boldsymbol{B}$ 合同. 或直接地由

$$\begin{bmatrix}1&\\&\sqrt{2}\end{bmatrix}^{\mathrm{T}}\begin{bmatrix}1&\\&2\end{bmatrix}\begin{bmatrix}1&\\&\sqrt{2}\end{bmatrix}=\begin{bmatrix}1&\\&4\end{bmatrix},$$

知 $\boldsymbol{A}$ 与 $\boldsymbol{B}$ 合同.

【例 6.24】 证明矩阵 $\boldsymbol{A}=\begin{bmatrix}1&\\&2\end{bmatrix}$与 $\boldsymbol{B}=\begin{bmatrix}1&\\&-4\end{bmatrix}$不合同.

证明 这是因为如果 $\boldsymbol{A}$ 和 $\boldsymbol{B}$ 合同,则有可逆矩阵 $\boldsymbol{C}$ 使 $\boldsymbol{C}^{\mathrm{T}}\boldsymbol{A}\boldsymbol{C}=\boldsymbol{B}$,从而

$$|\boldsymbol{B}|=|\boldsymbol{C}^{\mathrm{T}}\boldsymbol{A}\boldsymbol{C}|=|\boldsymbol{C}|^2|\boldsymbol{A}|>0,$$

而 $|\boldsymbol{B}|<0$,矛盾,故 $\boldsymbol{A}$ 和 $\boldsymbol{B}$ 不合同.

当然,更可以直接由 $\boldsymbol{x}^{\mathrm{T}}\boldsymbol{A}\boldsymbol{x}$ 和 $\boldsymbol{x}^{\mathrm{T}}\boldsymbol{B}\boldsymbol{x}$ 的正、负惯性指数不一样来说 $\boldsymbol{A}$ 与 $\boldsymbol{B}$ 不合同.

【例 6.25】 判断

$$\boldsymbol{A}=\begin{bmatrix}1&1&1\\1&1&1\\1&1&1\end{bmatrix},\boldsymbol{B}=\begin{bmatrix}3&0&0\\0&0&0\\0&0&0\end{bmatrix}$$

是否等价、相似、合同.

解 因为秩 $r(\boldsymbol{A})=1,r(\boldsymbol{B})=1$,所以 $\boldsymbol{A}$ 与 $\boldsymbol{B}$ 等价.

由 $|\lambda\boldsymbol{E}-\boldsymbol{A}|=\lambda^3-3\lambda^2$,知矩阵 $\boldsymbol{A}$ 的特征值是 3,0,0. 又因 $\boldsymbol{A}$ 是实对称矩阵,所以 $\boldsymbol{A}$ 必能相似对角化,且

$$\boldsymbol{A}\sim\begin{bmatrix}3&&\\&0&\\&&0\end{bmatrix},$$

即 $\boldsymbol{A}$ 与 $\boldsymbol{B}$ 相似.

实对称矩阵 $\boldsymbol{A}\sim\boldsymbol{B}\Rightarrow\boldsymbol{A}$ 与 $\boldsymbol{B}$ 有相同的特征值

$\Rightarrow\boldsymbol{x}^{\mathrm{T}}\boldsymbol{A}\boldsymbol{x}$ 与 $\boldsymbol{x}^{\mathrm{T}}\boldsymbol{B}\boldsymbol{x}$ 有相同的正、负惯性指数

$\Rightarrow\boldsymbol{A}$ 与 $\boldsymbol{B}$ 合同.

所以本题 $\boldsymbol{A}$ 与 $\boldsymbol{B}$ 相似、合同、等价均成立.

【评注】 实对称矩阵 $\boldsymbol{A}$ 与 $\boldsymbol{B}$ 相似 $\Rightarrow\boldsymbol{A}$ 与 $\boldsymbol{B}$ 合同,但 $\boldsymbol{A}$ 与 $\boldsymbol{B}$ 合同 $\nRightarrow\boldsymbol{A}$ 与 $\boldsymbol{B}$ 相似.

【例 6.26】 设 $\boldsymbol{A}$ 是三阶实对称矩阵,将矩阵 $\boldsymbol{A}$ 的 1,2 两行互换后再 1,2 两列互换得到的矩阵是 $\boldsymbol{B}$,试判断 $\boldsymbol{A}$ 与 $\boldsymbol{B}$ 是否等价、相似、合同.

解 矩阵 $\boldsymbol{A}$ 经初等变换得到矩阵 $\boldsymbol{B}$,故 $\boldsymbol{A}$ 与 $\boldsymbol{B}$ 必等价.

用初等矩阵表示,有

学习札记

$$\begin{bmatrix}0&1&0\\1&0&0\\0&0&1\end{bmatrix}\boldsymbol{A}\begin{bmatrix}0&1&0\\1&0&0\\0&0&1\end{bmatrix}=\boldsymbol{B}.$$

因为 $\begin{bmatrix}0&1&0\\1&0&0\\0&0&1\end{bmatrix}^{-1}=\begin{bmatrix}0&1&0\\1&0&0\\0&0&1\end{bmatrix},\begin{bmatrix}0&1&0\\1&0&0\\0&0&1\end{bmatrix}^{\mathrm{T}}=\begin{bmatrix}0&1&0\\1&0&0\\0&0&1\end{bmatrix}$,

所以,$\boldsymbol{A}$ 与 $\boldsymbol{B}$ 既相似也合同.

练习 1　举 2 阶矩阵的例子,它们有相同的特征值但是不相似.

解题笔记

练习 2　(2013) 矩阵 $\begin{bmatrix}1&a&1\\a&b&a\\1&a&1\end{bmatrix}$ 和 $\begin{bmatrix}2&0&0\\0&b&0\\0&0&0\end{bmatrix}$ 相似的充分必要条件是

(A) $a=0,b=2$.　　　　(B) $a=0,b$ 任意常数.

(C) $a=2,b=0$.　　　　(D) $a=2,b$ 任意常数.

解题笔记

学习札记

四、练习题精选

1. 填空题

(1) 二次型 $f(x_1,x_2,x_3)=x_1^2-3x_3^2-2x_1x_2+2x_1x_3-6x_2x_3$ 的秩 $r(f)=$____________.

(2) 二次型 $f(x_1,x_2,x_3)=2x_2^2+2x_1x_2-2x_1x_3+2ax_2x_3$ 的秩为 2,则 f 在正交变换下的标准形是____________.

(3) 二次型 $f=x_1^2-x_2x_3$ 的规范形是____________.

(4) 二次型 $5x_1^2+x_2^2+tx_3^2+4x_1x_2-2x_1x_3-2x_2x_3$ 正定,则 t ______.

(5) 已知 $\boldsymbol{A}=\begin{bmatrix}1&1&1\\1&1&1\\1&1&1\end{bmatrix}$,若 $\boldsymbol{A}+k\boldsymbol{E}$ 是正定矩阵,则 k ________.

2. 选择题

(1) 与矩阵 $\boldsymbol{A}=\begin{bmatrix}1&0&0\\0&-1&2\\0&2&2\end{bmatrix}$ 合同的矩阵是

(A) $\begin{bmatrix}1&&\\&-1&\\&&0\end{bmatrix}$.　　(B) $\begin{bmatrix}1&&\\&1&\\&&-1\end{bmatrix}$.

(C) $\begin{bmatrix}1&&\\&-1&\\&&-1\end{bmatrix}$.　　(D) $\begin{bmatrix}-1&&\\&-1&\\&&-1\end{bmatrix}$.

(2) 对于 n 元二次型 $\boldsymbol{x}^{\mathrm{T}}\boldsymbol{A}\boldsymbol{x}$,下述结论中正确的是

(A) 化 $\boldsymbol{x}^{\mathrm{T}}\boldsymbol{A}\boldsymbol{x}$ 为标准形的坐标变换是唯一的.

(B) 化 $\boldsymbol{x}^{\mathrm{T}}\boldsymbol{A}\boldsymbol{x}$ 为规范形的坐标变换是唯一的.

(C) $\boldsymbol{x}^{\mathrm{T}}\boldsymbol{A}\boldsymbol{x}$ 的标准形是唯一的.

(D) $\boldsymbol{x}^{\mathrm{T}}\boldsymbol{A}\boldsymbol{x}$ 的规范形是唯一的.

(3) n 元二次型 $\boldsymbol{x}^{\mathrm{T}}\boldsymbol{A}\boldsymbol{x}$ 正定的充分必要条件是

(A) 存在正交矩阵 $\boldsymbol{P}$,$\boldsymbol{P}^{\mathrm{T}}\boldsymbol{A}\boldsymbol{P}=\boldsymbol{E}$.

(B) 负惯性指数为零.

(C) $\boldsymbol{A}$ 与单位矩阵合同.

(D) 存在 n 阶矩阵 $\boldsymbol{C}$,使 $\boldsymbol{A}=\boldsymbol{C}^{\mathrm{T}}\boldsymbol{C}$.

学习札记

3. 解答题

(1) 已知二次型

$$f(x_1,x_2,x_3)=5x_1^2+5x_2^2+cx_3^2+2x_1x_2+4x_1x_3-4x_2x_3$$

的秩为 2,求 c,并用正交变换把 f 化成标准形,写出相应的正交矩阵.

(2) 已知 $\boldsymbol{A}$ 是 n 阶正定矩阵,证明 $\boldsymbol{A}$ 的伴随矩阵 $\boldsymbol{A}^*$ 是正定矩阵.

(3) 设二次型

$$f(x_1,x_2,x_3)=2x_1^2-x_2^2+ax_3^2+2x_1x_2-8x_1x_3+2x_2x_3$$

在正交变换 $\boldsymbol{x}=\boldsymbol{Q}\boldsymbol{y}$ 下的标准形为 $\lambda_1y_1^2+\lambda_2y_2^2$,求 a 的值及一个正交矩阵 $\boldsymbol{Q}$.

参考答案与提示

1. (1)2.　(2)$3y_1^2-y_3^2$.　(3)$y_1^2+y_2^2-y_3^2$.　(4)$t>2$.　(5)$k>0$.

【提示】 (1) 二次型的秩也就是二次型矩阵的秩.

(2) 由 $r(f)=2$,求出 $a=-1$,再求 $\boldsymbol{A}$ 的特征值.

(3) 求二次型矩阵 $\boldsymbol{A}$ 的特征值,可知正、负惯性指数,即可知规范形.

或用配方法,令 $\begin{cases}x_1=y_1,\\x_2=\quad y_2+y_3,\\x_3=\quad y_2-y_3,\end{cases}$ 将二次型化成规范形.

(4) 用顺序主子式.

(5) 用特征值.

2. (1)B.　(2)D.　(3)C.

【提示】 (1) 求出 $\boldsymbol{A}$ 的特征值来看正、负惯性指数,用配方法也可.

(2) 化二次型为标准形即可用正交变换法也可用配方法,所用坐标变换不同,标准形也可以不同,故(A)(C) 均不正确.

化二次型为规范形一般用配方法,或者先用正交变换法化为标准形后再用配方法化为规范形,方法不同所用坐标变换也就可不同,故(B) 不正确.

规范形实际上由二次型的正、负惯性指数所确定,而正、负惯性指数在坐标变换下是不变的(惯性定理 6.4),故仅(D) 正确.

(3)(A) 是充分条件,并不必要. 因为 $\boldsymbol{P}$ 是正交矩阵,那么

$$\boldsymbol{P}^{-1}\boldsymbol{AP}=\boldsymbol{P}^{\mathrm{T}}\boldsymbol{AP}=\boldsymbol{E},$$

表明 $\boldsymbol{A}$ 的特征值全是 1,所以 $\boldsymbol{A}$ 正定. 但 $\boldsymbol{A}$ 正定时特征值可以不全是 1.

(B) 是必要条件,并不充分,因为 $\boldsymbol{x}^{\mathrm{T}}\boldsymbol{Ax}$ 正定的充要条件是 $p=n$. 显然有 $q=0$,但 $q=0$ 不能保证必有 $p=n$. 例如

$$f(x_1,x_2,x_3)=x_1^2+3x_2^2,$$

学习札记

$p=2, q=0$,并不是三元正定二次型.

(D) 中矩阵 $\boldsymbol{C}$ 是否可逆不明确,若 $\boldsymbol{C}$ 不可逆,则

$$|\boldsymbol{A}|=|\boldsymbol{C}^{\mathrm{T}}\boldsymbol{C}|=|\boldsymbol{C}|^2=0,$$

矩阵 $\boldsymbol{A}$ 不可能正定.

关于(C) 的直接证明:若 $\boldsymbol{A}$ 与 $\boldsymbol{E}$ 合同,即对二次型 $\boldsymbol{x}^{\mathrm{T}}\boldsymbol{A}\boldsymbol{x}$ 存在坐标变换 $\boldsymbol{x}=\boldsymbol{C}\boldsymbol{y}$,使

$$\boldsymbol{x}^{\mathrm{T}}\boldsymbol{A}\boldsymbol{x}=\boldsymbol{y}^{\mathrm{T}}\boldsymbol{E}\boldsymbol{y}=y_1^2+y_2^2+\cdots+y_n^2.$$

$\forall\, \boldsymbol{x}\neq\boldsymbol{0}$,由 $\boldsymbol{C}$ 可逆及 $\boldsymbol{x}=\boldsymbol{C}\boldsymbol{y}$,知 $\boldsymbol{y}\neq\boldsymbol{0}$,因此恒有 $\boldsymbol{x}^{\mathrm{T}}\boldsymbol{A}\boldsymbol{x}=\boldsymbol{y}^{\mathrm{T}}\boldsymbol{y}>0$,即二次型 $\boldsymbol{x}^{\mathrm{T}}\boldsymbol{A}\boldsymbol{x}$ 正定.

反过来,若经坐标变换 $\boldsymbol{x}=\boldsymbol{C}\boldsymbol{y}$ 化二次型为标准形

$$f=d_1y_1^2+d_2y_2^2+\cdots+d_ny_n^2,$$

如果 $d_n\leqslant 0$,那么取 $\boldsymbol{y}_0=(0,0,\cdots,0,1)^{\mathrm{T}}$,有 $\boldsymbol{x}_0=\boldsymbol{C}\boldsymbol{y}_0\neq\boldsymbol{0}$,而

$$\boldsymbol{x}_0^{\mathrm{T}}\boldsymbol{A}\boldsymbol{x}_0=d_n\leqslant 0,$$

与 $\boldsymbol{x}^{\mathrm{T}}\boldsymbol{A}\boldsymbol{x}$ 正定相矛盾,故必有 $d_i>0(i=1,2,\cdots,n)$. 于是再经坐标变换

$$z_1=\sqrt{d_1}y_1, z_2=\sqrt{d_2}y_2,\cdots,z_n=\sqrt{d_n}y_n,$$

有 $f=\boldsymbol{x}^{\mathrm{T}}\boldsymbol{A}\boldsymbol{x}=z_1^2+z_2^2+\cdots+z_n^2$.

3. (1) $c=2$.

令 $\boldsymbol{P}=\begin{bmatrix}\frac{1}{\sqrt{2}} & \frac{1}{\sqrt{3}} & -\frac{1}{\sqrt{6}}\\ \frac{1}{\sqrt{2}} & -\frac{1}{\sqrt{3}} & \frac{1}{\sqrt{6}}\\ 0 & \frac{1}{\sqrt{3}} & \frac{2}{\sqrt{6}}\end{bmatrix}$,经 $\begin{bmatrix}x_1\\x_2\\x_3\end{bmatrix}=\boldsymbol{P}\begin{bmatrix}y_1\\y_2\\y_3\end{bmatrix}$,有

$$\boldsymbol{x}^{\mathrm{T}}\boldsymbol{A}\boldsymbol{x}=\boldsymbol{y}^{\mathrm{T}}\boldsymbol{B}\boldsymbol{y}=6y_1^2+6y_2^2.$$

(2) 由 $\boldsymbol{A}$ 正定知 $\boldsymbol{A}$ 是可逆的对称矩阵,又 $\boldsymbol{A}^*=|\boldsymbol{A}|\boldsymbol{A}^{-1}$,故

$(\boldsymbol{A}^*)^{\mathrm{T}}=(|\boldsymbol{A}|\boldsymbol{A}^{-1})^{\mathrm{T}}=|\boldsymbol{A}|(\boldsymbol{A}^{-1})^{\mathrm{T}}=|\boldsymbol{A}|(\boldsymbol{A}^{\mathrm{T}})^{-1}=|\boldsymbol{A}|\boldsymbol{A}^{-1}=\boldsymbol{A}^*$,

即 $\boldsymbol{A}^*$ 是对称矩阵.

若 λ 是矩阵 $\boldsymbol{A}$ 的特征值,则由 $\boldsymbol{A}$ 正定知 $\lambda>0$,且 $|\boldsymbol{A}|>0$,故 $\boldsymbol{A}^*$ 的特征值 $\frac{|\boldsymbol{A}|}{\lambda}>0$.

$$(3)\ a=2, \boldsymbol{Q}=\begin{bmatrix}-\frac{1}{\sqrt{2}} & \frac{1}{\sqrt{3}} & \frac{1}{\sqrt{6}}\\ 0 & -\frac{1}{\sqrt{3}} & \frac{2}{\sqrt{6}}\\ \frac{1}{\sqrt{2}} & \frac{1}{\sqrt{3}} & \frac{1}{\sqrt{6}}\end{bmatrix}.$$

标准形是 $\lambda_1y_1^2+\lambda_2y_2^2$ 说明 $\boldsymbol{A}$ 的特征值是 $\lambda_1,\lambda_2,0$.

学习札记

附录 45 分钟水平测试

自测(一)

1. 若向量组 $\boldsymbol{\alpha}_1=(4,-1,3,-2)^{\mathrm{T}}$，$\boldsymbol{\alpha}_2=(8,-2,a,-4)^{\mathrm{T}}$，$\boldsymbol{\alpha}_3=(3,-1,4,-2)^{\mathrm{T}}$，$\boldsymbol{\alpha}_4=(a,-2,8,-4)^{\mathrm{T}}$ 的秩为 2，则 $a=$ ________.

2. 已知 $\boldsymbol{A}=\begin{bmatrix}0&0&0&0\\1&0&0&0\\0&1&0&0\\0&0&1&0\end{bmatrix}$，$\boldsymbol{E}$ 是四阶单位矩阵，则 $(\boldsymbol{E}+\boldsymbol{A}+\boldsymbol{A}^2+\boldsymbol{A}^3+\boldsymbol{A}^4+\boldsymbol{A}^5)^{-1}=$ ________.

3. 矩阵 $\boldsymbol{A}=\begin{bmatrix}-1&1&0\\-4&3&0\\1&0&2\end{bmatrix}$ 的特征值是

(A) 1,1,2.　　(B) -1,1,2.

(C) 0,1,3.　　(D) 1,2,2.

4. $\boldsymbol{\alpha}_1=\begin{bmatrix}1\\0\\0\\c_1\end{bmatrix}$，$\boldsymbol{\alpha}_2=\begin{bmatrix}1\\-1\\0\\c_2\end{bmatrix}$，$\boldsymbol{\alpha}_3=\begin{bmatrix}1\\-1\\1\\c_3\end{bmatrix}$，$\boldsymbol{\alpha}_4=\begin{bmatrix}1\\2\\3\\c_4\end{bmatrix}$，任意的 $c_i(i=1,2,3,4)$ 总有

(A) $\boldsymbol{\alpha}_1,\boldsymbol{\alpha}_2,\boldsymbol{\alpha}_3$ 线性相关.　　(B) $\boldsymbol{\alpha}_1,\boldsymbol{\alpha}_2,\boldsymbol{\alpha}_3,\boldsymbol{\alpha}_4$ 线性相关.

(C) $\boldsymbol{\alpha}_1,\boldsymbol{\alpha}_2,\boldsymbol{\alpha}_3$ 线性无关.　　(D) $\boldsymbol{\alpha}_1,\boldsymbol{\alpha}_2,\boldsymbol{\alpha}_3,\boldsymbol{\alpha}_4$ 线性无关.

5. 已知 $\boldsymbol{\beta}=\begin{bmatrix}2\\3\\4\end{bmatrix}$ 可由 $\boldsymbol{\alpha}_1=\begin{bmatrix}1\\1\\1\end{bmatrix}$，$\boldsymbol{\alpha}_2=\begin{bmatrix}a\\1\\1\end{bmatrix}$，$\boldsymbol{\alpha}_3=\begin{bmatrix}1\\2\\b\end{bmatrix}$ 线性表出，求 a,b 的值，并当 $\boldsymbol{\beta}$ 表示法不唯一时写出 $\boldsymbol{\beta}$ 的表达式.

6. 已知矩阵 $\boldsymbol{A}=\begin{bmatrix}2&0&1\\a&-1&2\\3&0&0\end{bmatrix}$ 有 3 个线性无关的特征向量，求 a 的值，并求 $\boldsymbol{A}^{10}$.

学习札记

自测(二)

1. 设矩阵 $\boldsymbol{A}$ 是秩为 2 的四阶矩阵，$\boldsymbol{\alpha}_1,\boldsymbol{\alpha}_2,\boldsymbol{\alpha}_3$ 是方程组 $\boldsymbol{Ax}=\boldsymbol{b}$ 的 3 个解，其中 $\boldsymbol{\alpha}_1+\boldsymbol{\alpha}_2=(2,1,-8,10)^{\mathrm{T}}$，$2\boldsymbol{\alpha}_2-\boldsymbol{\alpha}_3=(2,0,-24,29)^{\mathrm{T}}$，$\boldsymbol{\alpha}_2+\boldsymbol{\alpha}_3=(1,0,-3,4)^{\mathrm{T}}$，则方程组 $\boldsymbol{Ax}=\boldsymbol{b}$ 的通解是____________.

2. 已知 $\boldsymbol{A}=\begin{bmatrix}1&1&1\\0&1&1\\1&0&2\end{bmatrix}$，矩阵 $\boldsymbol{B}$ 满足 $\boldsymbol{A}^*\boldsymbol{BA}-2\boldsymbol{A}^*\boldsymbol{B}=4\boldsymbol{E}$，其中 $\boldsymbol{A}^*$ 是 $\boldsymbol{A}$ 的伴随矩阵，$\boldsymbol{E}$ 是三阶单位矩阵，则矩阵 $\boldsymbol{B}=$________.

3. 已知 n 维向量 $\boldsymbol{\alpha}_1,\boldsymbol{\alpha}_2,\cdots,\boldsymbol{\alpha}_s,\boldsymbol{\beta}_1,\boldsymbol{\beta}_2,\cdots,\boldsymbol{\beta}_{s-1}$. 如果秩 $r(\boldsymbol{\alpha}_1,\boldsymbol{\alpha}_2,\cdots,\boldsymbol{\alpha}_s,\boldsymbol{\beta}_1,\boldsymbol{\beta}_2,\cdots,\boldsymbol{\beta}_{s-1})=r(\boldsymbol{\beta}_1,\boldsymbol{\beta}_2,\cdots,\boldsymbol{\beta}_{s-1})$，则必有

(A) $\boldsymbol{\alpha}_1,\boldsymbol{\alpha}_2,\cdots,\boldsymbol{\alpha}_s$ 线性相关. (B) $\boldsymbol{\beta}_1,\boldsymbol{\beta}_2,\cdots,\boldsymbol{\beta}_{s-1}$ 线性相关.

(C) $\boldsymbol{\alpha}_1,\boldsymbol{\alpha}_2,\cdots,\boldsymbol{\alpha}_s$ 线性无关. (D) $\boldsymbol{\beta}_1,\boldsymbol{\beta}_2,\cdots,\boldsymbol{\beta}_{s-1}$ 线性无关.

4. 设 $\boldsymbol{A}$ 是三阶实对称矩阵，特征值是 0,1,2，若 $\boldsymbol{B}=\boldsymbol{A}^3-3\boldsymbol{A}^2+2\boldsymbol{E}$，则与 $\boldsymbol{B}$ 相似的矩阵是

(A) $\begin{bmatrix}1&&\\&3&\\&&-1\end{bmatrix}$. (B) $\begin{bmatrix}2&&\\&0&\\&&-2\end{bmatrix}$.

(C) $\begin{bmatrix}0&&\\&1&\\&&2\end{bmatrix}$. (D) $\begin{bmatrix}2&&\\&2&\\&&6\end{bmatrix}$.

5. 设 $\boldsymbol{A}=\begin{bmatrix}1&0&1\\-4&5&1\\4&0&a\end{bmatrix}$ 与 $\boldsymbol{B}=\begin{bmatrix}0&&\\&5&\\&&b\end{bmatrix}$ 相似，求 a,b 的值，并求可逆矩阵 $\boldsymbol{P}$ 使 $\boldsymbol{P}^{-1}\boldsymbol{AP}=\boldsymbol{B}$.

6. 已知二次型

$$f(x_1,x_2,x_3)=x_1^2+x_2^2+9x_3^2-2x_1x_2+6x_1x_3-6x_2x_3.$$

(1) 求正交变换化二次型为标准形.

(2) 判断此二次型是否正定.

学习札记

参考答案与提示

自测(一)

1. 6.

如若求极大线性无关组应如何处理?若向量组的秩是 3 情况又如何?

2. $\begin{bmatrix} 1 & 0 & 0 & 0 \\ -1 & 1 & 0 & 0 \\ 0 & -1 & 1 & 0 \\ 0 & 0 & -1 & 1 \end{bmatrix}$.

【注意】 $\boldsymbol{A}^4=\boldsymbol{O}$.

由 $\boldsymbol{E}+\boldsymbol{A}+\boldsymbol{A}^2+\boldsymbol{A}^3=\begin{bmatrix} 1 & 0 & 0 & 0 \\ 1 & 1 & 0 & 0 \\ 1 & 1 & 1 & 0 \\ 1 & 1 & 1 & 1 \end{bmatrix}$直接求逆.

或者利用$(\boldsymbol{E}-\boldsymbol{A})(\boldsymbol{E}+\boldsymbol{A}+\boldsymbol{A}^2+\boldsymbol{A}^3+\boldsymbol{A}^4+\boldsymbol{A}^5)=\boldsymbol{E}-\boldsymbol{A}^6=\boldsymbol{E}$,按定义法处理.

3. A.

利用$\sum a_{ii}=\sum \lambda_i$可排除(B)与(D).利用$|\boldsymbol{A}|=\prod \lambda_i$及$|\boldsymbol{A}|\neq 0$得到$\lambda=0$不是特征值,从而排除(C),或计算$|2\boldsymbol{E}-\boldsymbol{A}|$是否等于 0 来判断 2 是不是 $\boldsymbol{A}$ 的特征值.

4. C.

因为$\begin{vmatrix} 1 & 1 & 1 \\ 0 & -1 & -1 \\ 0 & 0 & 1 \end{vmatrix}\neq 0$,知$\begin{bmatrix} 1 \\ 0 \\ 0 \end{bmatrix},\begin{bmatrix} 1 \\ -1 \\ 0 \end{bmatrix},\begin{bmatrix} 1 \\ -1 \\ 1 \end{bmatrix}$线性无关,那么其延伸组 $\boldsymbol{\alpha}_1,\boldsymbol{\alpha}_2,\boldsymbol{\alpha}_3$ 必线性无关.

5. $a=1,b=3,\boldsymbol{\beta}=t\boldsymbol{\alpha}_1+(1-t)\boldsymbol{\alpha}_2+\boldsymbol{\alpha}_3$,$t$ 为任意常数.

6. $a=6,\boldsymbol{A}^{10}=\dfrac{1}{4}\begin{bmatrix} 3^{11}+1 & 0 & 3^{10}-1 \\ 2\cdot 3^{11}-6 & 4 & 2\cdot 3^{10}-2 \\ 3^{11}-3 & 0 & 3^{10}+3 \end{bmatrix}$.

由$|\lambda\boldsymbol{E}-\boldsymbol{A}|=(\lambda-3)(\lambda+1)^2$知$\lambda=-1$必有两个线性无关的特征向量,故秩$r(-\boldsymbol{E}-\boldsymbol{A})=1$,得$a=6$.

$\lambda=3$ 的特征向量 $\boldsymbol{\alpha}_1=(1,2,1)^{\mathrm{T}}$.

$\lambda=-1$ 的特征向量 $\boldsymbol{\alpha}_2=(0,1,0)^{\mathrm{T}},\boldsymbol{\alpha}_3=(1,0,-3)^{\mathrm{T}}$.

$$\boldsymbol{A}^{10}=\boldsymbol{P}\boldsymbol{\Lambda}^{10}\boldsymbol{P}^{-1},\boldsymbol{P}=[\boldsymbol{\alpha}_1,\boldsymbol{\alpha}_2,\boldsymbol{\alpha}_3].$$

学习札记

自测(二)

1. $(2,0,-24,29)^{\mathrm{T}}+k_1(1,1,-5,6)^{\mathrm{T}}+k_2(2,-1,-40,48)^{\mathrm{T}}$.

【注意】 $2\boldsymbol{\alpha}_2-\boldsymbol{\alpha}_3=\boldsymbol{\alpha}_2+(\boldsymbol{\alpha}_2-\boldsymbol{\alpha}_3)$ 是方程组 $\boldsymbol{Ax}=\boldsymbol{b}$ 的解，

$(\boldsymbol{\alpha}_1+\boldsymbol{\alpha}_2)-(\boldsymbol{\alpha}_2+\boldsymbol{\alpha}_3)=\boldsymbol{\alpha}_1-\boldsymbol{\alpha}_3$ 是齐次方程组 $\boldsymbol{Ax}=\boldsymbol{0}$ 的解，

$2(2\boldsymbol{\alpha}_2-\boldsymbol{\alpha}_3)-(\boldsymbol{\alpha}_1+\boldsymbol{\alpha}_2)=2(\boldsymbol{\alpha}_2-\boldsymbol{\alpha}_3)+(\boldsymbol{\alpha}_2-\boldsymbol{\alpha}_1)$ 是 $\boldsymbol{Ax}=\boldsymbol{0}$ 的解.

2. $\begin{bmatrix}2&0&4\\2&0&2\\2&2&4\end{bmatrix}$.

由 $|\boldsymbol{A}|=2,\boldsymbol{AA}^*=|\boldsymbol{A}|\boldsymbol{E}$,用 $\boldsymbol{A}$ 左乘矩阵方程两端,化简为

$$\boldsymbol{B}(\boldsymbol{A}-2\boldsymbol{E})=2\boldsymbol{A}\Rightarrow\boldsymbol{B}=2\boldsymbol{A}(\boldsymbol{A}-2\boldsymbol{E})^{-1}.$$

3. A.

$$r(\boldsymbol{\alpha}_1,\boldsymbol{\alpha}_2,\cdots,\boldsymbol{\alpha}_s)\leqslant r(\boldsymbol{\alpha}_1,\cdots,\boldsymbol{\alpha}_s,\boldsymbol{\beta}_1,\cdots,\boldsymbol{\beta}_{s-1})$$
$$=r(\boldsymbol{\beta}_1,\boldsymbol{\beta}_2,\cdots,\boldsymbol{\beta}_{s-1})\leqslant s-1<s.$$

4. B.

$\boldsymbol{A}$ 的特征值 $0,1,2\Rightarrow\boldsymbol{A}^2$ 的特征值 $0,1,4\Rightarrow\boldsymbol{A}^3$ 的特征值 $0,1,8\Rightarrow\boldsymbol{B}$ 的特征值.

5. $a=4,b=5,\boldsymbol{P}=\begin{bmatrix}1&1&0\\1&0&1\\-1&4&0\end{bmatrix}$.

由 $\sum a_{ii}=\sum b_{ii}$ 与 $|\boldsymbol{A}|=0$ 联立可求 a,b.

$\boldsymbol{P}$ 应按特征值是 0,5,5 的顺序排列特征向量.

6. (1) $f=11y_1^2,\boldsymbol{P}=\begin{bmatrix}\frac{1}{\sqrt{11}}&\frac{1}{\sqrt{2}}&-\frac{3}{\sqrt{22}}\\-\frac{1}{\sqrt{11}}&\frac{1}{\sqrt{2}}&\frac{3}{\sqrt{22}}\\\frac{3}{\sqrt{11}}&0&\frac{2}{\sqrt{22}}\end{bmatrix}$.

(2) f 不是正定二次型.

先写出二次型矩阵 $\boldsymbol{A}$,再求 $\boldsymbol{A}$ 的特征值与特征向量,不要忘记 Schmidt 正交化.

因为特征值不是全大于 0,即正惯性指数小于 n,所以 f 不是正定二次型.

金榜时代图书·书目

考研数学系列

书名	作者	预计上市时间
数学公式的奥秘	刘喜波等	2021 年 3 月
考研数学复习全书·基础篇(数学一、二、三通用)	李永乐等	2023 年 7 月
数学基础过关 660 题(数学一/数学二/数学三)	李永乐等	2023 年 7 月
考研数学真题真刷基础篇·考点分类详解版(数学一/数学二/数学三)	李永乐等	2023 年 8 月
考研数学复习全书·提高篇(数学一/数学二/数学三)	李永乐等	2024 年 3 月
考研数学真题真刷提高篇·考点分类详解版(数学一/数学二/数学三)	李永乐等	2024 年 3 月
数学强化通关 330 题(数学一/数学二/数学三)	李永乐等	2024 年 3 月
高等数学辅导讲义	刘喜波	2024 年 3 月
高等数学辅导讲义	武忠祥	2024 年 2 月
线性代数辅导讲义	李永乐	2024 年 3 月
概率论与数理统计辅导讲义	王式安	2024 年 3 月
考研数学经典易错题	吴紫云	2024 年 3 月
高等数学基础篇	武忠祥	2023 年 9 月
真题同源压轴 150	姜晓千	2024 年 10 月
数学核心知识点乱序高效记忆手册	宋浩	2023 年 12 月
数学决胜冲刺 6 套卷(数学一/数学二/数学三)	李永乐等	2024 年 9 月
数学临阵磨枪(数学一/数学二/数学三)	李永乐等	2024 年 9 月
考研数学最后 3 套卷·名校冲刺版(数学一/数学二/数学三)	武忠祥 刘喜波 宋浩等	2024 年 11 月
考研数学最后 3 套卷·过线急救版(数学一/数学二/数学三)	武忠祥 刘喜波 宋浩等	2024 年 11 月
经济类联考数学复习全书	李永乐等	2024 年 4 月
经济类联考数学通关无忧 985 题	李永乐等	2024 年 5 月
农学门类联考数学复习全书	李永乐等	2024 年 4 月
考研数学真题真刷(数学一/数学二/数学三)	金榜时代考研数学命题研究组	2024 年 3 月
高等数学考研高分领跑计划(十七堂课)	武忠祥	2024 年 7 月
线性代数考研高分领跑计划(九堂课)	宋浩	2024 年 7 月
概率论与数理统计考研高分领跑计划(七堂课)	薛威	2024 年 7 月
高等数学解题密码·选填题	武忠祥	2024 年 9 月
高等数学解题密码·解答题	武忠祥	2024 年 9 月

大学数学系列

书名	作者	预计上市时间
大学数学线性代数辅导	李永乐	2018 年 12 月
大学数学高等数学辅导	宋浩 刘喜波等	2024 年 8 月
大学数学概率论与数理统计辅导	刘喜波	2024 年 8 月

线性代数期末高效复习笔记	宋浩	2024 年 6 月
高等数学期末高效复习笔记	宋浩	2024 年 6 月
概率论期末高效复习笔记	宋浩	2024 年 6 月
统计学期末高效复习笔记	宋浩	2024 年 6 月

考研政治系列

书名	作者	预计上市时间
考研政治闪学:图谱+笔记	金榜时代考研政治教研中心	2024 年 5 月
考研政治高分字帖	金榜时代考研政治教研中心	2024 年 5 月
考研政治高分模板	金榜时代考研政治教研中心	2024 年 10 月
考研政治秒背掌中宝	金榜时代考研政治教研中心	2024 年 10 月
考研政治密押十页纸	金榜时代考研政治教研中心	2024 年 11 月

考研英语系列

书名	作者	预计上市时间
考研英语核心词汇源来如此	金榜时代考研英语教研中心	已上市
考研英语语法和长难句快速突破 18 讲	金榜时代考研英语教研中心	已上市
英语语法二十五页	靳行凡	已上市
考研英语翻译四步法	别凡英语团队	已上市
考研英语阅读新思维	靳行凡	已上市
考研英语(一)真题真刷	金榜时代考研英语教研中心	2024 年 2 月
考研英语(二)真题真刷	金榜时代考研英语教研中心	2024 年 2 月
考研英语(一)真题真刷详解版(三)	金榜时代考研英语教研中心	2024 年 3 月
大雁带你记单词	金榜晓艳英语研究组	已上市
大雁教你语法长难句	金榜晓艳英语研究组	已上市
大雁精讲 58 篇基础阅读	金榜晓艳英语研究组	2024 年 3 月
大雁带你刷真题·英语一	金榜晓艳英语研究组	2024 年 6 月
大雁带你刷真题·英语二	金榜晓艳英语研究组	2024 年 6 月
大雁带你写高分作文	金榜晓艳英语研究组	2024 年 5 月

英语考试系列

书名	作者	预计上市时间
大雁趣讲专升本单词	金榜晓艳英语研究组	2024 年 1 月
大雁趣讲专升本语法	金榜晓艳英语研究组	2024 年 8 月
大雁带你刷四级真题	金榜晓艳英语研究组	2024 年 2 月
大雁带你刷六级真题	金榜晓艳英语研究组	2024 年 2 月
大雁带你记六级单词	金榜晓艳英语研究组	2024 年 2 月

以上图书书名及预计上市时间仅供参考,以实际出版物为准,均属金榜时代(北京)教育科技有限公司!